U0386370

城市·空间·行为·规划丛书|柴彦威主编

国家自然科学基金青年项目(41501180);
“十二五”国家科技支撑计划课题(2012BAJ05B04,2015BAJ08B06)

城市郊区活动空间

Suburban Activity Space

申　悦　著

东南大学出版社
SOUTHEAST UNIVERSITY PRESS
南京·2017

内容提要

在中国城市快速郊区化的背景下，郊区空间已然成为城市空间的重要组成部分，其复杂性与研究的重要意义逐渐凸显。这种复杂性不仅显示在建成环境、社会人口构成等方面，还通过人的日常行为表现出来。本书对城市空间与时空间行为的互动关系进行了探讨，并在此基础上结合基于空间与基于人的两种研究范式，构建了基于行为-空间互动视角的郊区空间研究框架。利用一周的 GPS 时空轨迹和活动日志数据，针对北京的郊区居住区展开实证研究。分别从郊区生活空间和居民活动空间出发对郊区活动空间进行研究，并以此透视郊区空间与城市空间的关系。研究扩展了时空间行为研究的时间尺度，丰富了个体时空间行为的刻画方法，揭示了北京郊区生活空间与活动空间由相对分离向逐步匹配的转化特征，进一步深化了中国郊区空间理论。

本书可供城市地理、行为地理、交通地理、城市规划领域的学者和政府决策人员参考。

图书在版编目(CIP)数据

城市郊区活动空间 / 申悦著. — 南京：东南大学出版社，2017.11

(城市・空间・行为・规划丛书 / 柴彦威主编)

ISBN 978-7-5641-7455-2

Ⅰ. ①城… Ⅱ. ①申… Ⅲ. ①郊区-城市规划-中国 Ⅳ. ①TU984.17

中国版本图书馆 CIP 数据核字(2017)第 260828 号

书　　名：城市郊区活动空间

著　　者：申　悦

策划编辑：孙惠玉　　责任编辑：徐步政　　编辑邮箱：1821877582@qq.com

出版发行：东南大学出版社　　社址：南京市四牌楼 2 号(210096)

网　　址：http://www.seupress.com

出 版 人：江建中

印　　刷：江苏扬中印刷有限公司　　排版：南京布克文化发展有限公司

开　　本：787mm×1092mm　1/16　　印张：11.25　字数：258 千

版 印 次：2017 年 11 月第 1 版　　2017 年 11 月第 1 次印刷

书　　号：ISBN 978-7-5641-7455-2　　定价：49.00 元

经　　销：全国各地新华书店　　发行热线：025-83790519　83791830

总序

进入 21 世纪，地理流动性越来越成为塑造人-地关系的核心要素，物流、能量流、人流、资金流和信息流形成的流动性网络正在改变着我们生活的世界。当信息化、全球化、机动化逐渐成为城镇化与城市发展的重要推力时，“变化的星球与变化的城市”就越来越成为科学界的共识与焦点。地理学长期关注不断变化的地球表层以及人类与环境之间的相互关系，因此，其日益成为当今科学和社会的核心内容，一个地理学家的时代正在到来。

经过 20 世纪的几个重要转向，人文化和社会化已然成为当今地理学科发展的重要特征之一，人文地理学的研究重点正在从人-地关系研究转向人-社会关系研究。解释人文地理现象的视角从自然因素、经济因素等转向社会因素、文化因素、个人因素等，研究的总趋势从宏观描述性研究走向微观解释性研究以及模拟与评估研究。与此同时，地理学研究的哲学基础从经验主义和实证主义转向行为主义、结构主义、人本主义及后现代主义等。可见，在以人为本及后现代思潮的大背景下，人与社会的实际问题越来越受到关注。

在学科发展整体转向的大背景下，城市空间研究也经历了深刻的转型。基于时空间行为的个体研究正在成为理解城镇化与城市发展、城市空间社会现象的关键所在。分析挖掘时空间行为本身的规律与特点及其对城市环境和决策制定的影响已成为当下城市空间研究的重要视角和热点问题。时空间行为决策与时空资源配置、日常活动空间、城市移动性、生活方式与生活质量、环境暴露与健康、社会交往与社会网络、社会空间分异、移动信息行为等新的城市研究思路，正指向一个更加人本化、社会化、微观化以及时空整合的城市研究范式。可以说，基于个体时空间行为的城市空间研究范式蔚然初现，并向地理信息科学、城市交通规划、城市社会学、健康与福利地理学、女性主义等领域跨界延伸，在交叉融合中不断拓展学科的研究边界与张力，在兼收并蓄中不断充实城市空间与规划研究的学科基础与理论建构。

以时间地理学和行为地理学等为核心的时空间行为研究，注重现实物质性的本体论认识，突出对“区域与城市中的人”的理解，强调制约与决策的互动影响，通过时空间框架下的人类空间行为研究，深化了“人、时间与空间”的认识，建构了以地理学为基础的城市研究与规划应用的时空哲学和方法论。随着时空间行为数据采集、计算挖掘、三维可视化与时空模拟等理论与技术的不断革新，时空间行为研究在研究数据与方法、理论与应用等多个方面展现出新的转向与可能性。

改革开放以来，中国城市经历了社会、经济、空间等的深刻变革。由于全球化和信息化的影响，中国城市空间正处在不断重构的过程。城市空间的拓展与重组、郊区的形成与重构、社会空间的显现与极化、行为空间的扩展与隔离、信息空间的形成与异化等成为近几十年来中国城市空间研究的热点。单位制度解体与快速城镇化等促进了城市生活方式的多样化和个性化，移动性大大增强，并呈现多元化和复杂化的趋势，交通拥堵、长距离通勤、生活空间隔离、高碳排放、空气污染、公共设施分配不平衡等城市病已经成为政府部门和学术界急需解决的重大问题，也成为影响城市居民生活质量的关键因素。因此，如何科学地把握居民各种空间行为的特征与趋势，引导居民进行合理、健康、可持续的日常行为，建立重视居民个人生活质量的现代城市生活方式，已经成为中国城市研究与规划实践的当务之急。

中国正在打造经济社会发展的升级版，转变社会经济发展方式、推动人的城镇化与城市社会的建设、加大公共服务和民生保障力度、遏制环境污染等已成为发展的重点所在。城市发展逐步从大尺度的宏观叙事转向小尺度的空间调整，从扩张性的增量规划转为政策性的存量规划，对城市规划的公共性、政策性与社会性提出了新的发展要求。面对转变城镇建设方式、促进社会和谐公正、提高居民生活质量和保护生态环境等目标，城市研究与规划工作者应在考虑土地利用、设施布局、交通规划等物质性要素的基础上，更加重视居民时空间行为的数据采集与挖掘，探索城市居民时空间行为规律与决策机制，提供实时性、定制化、个性化的信息服务与决策支持，加强城市规划方案与居民行为响应的模拟评估。通过基于人的、动态的、精细化的时间政策与空间政策的调整，减缓对居民时空间行为的制约，提高时空可达性，促进社会公正。通过城市时空间组织与规划、生活方式与生活质量规划、个人行为规划与家庭移动性规划等重新建构城市的日常生活，从而回归到以人为本的核心价值表述。

2005 年以来，城市地理学、城市交通学、城市社会学等学科为主的学者组成了一个跨学科的“空间行为与规划”研究会，聚焦于人的行为的正面研究，企图建构基于行为的中国城市研究与规划范式。该研究会每年举行一次研讨会，聚集了一批同领域敢于创新的年轻学者，陆续发表了一些领先性的学术成果，成为行为论方法研讨的重要学术平台。

本丛书是时空间行为研究及其城市规划与管理应用的又一重要支撑平台，力求反映国内外时空间行为研究与规划应用的前沿成果，通过系列出版形成该领域的强有力支撑。在时空间行为研究的新框架下，将城市、空间、行为与规划等完美衔接与统合，其中城市是研究领域，空间是核心视角，行为是分析方法，规划是应用出口。

本丛书将是中国城市时空间行为研究与规划的集大成，由时空间行为的理论与方法、城市行为空间研究和城市行为空间规划等三大核心部分组成，集中体现中国城市时空间研究与规划应用的最新进展和发展水平，为以人为本的城市规划与行为规划提供科学支撑。其理论目标在于创建中国城市研究的行为学派，其实践目标在于创立中国城市的行为规划。

柴彦威

目录

序一

改革开放30多年来，中国经济的快速发展与城镇化进程相辅相成，成为推动中国经济、社会、空间转型的重要动因，也成为城市地理学者研究的重要领域。

城镇化的本义，应该是以人为本，体现人类社会的进步，使所有人的社会福祉能够共同提高。1998年，在讨论1990年代中国城镇化的动力机制时，我曾从政府、企业、个人三个行为主体的角度提出一个解释框架，其后又进一步完善。在市场经济国家，除特定情况外，政府一般只是通过政策引导间接推动城市化进程。但在中国的体制下，政府的政策不仅对城市化进程具有决定性的影响，而且各级政府还可通过投资创造非农业就业机会直接拉动城市化进程。企业是市场经济的主体，其扩张可提供大量的非农业就业机会，是拉动人口城市化的直接因素，而其投资区位则将影响城市化的空间格局。但改革开放最大的成果之一就是允许人口的自由迁徙，使人从土地或单位的束缚中摆脱出来。虽然由于户籍等制度的限制，个人的自由迁徙仍受到一定限制，但毕竟个人已成为自主决策的行为主体，从而不仅对中国整体的城镇化过程产生重要影响，也对城镇化的区域格局和大都市郊区化产生重要影响。这种影响表现在两个方面：一是随着改革开放，政策逐步放松农民进城，我国出现了大规模的乡-城人口迁徙现象；二是形成了城市居民在城市内部流动的新格局。就后者而言，因计划经济时期住房供应短缺和住房单位分配制，居民对其居住区位的选择十分有限，体现在城市内部的个体的空间流动行为也比较简单。而最近三十年通过城市建设及大规模的房地产开发，大大提高了城市居民住宅区位选择的自由度，居民的日常空间流动也因此变得越来越复杂。

在上述背景下，以居民日常空间流动为研究对象的时间-空间行为研究已成为我国城市地理学中的一个新兴领域，但过往研究大多集中在城市内部空间，发生在郊区的行为地理研究不多。申悦博士长期从微观行为视角出发进行城市空间的研究，在居民日常活动空间研究方面积累了优秀的研究成果。这本书就是行为研究在郊区空间领域研究已有成果的集中展现。本书基于北京市郊区的研究案例，从行为-空间互动的视角出发，研究郊区生活空间和郊区居民活动空间的特征，帮助我们更加深入地理解郊区空间发展以及城市空间与郊区空间的相互作用。

本书具有三个主要特点。第一个特点是理论基础扎实。本书较为系统地总结了郊区空间研究和行为-空间研究的理论、方法论与研究进展，对城市空间与时空间行为的互动关系进行探讨，对时空间行为研究的已有理论形成了补充，为具有中国特色的行为-空间互动理论奠定了基础。本书还创新性地提出了基于行为-空间互动视角的郊区空间研究框架，所提出的理论框架作为统合下文实证研究的基础，丰富了城市地理学郊区研究的理论，使本书的理论性大大提高。

第二个特点是多源数据与混合研究方法的应用。随着信息时代的到来，新技术的大量涌现带来了海量数据的爆炸式增长，本书将 GPS 定位数据与传统问卷和访谈数据相结合，在提高数据时空精度的同时保留了传统数据较为全面的个人信息，在个体行为多源数据的采集与整合技术方面实现了突破；本书还灵活应用 GIS 空间分析方法和多种计量模型，对时空路径进行三维可视化表达和模式挖掘，利用多种空间分析方法对个体的活动空间进行刻画和表达，在混合研究方法的应用以及个体时空路径和活动空间的刻画方法方面进行了一定的创新。

第三个特点是对于郊区活动空间的创新性研究。本书从物质环境、社会人口结构、居民日常活动综合性的视角出发理解郊区生活空间，并从居民活动空间视角出发，围绕一周行为时空特征、通勤与通勤模式、整日活动空间等内容开展实证研究，动态地透视城市空间与郊区空间的关系，有效地揭示了北京市郊区空间发展的特征。

毋庸置疑，在新型城镇化的背景下，以人为本已成为城市发展的重要指导思想，关注居民日常活动与行为对推动我国城市研究的多元化发展具有重要的科学意义，对指导城市精细化管理也具有一定的现实意义。

是为序。

宁越敏

2017 年 7 月于华东师范大学丽娃河畔

序二

申悦博士本科毕业于华东师范大学地理信息系统专业，2009年进入北京大学学习，两年后转为博士研究生，并于2012年至2013年期间前往美国伊利诺伊大学香槟分校地理与地理信息科学系留学一年，与城市地理学及GIS领域的国际著名学者关美宝(Mei-po Kwan)教授开展合作研究。2014年7月在我的指导下获得北京大学理学博士学位。

本书是在申悦的博士学位论文《基于行为-空间互动视角的北京郊区空间研究》的基础上整理和完善而成的。本书以郊区空间为立足点，从行为-空间互动的视角出发，创新性地构建了基于行为-空间互动视角的郊区空间研究框架，进而开展郊区活动空间的刻画与实证研究。该著作对于丰富城市地理学的相关理论与方法论、推动基于时空行为的城市研究范式具有重要的理论意义，对于中国城市郊区空间的优化以及郊区生活质量的提高具有重要的实践指导意义。

本书的一个突出的理论贡献是对行为-空间互动理论的探索。行为学派理论与方法论引入中国近30年来，已经在不同类型的城市与人群中积累了大量实证研究，初步构建了以时空行为与规划为核心的中国城市研究新范式。但是，现有的绝大多数研究只是证明了城市空间和居民行为之间的关联性，尚未能有效论证行为与空间互动的作用机理。申悦博士较为系统地总结了行为-空间互动的理论与方法论基础，初步提出行为-空间互动理论构建的基本思路，为进一步完善行为-空间互动理论奠定了良好基础。同时，本书所提出的郊区空间研究框架将基于空间与基于人的研究范式相结合，以综合性和动态性的视角解读郊区生活空间与郊区活动空间，为更好地理解郊区空间、解决郊区问题提供了有效的框架与途径。

本书在研究数据与方法的应用方面也有诸多创新。申悦在攻读博士学位期间，作为科研秘书与核心成员参与了我主持的“十二五”国家科技支撑计划课题“城市居民时空行为分析关键技术与智慧出行服务应用示范”(2012BAJ05B04)，以及多项与行为数据采集、挖掘和分析相关的科研项目，对于大数据背景下个体行为时空数据的采集与分析方法进行了探索性研究。本书将居民一周活动与出行日志数据与对应的GPS轨迹相整合，在时空路径的三维可视化、一周行为模式的挖掘、个体活动空间的刻画与测度等方面有一定突破，扩展了时空间行为研究的时间尺度，丰富了个体时空间行为的刻画方法。

申悦博士在毕业后就职于华东师范大学城市与区域科学学院，同时也是教育部人文社会科学重点研究基地中国现代城市研究中心的研究人员，继续活跃在城市地理学领域，开展基于时空行为的城市空间研究，并于2016年获得国家自然科学基金青年项目“基于日常活动空间的郊区社会空间分异研究——以上海为例”(批准号:41501180)。她作为城市地理学青年学者的中坚力量和中国时空间行为研究国际网络的骨干成员,活跃在地理学各类国际和国内会议的学术舞台上,为第三届中国城市发展国际会议、国际地理联合会城市委员会2016年年会等高水平国际会议的组织作出了突出贡献。看到她逐步成长为一名独立科研的青年学者,我由衷地感到欣慰,也期待申悦博士在未来的研究中继续脚踏实地、砥砺前行,将中国城市研究的行为学派发扬光大。

柴彦威

2017年8月于北京大学燕园

前言

郊区化与郊区空间发展已成为全球普遍的城市化形式，其对城市社会、文化、经济和政治的发展都有着深远的影响，郊区化推动了城市空间的重构与城市区域的形成，郊区的重要性正不断凸显。中国正在经历快速的城市郊区增长，特别是2000年以来，中国大城市郊区化进入了一个新的发展阶段，人口、产业、服务设施、交通等各类要素不断在郊区集聚，城市开发迅速向郊区尤其是远郊地区蔓延。随着各类要素向郊区扩散，郊区已成为中国城市化的最前沿，郊区的物质空间、社会空间逐渐呈现出异质性与复杂性。与此同时，快速的郊区发展也引发了交通拥堵、环境恶化、社会不公等等一系列日益严峻的挑战。因此，郊区空间的发展与郊区居民的生活质量不仅是城市研究领域的重要议题，也是政府部门亟待解决的现实问题。

随着中国经济社会进入"以人为本"的新型城镇化发展阶段，社会管理的精细化与居民生活质量的提升逐渐成为城市发展的核心目标。因此，对城市中"人"的正面关注以及对居民个性化需求的研究将有利于职住错位、交通拥堵、社会隔离、生活质量下降等城市问题的缓解。时空间行为研究强调个体和微观过程，为理解人类活动和地理环境在时空间上的复杂关系提供了独特的视角。随着中国城市研究对时空间行为的正面关注，大量的城市研究学者与规划工作者基于时空间行为的理论与方法论开展了实证研究探索，形成了中国时空间行为研究网络，开拓了基于时空间行为的城市研究新范式，为现有城市研究与规划的理论体系创新以及未来中国人本城市的建设提供了新的方向与路径。

本书在基于时空间行为的城市研究这一范式的指导下，立足于城市空间与时空间行为的相互作用，以城市郊区活动空间为研究对象，构建基于行为-空间互动视角的郊区空间研究框架，分别从郊区生活空间与郊区活动空间出发开展实证研究，引导从以人为本的理念出发，理解郊区、发展郊区、构建郊区。本书的结构体现了从理论、框架、数据到实证的循序渐进的研究过程。前四章是研究的理论基础与框架部分，其中第四章对行为-空间互动理论的构建进行了深入探讨，并构建了郊区空间研究框架，成为后文实证研究的理论指导。第五章和第六章分别交代了研究案例城市与数据获取方法，构成了本书的数据基础。第七章至第十一章是实证研究部分，第七章围绕郊区生活空间开展综合性视角的研究，后四章分别围绕一周行为时空特征、通勤与通勤模式、整日活动空间开展郊区活动空间以及基于居民活动空间的城郊关系研究。第十二章在对全书进行总结的基础上，对城市郊区活动空间的研究和发展进行了展望。

本书是在作者博士论文的基础上整理而成的，在研究的过程中得到了“十二五”国家科技支撑计划课题“城市居民时空行为分析关键技术与智慧出行服务应用示范”(2012BAJ05B04，2015BAJ08B06)和国家自然科学基金青年项目“基于日常活动空间的郊区社会空间分异研究——以上海为例”(41501180)的资助。这里特别感谢我的导师柴彦威教授长期以来的指导、培养与支持，以柴彦威教授为核心的北京大学行为地理学研究团队共同完成了本书主要数据的采集，与团队成员的交流与合作也使得本研究能够不断的深入。同时，感谢北京大学刘瑜教授、马修军副教授及其团队在数据采集与分析中提供的技术支持，感谢北京大学城市与环境学院的诸位老师在我的学习与研究中给予的指点与建议。此外，感谢中国国家留学基金委员会提供的联合培养的宝贵机会，也感谢联合培养导师美国伊利诺伊大学关美宝(Mei-Po Kwan)教授的悉心指导与合作。

毕业后，我就职于华东师范大学城市与区域科学学院，以及中国现代城市研究中心，并在这里完成了书稿的整理与完善工作。正是这里宽松的工作环境和良好的学术氛围，为我提供了研究条件和时间保证，特别感谢宁越敏、孙斌栋教授的指导与支持，感谢曾刚、杜德斌、谷人旭、徐伟、孔翔、汪明峰教授对我科研与教学工作的指导与关心，感谢学院各位前辈和同仁的鼓励与支持。本研究也一直得到中国时空间行为研究网络和城市地理学众多前辈的关心和支持，感谢香港浸会大学王冬根教授、同济大学王德教授、中科院地理与资源所张文忠研究员与高晓路研究员、南京大学甄峰教授、北京联合大学张景秋教授、中山大学周素红教授与刘云刚教授等众多前辈们的宝贵意见与建议。

最后，感谢东南大学出版社徐步政老师、孙惠玉老师及编辑团队对本书校对出版工作提供的帮助，感谢家人长期以来的陪伴与支持，感谢关心和帮助过本书的所有同仁和朋友们。

申　悦

2017 年夏于华东师大地理馆

1 从城市空间到郊区空间

中国正处于快速的城镇化与郊区化过程中。根据中国社科院2012年9月发布的《2012中国中小城市绿皮书》,我国城镇化率已经超过50%,2000年至2011年,我国城镇化率由36.2%提高至51.3%。1980年代开始,北京、上海、广州、沈阳等大城市出现了人口、工业的外迁,中心城区人口出现绝对数量的下降,标志着我国狭义郊区化进程的开始(柴彦威,1995;周一星,1996;周一星,孟延春,1997;周一星,孟延春,1998)。以北京为例,1964—1982年,北京人口的年均增长率为1.1%,同期中心城区(东城区、西城区、宣武区、崇文区)人口年均增长率仅为0.2%。1982—1990年,中心区人口净减少8.2万人(减幅达到3.4%),近郊增加了114.9万人(增幅达到40.5%),远郊增加52.1万人(增幅13.1%)。这一趋势在1990—2000年间进一步加剧,中心区人口净减少22.2万人(减幅9.5%),近郊增长了240万人(增幅60.2%),远郊增长了57.2万人(增幅12.7%)(周一星,Logan,2007)。

郊区空间已成为都市区空间的重要组成部分。随着中国郊区化的发展,旧城改造的逐步推进、政府在郊区进行的大型住宅开发项目、土地和住房改革深化后郊区商品房的开发、居民对住房条件改善的需求和居住观念的改变进一步促进了居住的郊区化(冯健等,2004;李祎等,2008);城市土地有偿使用制度的建立、城市产业升级的需求、城市环境门槛的提高、企业自身发展的需要促进了制造业郊区化幅度不断提高(周一星,孟延春,1998);伴随着居住郊区化产生的需求,具有一定价格优势并对用地空间有较大需求的大型购物中心和超市在郊区逐渐发展壮大(冯健等,2004);以Office Park为载体的办公活动在北京、上海等特大城市出现(陈叶龙,张景秋,2010)。郊区空间的内涵越来越丰富,与城市空间相互作用,构成了都市区空间的重要组成部分。

同时,郊区空间的复杂性日渐凸显。在北美,20世纪的郊区化通常与收入较高的通勤人口密切相关；在欧洲的许多城市，富裕人群会继续留在中心市，郊区则主要为工薪阶层提供住宿；在多数第三世界国家中，郊区通常作为边缘的弱管制地区，大量的乡村移民往郊区的简陋城镇和贫民窟集聚。而在当代中国，郊区的几种功能是共存的。1980 年代以来，中心区大规模的更新、改造迫使居民外迁到郊区，郊区豪华别墅和"门禁社区"(gated communities)的建设导致有车族的增长，同时，大量的流动人口也在向郊区集聚(周一星，Logan，2007)。中国大城市不断加剧的郊区化进程，将郊区变成了高度异质化的社会空间，封闭社区、拆迁安置社区、开发区等在空间上相互邻近而又彼此隔离(魏立华，闫小培，2006)。在这样高度异质化的郊区空间中形成了多元化的社会群体，包括不同时期(早期郊迁、近期郊迁居民)从不同地点(城市迁出、就地非农化、远郊迁入、外地迁入居民)基于不同的原因(随就业郊迁、保障性住房安置、拆迁安置、为改善住房主动郊迁、拥有二套住宅的季节性郊迁居民)迁居至郊区的居民，以及在郊区就业的居民(非本地居住的郊区就业者、外来务工人员)。郊区空间的异质性以及郊区社会群体的多样性使得郊区问题变得复杂，需要考虑的已不仅是是否发生了郊区化，郊区化怎样发生，为何会发生郊区化；而更应该立足郊区，关注郊区存在怎样的问题，郊区应该如何发展，以及在郊区化过程中郊区空间与城市空间的关系。

并且，郊区化过程中产生了许多问题。在快速郊区化过程中，城市空间组织方式发生了剧烈的变化，城市空间由计划经济体制下以职住接近为特色的单位模式向市场经济主导下职住分离的郊区化模式转变。对于居民而言，可能引起通勤时间的增加以及生活质量的下降，甚至影响家庭内部分工以及家庭成员关系(柴彦威，张艳，2010)；对于城市而言，长距离通勤的增加可能引发交通拥堵以及环境问题(马静等，2011)。郊区空间的异质性以及不同居民移动能力的差异则可能引发隔离、不公平等社会问题。这些问题的产生在一定程度上是由于缺乏对"人"的关注，没有将居住、就业、商业等供给角度的要素与人的需求相结合。

1.1 研究背景与意义

1.1.1 理论背景

1) 走向多元主义的城市地理学

西方科学地理学发轫于 20 世纪 50 年代兴起的规模宏大且影响深远的计量地理革命，它使得地理学在理论和方法论上实现重大转变，表现为地理学内部的高度专门化和哲学思潮的多元化两大趋势(柴彦威等，2012)。1960 年代末到 1970 年代初，西方资本主义世界出现一系列社会问题，经济发展停滞不前，社会极化问题加剧，社会不公平日趋严重，学者们开始怀疑空间分析学派对人地关系中人的作用的贬低以及实证主义普遍性追求的脱离实际(田文祝，柴彦威等，2005)。因此，整个学术界开始关心社会及政治问题，质疑主流现象，寻求正义，并孕育出一场社会大转型。西方地理学界出现了人文化和社会化两大趋势，地理学开始与经济学、政治学、社会学等其他学科结合，研究内容上也从传统的区域研究和空间分析转向解决现实性社会问题(姚华松等，2007)。

总体上看，这一时期的地理学研究出现了百家争鸣的现象，人本主义、行为主义、结构主义、马克思主义都成为计量革命后期兴起的学派。异议地理、社会正义及道德地理学也成了一种地理现象，从而形成了新区域主义、新文化转向、现实主义、后现代主义、女性主义、后殖民主义等。这些思想和理论虽有一定程度上的争论，但总体上是和平共存的状态，地理学变得有容忍性和开创性，形成了多元主义的时代（唐晓峰，李平，2001）。

2）对人类时空间行为的正面关注

在人本主义及后现代主义思潮的影响下，西方人文地理学研究越来越关注人与社会的实际问题（约翰斯顿等，2005；王兴中，2004）。人文社会经济生活及空间现象中经济因素的重要性持续下降，而社会与文化等因素的重要性相对上升。因此，解释人文地理现象的视角从自然因素、经济因素等转向社会因素、文化因素、个人因素等，人与环境相互关系的研究重点也从环境（特别是自然地理环境）对人（特别是自然人）的影响研究转向人（特别是社会人）与环境（特别是社会地理环境）的互动研究（Aitken，1991，1992；Aitken，Rushton，1993）。与其对应，城市空间的研究视角逐渐从物质（实体）空间转向社会空间、行为空间等非物质实体空间，研究的关注点从土地利用的空间合理配置转向人类行为的空间表现，研究的目的从重视生产的经济目标转向重视生活质量的社会目标（柴彦威，龚华，2001；柴彦威等，2002）。在这样的背景下，学者们开始了对人类时空间行为的正面关注，并逐渐形成了基于行为的研究范式。

区别于基于经济、基于资本、基于功能等城市研究视角，基于行为的研究范式强调对行为主体（政府机构、企业、家庭或个人）的个体行为过程进行解构，强调个体非汇总行为而非集体汇总行为。通过对个体行为的选择和制约过程的理解、个体与个体之间的相互作用，以及个体与城市空间的互动等过程，从微观到宏观，重构一个用行为解读的城市空间。这种研究范式强调行为，并且是微观个体的行为，基于微观视角的分析能够在一定程度上克服宏观分析对于内在机理的掩盖；该范式还强调行为与空间的互动，将个人的行为置身于城市空间环境的大背景之中，研究城市空间对人的行为的制约，人的行为空间一方面构成了城市空间的重要组成部分，而当人的行为空间不合理或与“理想的空间”存在差异时，则由决策者通过规划手段对物质空间进行优化。

3）面向实践应用的时空间行为研究

在“任务带学科”的发展模式影响下，中国城市地理学自 20 世纪 70 年代中后期复兴以来，便有着明显的“实用主义”价值倾向，也就赋予了时空间行为研究以学科发展与社会需求并重的目标导向（刘云刚，许学强，2010；柴彦威，塔娜，2013）。随着国内外时空间行为研究的数据采集、计算挖掘、三维可视化与时空模拟等理论与技术的日益革新，时空间行为研究呈现出一系列新趋势。

首先，在研究数据方面，数据更加精细化、准确化、动态化，多种来源、不同结构的时空间行为数据趋于整合（柴彦威等，2009；黄潇婷等，2010）。其次，在研究方法方面，研究方法呈现出多元化的趋势，基于空间的分析与统计转向基于人的分析与统计；越来越多的研究使用复杂的计量模型（张文佳，柴彦威，2009）；质性方法与定量方法的结合在挖掘空间现象背后的深层机制中起到了重要作用；时空间行为在 GIS 三维空间中的可视化得以实现（赵莹等，2009；Kwan，2004；关美宝等，2010）；还发展出了质性方法与 GIS 可视化相结合的地理叙述方法（geo-narrative）（Kwan and Ding，2008）。再次，在研究对象方面，时空间行为的研究逐渐从宏观走向微观，研究对象也逐渐由群体走向个体，由现象走向机制（柴彦威，2005）。最后，在研究内容方面，时空间行为研究一直关注城市社会中的新问题、新现象，如ICT的影响（申悦等，2011；甄峰等，2009）、城市交通碳排放（马静等，2011）、居民生活质量与幸福感等（柴彦威等，2010）。

综上所述，时空间行为研究的数据采集技术逐渐完备、方法逐渐完善、研究逐渐深入，并且紧扣当今社会的关键与热点问题，如何从时空间行为研究的理论研究扩展到对城市社会与行为的实践应用，以及城市管理政策干预成为目前新的探索前沿（柴彦威等，2012）。

1.1.2 现实背景

1）大数据时代的到来

近年来，随着互联网和移动互联网的广泛普及、社交网站不断涌现、政府监控手段日益普遍，全球数字化信息总量飞速增长。2012年2月，《纽约时报》网站刊登题为 *The Age of Big Data* 的文章，向全球宣告了“大数据时代已经来临”（Lohr，2012）。目前，大数据已引起了产业界、科技界和政府部门的高度关注，并在商业决策、经济发展与预测、社会公共安全、公共卫生等领域的应用中发挥了重要作用。在学术领域，*Nature* 和 *Science* 等国际顶级学术刊物自2008年起相继出版专刊来专门探讨对大数据的研究，有学者将数据密集型的知识发现作为科学研究的“第四范式”，美国 *Wired* 杂志的主编在2008年甚至发出了“理论已终结”的极端言论。在中国，近年来关于大数据的讨论和研究同样飞速增加。可见，大数据俨然已成为国内外各领域的重要话题，不仅代表学术研究所能获取的数据基础越来越丰富，更促使了人们思维方式和科研范式的改变。

大数据为城市研究和城市规划中对于人的关注提供了重要的契机和数据基础。大数据具有数据量大、类型多样、生成快速、价值巨大但密度低的特征，而近年来大数据的飙升主要来自日常生活。根据著名咨询公司IDC的统计，2011年全球被创建和复制的数据中，75%来源于个人。对于城市规划和城市研究而言，大数据时代使得在原有的城市物质空间数据的基础上，获取大量动态的、带有空间信息的个人的数据成为了可能。基于互联网技术、移动通信技术、定位技术，国内外学者们纷纷开始利用手机定位数据、社交网络数据、网页数据、浮动车数据、公交IC卡数据进行区域空间结构、城市等级体系、城市时空间结构、城市交通等研究。

2）从以物为本到以人为本的发展理念

改革开放以来，中国城市进入快速发展期，长期强调以“经济建设”为中心的发展理念，注重经济的快速运行与国内生产总值（GDP）的高速增长，强调物质空间、功能空间的建设，在城市研究中重视对经济活动、土地利用的分析，而相对忽视对“人地关系”中人的正面关注（柴彦威等，2006；汤茂林，2009）。这一时期的城市发展与城市研究都反映了“以物为本”的思想和“见物不见人”的发展观。而一味追求经济生产效率的提高，忽视城市环境恶化、生活质量下降等社会代价，将不利于城市的可持续发展。

近年来，以人为本逐渐成为城市发展的重要指导思想。胡锦涛指出，以人为本要以实现人的全面发展为目标，从人民群众的根本利益出发谋发展、促发展，不断满足人民群众日益增长的物质文化需要，切实保障人民群众的经济、政治和文化权益，让发展的成果惠及全体人民。中国经济社会发展“十二五”规划以“调结构、转方式、促民生”为主线，弱化了经济建设指标，不断强调社会建设和环境建设，加大了公共服务和民生保障力度（胡鞍钢等，2010）。在中共十八大报告等重要文件中不断被提及的“新型城镇化”，强调在城镇化的过程中改善人民的生活质量，关注农民工等群体，也体现了以人为核心的理念(仇保兴，2012)。

在以人为本思想的指导下，城市地理与城市规划领域应该更加注重对人的正面关注。而随着城市空间复杂性和城市移动性的增加，以及居民生活方式日趋多样化和个性化，城市研究也应更多地关注城市中人的需求，分别从基于空间和基于人的视角对于"人地关系"加以综合考虑。

1.2 研究目标

本研究利用 GPS 与活动日志相结合的一周活动与出行数据，在北京市选取天通苑、亦庄和上地-清河地区三类不同的郊区居住区作为案例，分析郊区居民与通勤者的时空间行为特征，旨在从行为-空间互动的视角出发，透视郊区空间特征，及其与城区空间的关系。具体目标包括：① 构建以行为-空间互动视角透视郊区空间的研究框架。② 分析郊区空间中的物质环境、社会人口构成与时空间行为特征。③ 探讨郊区中的人的时空间行为与郊区空间、城市空间的相互作用。④ 透视郊区空间的基本特征与复杂性，理解郊区空间与城区空间的关系。

1.3 章节结构

本研究共包括 12 个章节，前 4 章为研究的理论基础和研究框架部分。其中第 2 章分别对西方国家和中国不同学科背景下的郊区概念以及郊区研究进行总结；第 3 章对行为-空间的主要理论基础、研究范式和方法论问题进行探讨；第 4 章提出本研究的行为-空间互动研究理论框架和基于行为-空间视角的郊区空间研究框架。第 5 至 6 章是研究区域与数据基础部分。其中第 5 章介绍了研究案例城市北京和案例居住区的基本情况；第 6 章在对新技术背景下时空间行为数据的获取方法进行梳理的基础上，介绍了本研究的数据基础。第 7 章至第 11 章是实证研究部分，分别围绕郊区生活空间，郊区居民一周行为的时空特征与日间差异、通勤与通勤模式、整日活动空间以及基于居民活动空间的城郊关系展开，也对第 4 章提出的研究框架进行了呼应。第 12 章对研究进行了总结和展望。

1.4 研究创新点

(1) 结合基于空间与基于人的两种研究范式，构建了以行为-空间互动视角透视郊区空间的研究框架，探讨了城市空间对时空间行为的影响与制约。在行为-空间互动视角下，结合基于空间和基于人两种研究范式，将基于行为主义地理学理论背景的郊区生活空间和基于时间地理学理论背景的郊区居民的活动空间加以区分，并在此基础上透视郊区空间，及其与城区空间的关系。研究还深入探讨了城市空间与时空间行为的互动作用，研究城市空间对时空间行为的影响与制约，对地理背景的不确定性效应进行讨论；对不同时间和空间尺度下时空间行为对于城市空间的直接影响与间接塑造进行探讨。

本研究为理解当前中国城市郊区空间乃至城市空间提供了具有参考性的研究框架，为进一步构建行为-空间互动理论提供了初步的理论思考。

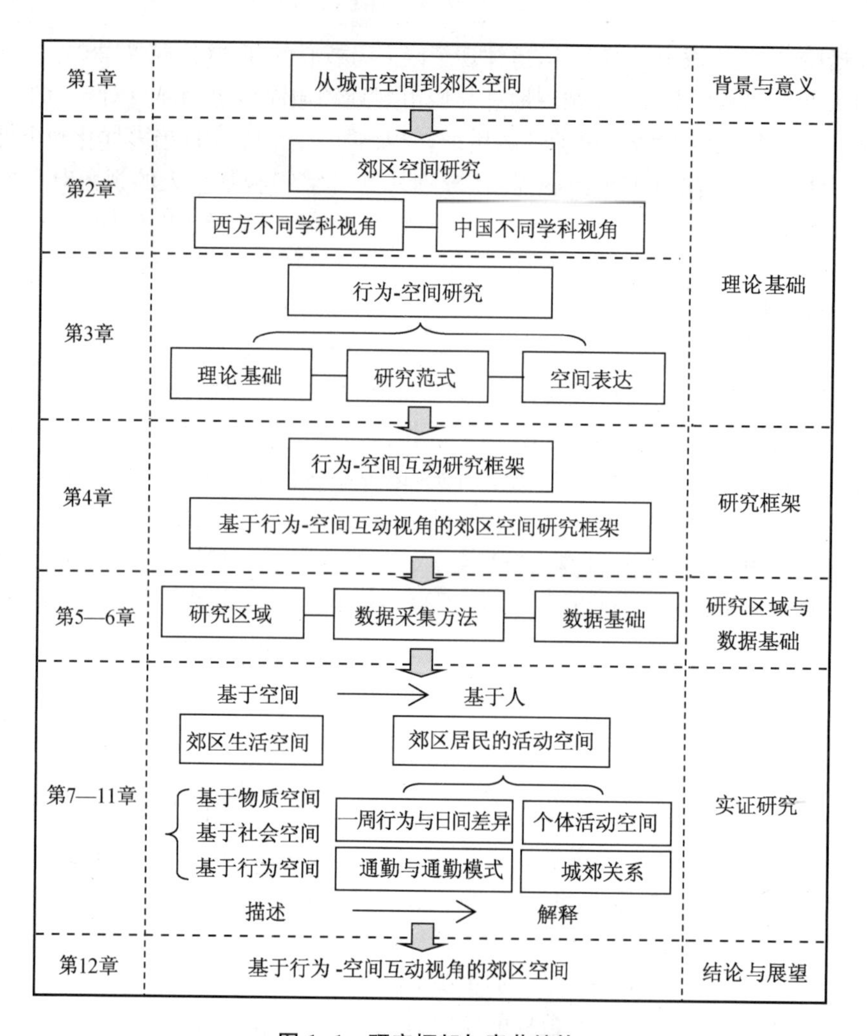

图 1-1　研究框架与章节结构

(2) 基于一周 GPS 轨迹与活动日志数据，扩展了时空行为研究的时间尺度，丰富了个体时空间行为刻画方法。利用居民一周的活动与出行数据，突破传统工作日与休息日各一日的时空间行为研究，将时空间行为研究的时间尺度由两日扩展至一周，关注各类活动与出行一周的时间节奏，以及活动空间在一周之内、工作日之间、休息日之间的日间差异。利用居民一周的 GPS 轨迹，进行时空间路径的三维可视化，并与访谈数据结合对典型案例的时空间路径进行解读；实现了基于 GPS 数据的个体整日活动空间的刻画与测度，并利用空间分析的方法将整日活动空间投影至城市空间上，基于个体整日活动空间透视城市空间与郊区空间的关系。

(3) 通过对不同类型的北京郊区的活动空间的案例研究，初步揭示了北京郊区生活空间与活动空间由相对分离向逐步匹配的转化特征。郊区中各类群体行为的差异性反映了郊区空间的复杂性，分别表现在城市空间和社区空间尺度上；行为视角下的郊区空间具有动态性，表现为对于不同群体具有不同意义，以及随时间不断发生变化；在经历了二十多年的郊区化进程后，北京郊区空间逐渐走向成熟化，已成为居民日常活动空间的重要组成部分，但仍对城区空间有较强的依赖性。

2 郊区空间研究

作为学术概念的郊区具有多样性和复杂性的特征，在界定郊区的概念和内涵时，不同学科往往从本学科的视角出发，从空间位置、功能、行政立法地位、社区人群构成、物质环境、日常生活等角度对郊区进行界定，并将郊区与城市中心加以对照(Nicolaides and Wiese，2006)。而郊区化与郊区是一对密切相关但又完全不同的概念，郊区化表达的是一种动态过程，正是由于郊区化的发生与不断改变，导致了郊区内涵也在发生着本质性的转变。

地理学者强调郊区与中心城的空间位置以及郊区的各种功能，尤其注重对于“郊区化”的研究；社会学者在定义郊区时往往附加上人口社会经济属性和家庭形态，强调郊区居民独特的行为和生活方式；城市规划学者强调用地构成和设施分布；建筑学者强调社区的建筑模式；政治经济学者强调从社会生产、资本、消费等方面去理解郊区以及郊区化过程(Stanilov and Scheer，2004；孙群郎，2005；魏伟，周婕，2006)。因此，在郊区研究中，有必要对不同理论背景与视角下郊区的内涵及其变化进行梳理。

中国城市的郊区以及郊区化过程与西方存在一定的差异，学者们在对西方以及日本相关理论、方法引入的基础上开展了一系列针对中国城市的实证研究。本章在对西方不同学科视角下的郊区概念与内涵进行梳理的基础上，对中国的郊区与郊区化研究进展进行梳理。

2.1 西方不同学科视角下的郊区内涵及其发展

在西方国家，随着郊区化浪潮的不断推进，郊区化进程以及郊区都已发生了改变。在最初的人口与居住的郊区化过程中，在郊区（以美国郊区为主）形成的是以居住职能为主、低密度蔓延式发展的社区，住在这些郊区社区的人群的社会属性相对单一，以中产阶级和白人为主，在种族、民族、阶级、年龄等方面具有相似性（Dobriner，1958）；生活方式相似，以依赖小汽车的远距离通勤为主。然而，随着工业、商业、办公业、服务业等要素的不断外迁，郊区不断地发展，郊区次级中心也大量兴起，城市结构由单中心向多中心转变，在郊区形成了商业中心、就业中心、闹市区（Cervero，1989；Coffey et al，1996）。学者们从不同的学科和视角出发对郊区化和郊区的改变进行了描述和解释，“边缘城市”（edge city）、“城市边缘”（urban fringe）、“郊区城市”（suburban city）、“郊区核”（suburban downtown）等相关新概念层出不穷。而针对郊区化的转变，斯坦贝（Stanback）称这种不同于过去的郊区化过程为“新郊区化”（new suburbanization），来形容中心区和郊区产业构成与就业的变化；在欧洲，也有学者将未带有太多美国特征的、城区向外扩展的、城市化与郊区化统一的过程称为“后郊区化”时代（post-suburban era）（Hartshorn，1989；Stanback，1991；Garreau，1992；Lucy and Phillips，1997）。

2.1.1 城市地理学视角：郊区作为相对于城区的地域范围，强调空间与功能

强调郊区与中心城的空间位置来界定郊区是对于郊区最基础、最直观的定义。地理学家尤其强调作为地理空间的郊区，将郊区看作与城市中心区截然不同的地域范围。如杰克逊认为，郊区是一种居民社区，是散布于城墙以外的居民点和商业点，其历史与人类文明一样古老，是古代、中世纪和近代早期传统城市的重要组成部分（Jackson and Frontier，1985）。

西方国家，尤其是美国对于郊区的定义，往往在强调与城区空间位置的基础上，还强调郊区独立的政治地位或法律地位。如约翰斯顿主编的《人文地理学词典》中对郊区的定义是，郊区是位于城市地区通勤带的外围地区，一般有独立的行政司法权。《大美百科全书》对郊区的定义是，郊区是指某个大城市附近、拥有或者没有法人地位的，并且已经城市化或部分城市化的地区，这一地区与该大城市拥有密切的社会和经济联系，但它与该大城市在政治上却是分立的。该定义中强调的是“它与该大城市在政治上却是分立的”，即如果某郊区原本位于城市的行政界限以内，或者被中心城市在政治上兼并，则不能称为郊区。威欣克同样强调郊区的政治地位，认为“郊区是指位于某个中心城市的行政界限以外，而通常拥有但不一定拥有法人地位的居民社区，它与中心城市在整体上属于一个共同体”（Thorns，1972）。

城市地理学者研究的特点还体现在对于郊区地域范围的划分，由于城市化与郊区化是城市地理研究的核心内容，而对于郊区化过程的研究或在编制城市规划时需要基于郊区的地域划分，从而进行对各种功能与要素郊区化的研究（周一星，2004；宁越敏，2008；许学强，姚华松，2009）。

美国对于郊区的划分深受人口普查局所划定的大都市区界限范围的影响（孙群郎，2005）。随着 20 世纪美国大都市区产生，其很快成为美国城市发展的主导趋势之一。1910 年美国人口普查局首次对大都市区的概念进行了界定，但由于大都市区在全美的普遍发展和规模的扩大，大都市区的概念曾被多次修订。1950 年后，大都市区被界定为人口在 5 万以上的中心城市以及与之有着密切的社会经济联系的一个或者多个县，并发展

出标准大都市统计地区(SMSA)、大都市统计地区(MSA)、标准大都市联合地区(SMCA)等概念(Gottdiener and Hutchison,2000)。而美国人口普查局一般认为在大都市区范围以内而又处于中心城市行政界限以外的地区为郊区。美国许多学者采用了这一郊区的概念,例如,唐斯对郊区的定义为"郊区指的是所有大都市区内中心城市以外的所有部分,因此,它既包括没有法人地位的地区,也包括郊区自治市"(Downs,1973)。根据这一定义,可以使用联邦人口普查局的统计资料,便于进行横向和纵向的比较,因此这一概念在美国广泛流行。

2.1.2 城市社会学视角:郊区作为生活方式,强调社会结构与社会关系

社会学家、城市社会学家和人类学家在研究郊区时往往强调从居民的社会属性或其主观感受方面考察郊区的意义。郊区既是一种空间形态上的演变结果,还是居民感知中的产物,是人类生活活动的一种载体,人们的各种生活活动造就了郊区进一步发展重构(Clapson,2003)。

城市社会学学者强调应该把郊区理解为一种生活方式。沃思的《作为一种生活方式的城市性》是城市社会学研究历史上的经典之作,对城市社会学产生了深远的影响。沃思批判了把人口比例、居民的职业、物资设备和机械、政治组织形式作为界定城市标准的方法,而把城市作为人类联系的一种特殊形式,提倡把城市性(urbanism)理解为一种生活方式(life style),提出了"城市是由不同的异质个体组成的一个相对大的、相对稠密的、相对长久的居住地",并从生态学、组织、个性及态度四个方面界定了城市生活方式(Wirth,1938),为郊区生活方式的提出奠定了基础。

伴随着美国郊区化进程的加速,法瓦于1956年提出郊区同样代表了一种生活方式。法瓦认为,郊区是指"位于城市的法定界线以外而又在通勤范围以内的区域,特指那些在就业以及各种特定种类的商品和文化娱乐方面依赖于城市的居住区",但同时,他注重强调郊区的社会生态特征和社会心理特征。他认为郊区的社会生态特征主要包括三个方面:① 拥有较高比例的有子女的年轻夫妻家庭;② 多数为中产阶级;③ 拥有某些显著的物质形态特征(房屋多是新建的,户主拥有所有权,建筑密度低,几乎全部为私营开发商建设的住宅)。而郊区的社会心理特征表现为郊区居民注重和睦的邻里关系,而不像城市居民那样邻里关系淡漠,居民的匿名性强(Fava,1956)。

甘斯于1968年发表文章《作为一种生活方式的城市性和郊区性》,批判了沃思把人类的生活方式与城市这一特定居住地类别联系起来的观点,指出居住地类别与人类行为模式关系甚少,生活方式不是用地域去解释,而是可以用在该地域上的居民特性(包括阶层特点和生命阶段)来解释(Gans,1968)。他认为沃思对于城市性的定义已无法适应郊区化的社会动态,并且沃思的理论只是把城市与民俗社会(folk society)而不是乡村进行对立。他将城市区域划分为内城、外城和郊区,分别对内城、外城和郊区的生活方式进行了分析和对比,发现在外城和郊区,生活方式和沃思的城市性并没有多少相似之处,进而批判了当时流行的学术观点,指出人们向郊区的转移并没有创造出什么新的生活方式,而在人们搬来郊区之前就表现出渴望或理性地想要得到这种生活方式。甘斯批判了传统认为的城市和郊区生活方式差异,指出"对郊区居民的行为和个性模式的描述事实上只不过是对他们的阶层和年龄的描述",并分析得出了相应的新的观点(表2-1)(蔡禾,张应祥,

2003;颜亚宁,2009)。尽管甘斯否认了城市和郊区生活方式的差异性,但他却从另一个角度证明了郊区与内城居民生活方式具有巨大的差异。

表 2-1　甘斯对郊区生活方式界定的批判与主张

序号	甘斯批判的传统结论	甘斯主张观点
1	郊区更像是宿舍区	除了在小部分老的内城区工程和办公室仍然坐落在街区中之外,许多城市和郊区一样是一个宿舍区
2	郊区更加远离 CBD 的工作、娱乐设施	郊区与 CBD 相距较远的说法只有在空间距离上才真实,而不是指路途时间;而且许多人利用工作所在地的社会设施
3	郊区比城市居住区更加现代和更加新,郊区是为小汽车拥有者所设计,而不是为行人和公共交通使用者设计	依赖小汽车上下班的特点大部分是从预选出来的高收入的郊区居民和远郊居民中得出的。无论内城或郊区,对公交依赖降低是总体趋势
4	郊区由密度较低的独门独户家庭组成	郊区的社区较小主要是由于社区还未成为郊区之前就划下行政边界造成的。相比时空上的临近,居民的同质性对社交更重要
5	郊区人口更具同质性	人们不是以一个整体居住在郊区或城市的,而是居住在以社会交往所定义的一个居住区的范围之内,即使存在着一定的差别,也是由于郊区较新,并且没有经过居民的周转期(resident turnover)
6	郊区人口较年轻,多数已婚,收入较高,较多人拥有白领工作	若将郊区和外城对比,城市和郊区的人口学差异就会大大减少

也有学者特别强调从居民的社会属性方面界定郊区,如菲什曼强调郊区的中产阶级性质,他指出"郊区首先可以由它所包含的内容来定义——中产阶级居住区,其次(也许更为重要)由它所排除的内容来定义——所有的工业、大多数商业(服务于一个特定的居民社区的商业企业除外)以及所有下层阶级居民(仆役除外)"(Fishman,1987)。即郊区应该是纯粹的中产阶级居住区,这里既不能有工商业,也不能有下层阶级居民,否则就不能称其为郊区(Fishman,1987)。

然而,在不断的郊区化过程中郊区越来越成熟,郊区社区在文化上、经济上、政治上等方面已经越来越多样化,拥有自主的就业区域,具有多样化的人口,郊区中的社会分异也得到越来越多学者的正视和关注(Muller,1981;Hutchison and Clapson,2010;Wu and Phelp,2011)。在这样的背景下,城市社会学者们开始质疑独特的郊区生活方式的存在,开展了一系列关于郊区社会结构、社会关系的研究。如施诺尔将一个郊区社区内就业岗位数与属于劳动力的人口数量之比作为就业-居住率,进而将郊区社区分为居住社区、服务郊区、混合居住郊区和纯粹就业郊区等类型(Schnore,1963)。温特和布赖森通过对一个郊区社区的研究,发现澳大利亚社会极化现象严重,富裕和贫穷的阶级不断增加,而中产阶级在减少(Winter and Bryson,1997)。梅斯和莱文农通过对两个郊区讨论组的问卷调查,提出网络的联系不仅不会降低面对面的交流,反而能增进人们对社区的认识以及补充传统的社区交流方式(Mesch and Levanon,2003)。

2.1.3 城市规划学视角:郊区作为无序蔓延的空间,强调形态

二战之后,美国普遍经历了以低密度郊区化蔓延为主要外在特征的增长阶段,在经历了几十年的“郊区疯长”之后,这种发展模式的不经济性、生态与环境的不可持续性、对内城的伤害以及对城市结构的瓦解作用、对社会生活的侵蚀效应已日益凸显,出现了增长的危机。于是有越来越多的人开始对这种发展模式提出批评与质疑,最终形成了一股强大的对郊区化增长模式的批评反思浪潮,其中包括广为人知的新城市主义和精明增长(王慧,2003;王丹,王士君,2007)。

新城市主义起源于建筑设计师群体,而于1996年发布的新城市主义宪章更为城市规划和城市设计提供了具体指导,这也就决定了新城市主义的视角与基本思维逻辑。对于新城市主义者而言,郊区通常是位于独立地段,由独栋住宅组成的,以中产阶级为主的低密度均质居住社区,是低密度蔓延的代名词与可持续发展的对立面(Duany et al,2001;Atkinson-Palombo,2010)。

新城市主义者旗帜鲜明地向郊区化无序蔓延“宣战”,认为发生在大城市内城、郊区及自然环境中的一系列困扰当今城市的社会问题,例如城市效率低下、内城衰退、社会生活质量退化、日益严重的社会两极分化、贫富隔离与种族藩篱、环境恶化、农田与原野的消失、建筑遗产损毁等,都是内在相互联系着的,这些问题的产生固然有着更广阔复杂的背景因素,但都可以直接或间接地归咎到二战之后几十年来郊区化无序蔓延这种增长方式,而错误的政策及不合理的规划设计思维是导致无序蔓延的症结所在(Calthorpe,1993)。

新城市主义者以作郊区化蔓延的“终结者”为己任,将“整合重构松散的郊区使之成为真正的邻里社区及多样化的地区”作为明确的任务。他们强调协调良好的物质环境,试图通过改进城市决策、规划、设计去解决所存在的问题,倡导回归“以人为中心”的设计思想,重塑多样性、人性化、社区感的城镇生活氛围,并提出了“传统邻里发展模式”(Traditional Neighborhood Development,TND)和“公交主导发展模式”(Transit-Oriented Development,TOD),以及紧凑、适宜步行、功能复合、可支付性以及珍视环境等新城市主义规划设计的基本特点(Calthorpe,1993;Dutton,2001)。他们的言论思想得到了新闻媒体和社会舆论的广泛关注与响应,极大地推动了全社会对于郊区蔓延以及城市与社会发展问题的关注与思考,成为一场有着众多业内精英及各界人士投身参与致力推行的现实运动,其影响远远超越了城市规划与城市研究范畴。

1980年代之后,美国郊区的住宅形式变得更加混合化,并且继人口郊区化后出现的工业郊区化、零售业郊区化、办公业郊区化等浪潮使得郊区的景观和职能发生了改变,居住、制造业、服务业、农业、停车场和空闲用地混杂在一起(柴彦威,1995;石忆邵,张翔,1997)。在这样的背景下,城市规划与城市设计领域的学者开始对郊区的建成环境重新进行思考,规划师科特金甚至提出了与新城市主义相对应的“新郊区主义”(new suburbanism),并将美国的新郊区主义发展模式归纳为三种,包括传统郊区中心复兴模式、生产型郊区中心再造模式和绿地村镇发展模式(Kotkin,2005)。阿特金森使用量化方法对美国的郊区进行了分类,刻画了郊区结构和功能的变化,认为郊区已经偏离了低密度蔓延和以居住功能为主的传统发展模式,并指出美国近三分之二的郊区出现了密集化发展的倾向,对新郊区主义的模式进行了验证(Atkinson-Palombo,2010)。

2.1.4 政治经济学视角：郊区作为资本累积的媒介，强调资本的循环与累积

列斐伏尔在马克思主义理论的基础上加强了对空间和城市的思考，将城市发展过程作为资本主义制度的产物。他引入了资本循环思想，并将房地产作为独立的“资本的第二循环”，即投资者买下土地，通过持有或开发或其他用途获得利润，并将其再投资于更多基于土地的项目时，第二循环就完成了。在这个过程中，房地产投资以特殊的方式推动着城市的增长，而空间也已不再是经济、社会变化的载体，它本身已成为资本生产循环的一个重要因素或媒介（Lefebvre，1991）。

哈维在理论和实证上推进了列斐伏尔的原创性工作，发展了资本的城市化理论，指出城市空间组织和结构是资本生产的需要和产物，资本累积过程中的循环和再生产与资本主义城市化过程交互作用，成为空间的生产理论的集大成者。他借用了列斐伏尔资本循环的概念，认为第一循环（制造业和商业）中的资本家主要对城市环境中的区位和降低制造成本感兴趣，而第二循环中的资本家优先考虑依靠贷款和所拥有地产的租金实现其利益，因此第二循环的资本家常常拒绝投资较为贫困的地区，而只寻求较高租金的城市地区，而在政府计划扶持、资本第二循环配给和阶级斗争的共同作用下，就形成了城市中心区的衰落和郊区的发展（Harvey，1973，1982，1985，1991）。

2.1.5 行为地理学视角：郊区作为居住与日常生活的空间，强调微观个体与行为

行为主义视角从微观个体的角度出发看待郊区化与郊区问题。早期的郊区以居住职能为主，从行为主义视角出发的研究主要关注居民的迁居、住房选择、通勤行为，以及从时间地理学将一天内的活动安排看作整体的角度出发，关注长距离通勤以及郊区设施的缺乏对居民产生的时空制约。如对美国城市郊区化的已有研究表明，人口郊区化及居住隔离所导致的居住与就业的“空间错位”，使得城市中心的种族群体、低收入群体面临着就业可达性下降、失业率增高等严峻挑战（Kain，1992；Preston et al，1999）。在美国的郊区，已婚有小孩的女性往往由于家庭照料活动的时空制约无法承受长距离通勤，而在郊区居住区附近从事兼职工作甚至放弃就业机会（Kwan，1999）。在日本大都市区的郊区地带，白天居住区附近是已婚有小孩女性的生活空间，而男性大多仍要承受长距离通勤，去往城市中心区工作，形成相对割裂的生活空间（Okamoto，1997）。

而随着郊区化的不断发展，郊区已不仅仅是居住空间，也是郊区居民劳动、娱乐等日常生活的生活空间（柴彦威，1995）。一方面城市居民的居住选择与郊区居民的通勤在发生改变。如对美国住房选择的研究发现，当代美国社会的居住模式是复杂的、多元的，不同种族、不同民族之间居住选择差异较大，文化适应性更强、拥有更多的社会经济资源的家庭更加倾向于选择在城市中心购房（Fong and Shibuya，2000）。随着城市就业的郊区化愈演愈烈，中心区与郊区之间的通勤越来越频繁，许多城市的就业次中心迅速崛起，逆通勤的现象开始出现，根据阿奎莱拉（Aguilra）等就巴黎地区居民通勤的研究，认为大巴黎地区逆向通勤者在过去20年明显增加，主要由于郊区就业的发展导致巴黎都市区损失了很多工作，而居民流失较少（Glaeser，2005；Aguilera et al，2009）。而另一方面，随着郊区各类设施的逐步完善，就业、购物、休闲活动的郊区化现象明显，有学者从时空间活动的角度分析了郊区居民与市中心的联系，指出新的郊区依然依赖于城市中心提供的工作和

服务，但郊区商业设施的建设开始打破这一模式，使部分日常活动留在郊区（Novak and Sykora，2007）。

2.2 中国不同学科视角下的郊区研究

中国城市的郊区具有一定的特性与复杂性，根据周一星与洛根（John Logan）对于其他国家以及中国郊区的描述，“在北美，20 世纪的郊区化通常与收入较高的通勤人口密切相关；在欧洲的许多城市，富裕人群会继续留在中心市，郊区则主要为工薪阶层提供住房；在多数第三世界国家中，郊区通常作为边缘的弱管制地区，大量的乡村移民往郊区的简陋城镇和贫民窟集聚。在当代中国，郊区的上述 3 种功能几乎同等重要。1980 年代以来，中心区大规模的更新、改造迫使居民外迁到郊区，郊区豪华别墅和‘门禁社区’（gated communities）的建设导致有车族的增长。与此同时，大量的流动人口也在向郊区集聚。在世界其他城市的郊区，社区的社会空间分异已相当明显，中国也存在类似趋势”（周一星，Logan，2007；Zhou and Logan，2008）。

学者们对于中国城市郊区的关注始于 1990 年代，周一星在北京市科协组织的与市长的“季谈会”上，最早指出北京已经开始了中心区人口外迁的郊区化现象，并在人口郊区化研究的过程中对郊区进行了地域划分，进而揭开了对中国城市郊区与郊区化研究的序幕（周一星，1992；周一星，1996）。在对郊区化的定义和起源界定的讨论中，有部分对郊区概念与内涵的探讨，但总体而言，对中国城市郊区化的关注远多于对于城市郊区的关注。

2.2.1 城市地理学视角下的郊区与郊区化研究

中国城市地理学视角下的郊区研究最早是从介绍西方郊区化的现象、总结其研究方法开始的，相关成果非常丰富，尤其在对于郊区化的探讨与实证研究方面（冯健，2001）。

1）中国城市郊区的地域划分

早在西周时期的《周礼·地官·载师》中就已有“邑外为郊，离城五十里为近郊，百里为远郊”和“以宅田、士田、贾田任近郊之地，以官田、牛田、赏田任远郊之地”的记载。顾朝林等人认为郊区的原意是指城市外围地区，它既是一个地理概念，又是一个相对城区的概念。在编制城市规划时，郊区用地是指城市规划区的外围，即城市发展需要控制的区域，更具体地说，它是指城市周围在政治、经济、文化和国防事业上与市区有密切联系的区域（顾朝林等，2000）。

在中国的城市地理领域，一直没有形成对于郊区地域统一的划分方法，较为常见的是基于行政区界限和基于城市环形快速路的划分（刘涛，曹广忠，2010）。如周一星在最早进行人口郊区化的研究时，把北京的老城区作为与西方“中心市”相对应的概念，把老城区外围的地区作为郊区（周一星，1996）。在后续的郊区化研究中，周一星还提出有些城市（如沈阳、大连）是“瓜分式”的地域划分，没有现成的中心区地域概念，研究者就需要根据城市发展的历史过程，参考现状的土地等级、人口密度加以确定，有时不得不打破现有的行政区界，以街道办事处为基本单元（周一星，孟延春，1998）。在对于上海的研究中，常常把城市空间地域分为外环线以内的中心城区和外环线以外的郊区（李健，宁越敏，2007）。周一星指出，相对固定的郊区地域划分是为了保证郊区化研究的可比较性，而实际的郊区空间范围，在明确郊区的概念与内涵之前是很难划定的(周一星，2004)。

2) 各类要素的郊区化研究

在对郊区地域范围进行划定的基础上，城市地理学者展开了针对各类要素的郊区化研究，本研究分别对需求层面的人口，以及供给层面的住宅、产业、商业、办公业几类要素的郊区化研究进行梳理。

(1) 人口郊区化。人口郊区化是最典型的郊区化研究，反映了郊区化要素中的需求层面。学者们利用我国的第三次、第四次、第五次人口普查资料及户籍人口统计资料，对北京、上海、沈阳、大连、苏州、杭州、武汉等城市进行了人口郊区化的实证研究(周一星，1992；周一星，1996；宁越敏，邓永成，1996；周一星，孟延春，1997；曹广忠，柴彦威，1998；陈浮，1997；张越，1998；张善余，1999；周敏，1997；冯健，周一星，2002；刘耀彬，白淑军，2002)，研究在地域上将城市分为中心区、近郊区、远郊区，对不同区域不同年份人口的变化率进行统计，从而分析人口郊区化的时间与空间特征。实证研究表明，我国大多数城市在1982—1990年之间出现了人口郊区化，而在1990—2000年之间人口郊区化的趋势有所增强。随着人口分析方法的多样化和复杂化，近年来对于人口郊区化的研究已不仅仅局限于对不同圈层人口变化率的统计和分析，如周春山等利用人口密度等值线、人口密度三维模型等方法对广州市近20年来的人口分布与变化进行了分析(周春山等，2004)，高向东和吴文钰结合定量模型和GIS空间分析对1990和2000年上海市人口的分布进行了模拟(高向东，吴文钰，2005)。

(2) 住宅郊区化。住宅郊区化的研究与人口郊区化类似，只是用用地数据替代人口普查数据，在内城、近郊、远郊或建成区内外地域划分的基础上，利用住宅用地的统计资料对住宅郊区化的特征进行研究。如刘晓颖对1992至2000年北京市的住宅用地进行了统计，分析了住宅郊区化模式、动力机制，并给出了相关建议(刘晓颖，2001)；张春花等对1983年、1993年、2002年大连市居住区分布进行了对比，分析了大连市居住空间扩散的规律及其机制(张春花等，2005)；马清裕和张文尝则通过对不同年份在售楼盘、新建楼盘等房地产数据的对比分析了北京市居住郊区化分布特征及其影响因素(马清裕，张文尝，2006)。

(3) 产业郊区化。在郊区化研究的早期，学者们通过各种途径获取宏观统计数据或样本企业迁移数据进行工业郊区化的研究。如周一星和孟延春通过分析20世纪80年代以来由于污染扰民和产业结构转换的原因而导致的企业外迁状况，揭示了北京工业外迁的未来趋势；工业郊区化的机制研究则是重点选择了四个外迁企业的样本，通过分析其外迁的过程，揭示企业外迁的内在机理和影响因素(周一星，孟延春，1998；冯健，2001)。当学者们能够通过各种途径获取到土地利用数据后，基于多年份工业用地数据的工业空间布局及其演化成为了工业郊区化的典型研究。如冯健利用1980年、1996年、2000年三个年份杭州市工业用地的数据分析了杭州城市工业郊区化的发展演化及其动力机制(冯健，2002)。1996年和2001年的两次基本单位普查无疑为产业郊区化研究提供了重要的数据支撑，同时也为产业空间布局及郊区化研究的深化提供了基础，学者们在研究产业空间布局的同时开始利用一些计量模型探索其影响因素及动力机制。如曹广忠和刘涛基于第一、二次基本单位普查的企业数据，从重心迁移的视角考察了北京市制造业空间结构及其演变的宏观趋势，认为多方向疏散的郊区化模式是北京市制造业布局调整的合理选择(曹广忠，刘涛，2007)。贺灿飞等利用第二次基本单位普查资料，对北京制造业企业、制造业外资企业的空间分布进行分析，反映了北京包括外资企业在内的制造业企业郊区化的事实，并利用OPM(Ordered Probit Model)分析制造业外资企业区位选择的影响因素，在一定程度上解释了制造业外资企业郊区化的原因(贺灿飞等，2005)。还有一些研究关注特定的影响因素或产业，如高菠阳等通过对1985年度和2004年度制造业企业数据的分析，研究了北京制造业郊区化的特征，并试图揭示土地制度变革在其中扮演的角色(高菠阳等，2010)。毕秀晶等基于2003年和2009年的上海软件企业名录，利用GIS、社会网络分析、泊松回归模型等方法，研究了上海大都市区软件产业的空间分布、演变特征及影响因素，发现企业集聚空间向郊区偏移，企业迁移空间指向表现出明显的郊区化趋势，不同类型企业郊区化的特征不同，以嵌入式软件企业为主的中小企业呈现出向远郊区扩散的特征(毕秀晶等，2011)。

(4) 商业郊区化。相对于住宅和产业的郊区化，商业郊区化的研究发展迟缓。罗彦和周春山分析了我国商业郊区化及研究发展迟缓的原因，认为商业郊区化发展迟缓的原因在于商业的发展机制造成其很少会从商业中心地区撤出，商业的付租能力强造成中心商业区具有很强的生命力，城市更新和老城区的再开发则阻止了商业郊区化的势头，我国的小汽车消费比例不高阻止了商业郊区化的发展；而商业郊区化研究迟缓的原因在于对于郊区化概念的争议、适当研究方法的缺乏和数据获取的困难，同时商业郊区化的业态分异性也增加了研究的难度(罗彦，周春山，2004)。王琳等认为尽管我国的一些大城市已经出现了商业郊区化的现象，但商业郊区化大大迟滞于人口郊区化进程，给人们的日常生活、工作带来很多不便，并提出了指导商业郊区化科学、合理发展的对策(王琳等，2004)。

(5) 办公业郊区化。随着近年来办公业在郊区的发展，有学者开始了办公业郊区化的研究。张景秋等通过对北京城市写字楼2009年调研数据的空间统计，研究北京市办公业的空间格局演变及其模式，得出北京城市写字楼的空间分布经历了分散—集中—分散的过程，2005年前后，写字楼沿交通干线向外扩散，交通的轴向带动作用明显，亚运村、上地及远郊亦庄开发区等区域的办公业有所发展(张景秋等，2010)。

3) 郊区化过程中各要素间的关系

(1) 人口郊区化与住宅郊区化。居住空间的郊区化从一个侧面反映了人口的郊区化，但由于二者侧重不同，有学者将人口与居住的郊区化联系起来进行互动效应的研究。蒋达强将人口郊区化与城市住宅空间布局、商品住宅价格的空间分异进行关联研究，利用人口分布的发展趋势对房地产业的未来发展进行了预测(蒋达强，2002)。刘长岐等利用“四普”和“五普”数据，分析了北京市人口分布现状和变化特征及居住用地的空间分布变化，指出人口郊区化与居住用地的空间扩展过程是一种互动的效应关系(刘长岐等，2003)。

(2) 人口郊区化与产业郊区化。工业的郊区化在一定程度上是人口郊区化的动因之一，因此，有学者将人口的郊区化与产业的郊区化放在一起进行讨论，如周一星和孟延春把产业结构的调整作为沈阳市人口郊区化的重要动因(周一星，孟延春，1997)。张善余认为上海市产业结构大幅度的“退二进三”以及工业布局重心向郊区的转移对人口的郊区化产生了巨大的推动力(张善余，2001)。贺灿飞和朱晟君在利用2004年经济普查数据进行产业集聚影响因素的研究中引入了一系列劳动力相关的变量(如劳动力投入强度、就业教育机构等)，指出劳动密集型产业主要集中在郊县(贺灿飞，朱晟君，2007)。

(3) 人口郊区化与商业郊区化。周尚意等刻画出 1991—2000 年北京市城区人口分布的变化，并通过人口重心公式的转化使用，计算了同期城区大中型商场分布的变化。研究发现，在北京市由向心集聚型向离心分散型过渡的阶段，城区大中型商场的重心移动与人口重心移动方向基本一致，但是时间上存在大约 2 年的滞后，并分析得出人口郊区化对大中型商场分布郊区化有一个正向带动，同时大中型商场重心的偏移对人口的分布也有较大影响(周尚意等，2003)。

4) 郊区城市化研究

也有部分研究聚焦郊区，从功能主义视角探讨郊区城市化以及卫星城、开发区、郊区新城的发展，及其对郊区化的影响。如张水清和杜德斌对上海市郊区城市化的现状和存在问题进行了分析，提出了新城建设、中心镇建设与中心村建设等三种郊区城市化模式(张水清，杜德斌，2001)。郑国和周一星利用实际调查和深度访谈资料，分析了北京经济技术开发区对北京郊区化的影响，指出经济技术开发区已经成为城市郊区化的重要载体，吸引了区位竞争力较强的郊区化企业和居民，促进了城市的远域郊区化和郊区化的空间分异(郑国，周一星，2005)。

2.2.2 城市社会学视角下的郊区研究

国内的郊区研究总体上偏重经济功能和空间形态，与社会空间和生活方式相关的内容相对较少，主要集中在基于人口与居住的郊区社会空间及其分异研究(冯健，叶宝源，2013)。近年来，伴随人文地理学的“社会转向”和社会学的“空间转向”，社会空间研究越来越受到重视，研究的基础数据和方法出现了多样化的趋势，学者们也逐渐开始关注郊区地区的社会融合、社会网络等方面(田文祝等，2005；姚华松等，2007；潘泽泉，2009)。

1) 郊区的社会空间及其分异

1980 年代末期，学者们开始利用“三普”数据和因子生态分析研究中国城市的社会空间结构(许学强等，1989；魏立华，闫小培，2005)。随着中国城市郊区化进程的不断加速，郊区地区也出现了社会分异的现象，有学者开始聚焦于郊区地区进行社会空间及其分异的研究。如李云和唐子来利用上海市“三普”和“五普”的数据，通过因子生态分析和社会区分析方法，对 1982 年、2000 年的社会空间结构和 1982—2000 年社会空间演化进行了研究，归纳出上海市郊区的社会空间演化主要表现在空间模式、发展方向和社会分异三个方面，社会空间结构由计划经济时期以扇形为主要特征的简单模式，演变为社会转型时期以多核、圈层为主要特征的复杂模式(李云，唐子来，2005)。而针对中国城市郊区社会空间分异的日益突出，楚静等对中国大城市郊区社区碎化的现状和原因进行了分析，并提出了对应的空间治理措施(楚静等，2011)。

2) 郊区的社会交往与社会融合

近年来，人文地理研究出现了明显的社会化转向，学者们越来越重视利用问卷调查、质性访谈等社会科学研究常见的数据获取与分析方法进行郊区居民的社会结构与社会关系研究(陈向明，1996；冯健，吴芳芳，2011)。如杨卡等结合问卷与访谈资料，以南京市郊区的江北、东山和仙林三个新城为案例，对居民的邻里交往、社区参与和社区归属感进行了研究，研究发现社区的住房形态和居民的收入水平是影响居民邻里认知和交往的重要因素，社区参与状况与邻里认知、迁居原因、居住时间和收入水平有显著的关联，社区参与状况和邻里交往状况在很大程度上决定着居民的归属感（杨卡等，2008）。冯健和王永梅利用访谈数据和质性研究方法，对北京市中关村高校周边居住区社会空间的特征和形成机制进行了分析，指出该地区的社会空间经历了从“同质性”向“异质性”转变的发展阶段；社区居民的社会阶层分异显著，居民的整体流动性较强，存在明显的阶层分隔现象；空间结构呈现出在高校和社会双重力量作用下，各种类型居民分布既混合又有序的复杂形式（冯健，王永梅，2008）。吴芳芳通过探究北京市回龙观社区邻里关系状况来透视郊区社区社会关系的建构情况，分析社区的地域性和关系性，探讨社会空间与邻里关系之间的联系（冯健，吴芳芳，2011）。

3）郊区的生活方式

目前国内对于生活方式的探讨主要集中在社会学领域，1980 年代开始，学者们通过社会调查分析了中国社会生活方式的总体特征、生活方式与消费行为、生活方式与阶层特征、生活方式与农民工等问题，强调生活方式的文化符号作用以及社会性因素，但是很少涉及特定城市、空间内的生活方式研究。

鲁艳以拉萨市近郊的帕尔村社区为案例，探讨在政府推动力、市场经济、外来文化等外力作用之下，传统藏族社区社会生活的现状及其变迁。研究指出，当由外部动力大量渗入时，帕尔村居民借助于传统的知识框架与其发生互动，作为相应的行为选择，并逐步将日常生活的经验系统化，将新知识转化为可以理解的知识，从而重构地方社会的文化体系（鲁艳，2009）。尽管该研究选择的案例地区拉萨市帕尔村是否符合郊区的范畴有待探讨，但其反映出了在社会学研究空间转向的背景下，社会学领域对于生活方式的研究逐渐开始关注城市以及城市中的特定空间。

地理学领域主要从社会空间、通勤、购物、休闲行为等不同侧面反映了城市生活方式的特征，注重于空间因素的作用机制。如塔娜等从日常行为角度出发，对北京市郊区居民的日常生活方式进行了测度和分类，分析郊区化对于个体日常生活方式的影响（塔娜等，2015）。

2.2.3 城市规划学视角下的郊区研究

部分城市规划学者接受了新城市主义的理论与观点，将郊区作为一种无序蔓延的空间，对其进行批判。而新城市主义学者提出的公交主导发展模式（TOD）目前仍是城市规划领域的研究热点（潘海啸，2010）。王玲慧从土地用地、道路交通、公共设施、产业经济等方面对上海市郊区社区空间发展的总体特征进行分析，并将其总结为高速蔓延、无序建设和无机破碎（王玲慧，2006）。柴彦威和张艳从构建低碳城市的角度出发，将市场经济下基于地租原理的分区制和计划经济下基于职住接近的单位制两种城市空间组织模式进行对比，对中国城市郊区化模式以及郊区空间组织方式进行了反思（柴彦威，张艳，2010）。

还有一些学者对待郊区持一种相对中立的态度，分析郊区中空间规划、交通规划、社区规划、商业规划、旅游规划等的策略与模式。如陈如勇分析了郊区房地产开发应该注意的问题（陈如勇，2000），王宏伟提出了郊区的“轴线跳跃式成组团”居住模式，并具体分为轨道交通居住模式和高速公路居住模式（王宏伟，2003）。王云才以北京市郊区为例，论述了都市郊区景观开发与游憩景观规划的规律、游憩景观区域规划和乡村游憩景观规划，并提出了建设北京市郊区完善的游憩景观体系和景观生态保护的具体措施（王云才，2003）。

俞斯佳和骆悰对上海郊区新城规划历程及影响新城发展的重大决策事件进行了分析，归纳了上海新城规划的特点，总结当前制度环境下的规划实践经验(俞斯佳，骆悰，2009)。王德等从居民群体特征着手剖析了上海市莘庄地区不同区位商业服务设施的需求特征，对不同郊区化阶段的商业设施配置规模和类型进行探讨，试图完善郊区化快速发展下的商业服务设施规划(王德等，2011)。王德等分析了上海市郊区空间规划与轨道交通规划的协调关系，从空间规划入手，利用建设用地交通发生量法，测算由规划建设用地产生的轨道交通需求，分析轨道交通需求和规划线路承载能力的协调关系；从轨道交通规划入手，利用轨交支撑范围法，通过分析轨道交通线路对沿线规划建设用地的支撑能力，评价规划建设用地和轨道交通线路在空间布局上的协调关系(王德等，2012)。

2.2.4 政治经济学视角下的郊区研究

吴缚龙基于新马克思主义的理论对中国的城市化以及城市转型过程进行了研究，认为城市作为一个新兴的转型中的市场，使中国政府将城市化视为经济崛起的重要渠道，城市的特殊性被用作资本累积的手段，同时也是社会转型的媒介(吴缚龙，2002，2008)。1978年以来，中国的资本累积模式发生改变，并把城市空间纳入了其扩大再生产的体系中。而中国以城市为中心的累积体制与西方资本主义国家类似，亦是依靠城市建成环境来吸纳资本以避免过度积累的危机(Brenner and Theodore，2002)。在城市转型的过程中，房地产市场开始兴起，打破了计划经济时代“单调均一”的积累方式以及均质的景观，重新分割以单位为基础的生产与再生产空间。于是在郊区兴起了各种豪宅，作为空间生产的逻辑产物，成为住房消费市场上的地标。而居住也已超越了单单的劳动力再生产的意义，成为经济增长的关键一环。同时，正是由于城市被置于积累机制的核心，造成了城市之间和城市内部的激烈竞争，使得将城市建成环境作为吸纳资本媒介的策略不断扩大化，郊区新城建设如火如荼。如是，物质建成环境日益成为克服国家领导的工业化积累缺陷的手段(吴缚龙等，2007；吴缚龙，2008)。

吴缚龙认为在经济体制转型的过程中，必然带来中国地方政府角色与管制的变化(Wu，2002)。发展地方经济、增强城市竞争力成为地方政府的中心任务，政府的企业化倾向更加显著，企业化的管制被广泛采用(Wu，2002)。沈洁和吴缚龙以上海市松江新城的泰晤士小镇为案例进行研究，指出这种在郊区为高收入阶层打造的英式小镇，就是地方政府企业化管制策略的表现，是在上海市“十五”期间“一城九镇”建设的背景下，为了刺激当地发展，构建宜居城市的形象，地方政府利用文化和娱乐要素进行的提升策略，并指出这种郊区高档居住区吸引了大量的投资和购买者，但并未吸引太多居民入住(Shen and Wu，2012)。

吴缚龙还基于新马克思主义的视角解释在中国郊区出现的门禁社区，他利用“俱乐部消费”(club of consumption)和“安全性话语”(discourse of fear)两种理论分析中国从单位制向门禁社区的转型，认为尽管大门作为一种实体形式在中国由来已久，但是其意义发生了转变，在社会主义时代，门禁强化了国家组织的集体消费，而在后社会主义阶段，门禁则代表了国家一定程度上退出对公共物品供给后出现的消费俱乐部(Wu，2005)。

2.2.5 行为地理学视角下的郊区研究

行为地理学视角下的郊区研究，从微观个体的迁居、通勤、购物等行为出发，试图理解郊区化的微观过程与机制、郊区化过程中各类要素之间的关系，以及居民对于郊区化和郊区空间的适应和融入过程。

1）迁居与居住选择

学者试图通过居住迁移的研究，对中国大城市居住郊区化的微观过程与机制进行分析。柴彦威等基于1995年在大连进行的调查问卷，发现20世纪80年代旧城改造和近郊区居住新村建设等促进了城市居民从中心区向郊区的迁移，大连逐步进入郊区化的初期阶段；该阶段迁居行为机制上表现为企业与政府组织下的被动性的迁居行为（柴彦威，周一星，2000）。冯健等基于2002年北京城市居民的1000份调查问卷，发现北京城市居民存在较高的迁移流动性，而且以近郊区为最高、中心区次之、远郊区最低，反映出典型的"近域郊区化"发展特征，迁居方向反映出本地城市化和离心的郊区化的特征，单位福利分房和原居住地拆迁是居民迁居的主要原因；而第二住宅主要用于商业出租、其他用途以及老家父母或亲戚居住，表现出一定程度的季节性郊区化特点（冯健，周一星，2004）。刘望保等基于2001年和2005年在广州市进行的家庭住房问卷调查，分析了广州市居民的迁移空间特征和方向特征。研究发现以老城区向外围区的迁移为主，而且比重上升非常快，体现了居住郊区化的特征。并且，通过进一步将居住迁移方向与住房产权转换和住房性质关联起来进行统计，该研究还发现中国城市郊区化与住房自置率的提高有关，住房价格的区域差异是促进郊区化的内在动力之一；此外，为追求较低的开发成本，工作单位和房管局选择外围区建设住房也成为郊区化的内在动力之一（刘望保等，2007）。

另外，学者对于不同群体的居住决策进行了分析，指出在郊区化过程中，由于个体差异和偏好，居住郊区化在不同群体间具有空间差异性。例如，刘旺等对于北京市万科青青家园社区的调查表明，年轻型家庭居住区位的选择不再指向市中心，而是向郊区方向外移，表明居住郊区化更加具有年轻化的特征（刘旺，张文忠，2006）。柴彦威等（2009，2010）对北京典型单位社区居民迁居行为的研究表明，在家庭和工作需求的动力与环境压力的共同作用下，单位内部的高收入居民迁出单位社区，依据居住偏好迁入郊区的商品房社区，成为城市郊区化的重要组成部分（柴彦威，陈零极，2009；塔娜，柴彦威，2010）。

2）职住关系与通勤

伴随市场化改革过程中单位制度的解体、郊区化的快速发展、城市空间扩张等过程，计划经济时期以单位为基本地域单元的、"职住接近"的城市空间布局被逐渐打破。大量的实证研究表明在郊区化的过程中，中国城市居民的通勤距离和时间显著增加，并导致交通问题的产生以及城市通勤空间类型的显著变化（Yang，2006；柴彦威等，2002；Wang and Chai，2009）。

柴彦威等基于天津、大连、深圳、北京等城市的活动日志调查，对居民通勤行为的基本特征进行描述，发现2000年左右中国城市通勤空间以中短距离通勤为主，市区边缘地区通勤距离较市中心更加集中，反映了产业郊区化与人口郊区化的不同步现象（柴彦威等，2002）。冯健等（2004）通过问卷调查实证了郊区化背景下，北京城市居民职住分离现象十分普遍，居民在城市内部的迁居过程中伴随着短时间（30分钟以内）通勤的减少与中等时间（30分钟至2小时）通勤的增加；并且城区居民的职住分离状况较近郊区居民更为明显（冯健，周一星，2004）。孟斌等发现北京市存在比较严重的职住分离问题，平均单程通勤时间为38分钟，比较北京市中心区与郊区的通勤距离，发现城市中心区域职住分离情况好于郊区，在郊区中重点开发的卫星城镇职住分离不明显，大型居住区职住分离严重（孟斌，2009）。李强等（2007）对北京两个郊区大型居住区（回龙观与天通苑）居民迁居前后通勤行为的变化进行问卷调查，发现居住郊区化过程中发生了职住分离的现象，并且郊区居民通勤距离与通勤时间显著增加（李强，李晓林，2007）。宋金平等通过对郊区居民通勤行为的分析实证了居住郊区化背景下北京市存在着居住与就业空间错位现象（宋金平等，2007）。

3）购物行为及其演变

消费者的购物行为研究成为了商业郊区化研究的突破口。仵宗卿等通过在天津市的购物行为问卷调查，发现2000年左右天津市的商业离心化现象还不明显，副市级或大型区域级的商业中心没有最终形成（仵宗卿等，2001）。柴彦威等通过在深圳、北京与上海等城市实施居民消费行为的问卷调查与访谈，构建不同类型商品的购物出行等级，从消费者行为的角度把握以中心地为基础的城市商业中心体系的演变，发现新世纪以来大都市的商业空间等级结构开始呈现扁平化和多中心化，郊区商业中心开始发育（柴彦威等，2010）。冯健等对城市居民的购物行为及其变化进行大量的问卷调查，从消费者行为活动入手分析了1995—2005年基于认知距离的北京市居民购物行为空间结构的演变特征及其影响机制，从微观居民行为的角度透视城市商业空间的演变格局，发现超市和区域性购物中心的作用在加强，传统商业中心区的垄断地位在弱化，商业多中心化和郊区化成为普遍趋势（冯健等，2007；陈秀欣，冯健，2009）。

也有学者关注郊区消费者的购物行为，龙韬等以北京市民消费行为问卷调查为基础，分析了北京居民对郊区大型购物中心——金源时代购物中心的利用特征，发现专业人员与公司白领、年轻女性和带小孩的中年夫妇是其主要消费人群，提出郊区大型购物中心的出现显著改变了附近居民的消费空间选择（龙韬，柴彦威，2006）。王德等通过对上海市郊区不同类型居民购物行为的比较，发现郊区商业设施的使用人群更加集中在居住时间长、工作在郊区、中低收入的人群，指出在郊区化的不同阶段商业设施的类型和布局随居民行为的改变而重新调整（王德等，2011）。

4）郊区居民的日常生活空间

柴彦威提出了"生活空间的郊区化"概念，认为分析郊区居民日常活动类型及活动空间结构，并同中心市进行比较考察，能看出郊区生活空间的形成阶段，而对于郊区而言，只有达到了生活空间的郊区化，才能说是郊区次中心的真正形成（柴彦威，1996）。

颜亚宁基于2007年北京的活动日志数据，对郊区居民的日常活动空间进行了全面的刻画，包括郊区居民上班、购物、休闲行为的一般性特征，郊区居民整日外出的活动模式，并对不同群体的日常活动空间进行了刻画（颜亚宁，2009）。李斐然等基于调查问卷和一手访谈资料，以北京市郊区回龙观居住区为案例，探讨了包括居住空间、工作空间、购物空间和游憩空间在内的郊区居民生活空间，及其在2001—2010年十年间的变化，研究表明以回龙观为代表的郊区大型居住区在形成居住空间郊区化、商业和休闲空间的分散化和多中心化方面发挥了重要作用，而在回龙观的社区职能由单纯卧城向综合型社区演变的过程中，居民不同类型的生活空间之间存在相互影响（李斐然等，2013）。已有研究侧重对汇总的郊区居民生活空间进行特征描述，在汇总的过程中掩盖了个体的独特性，因此无法揭示郊区居民日常活动空间的内在机理。

2.3 小结

本章分别对西方国家和中国不同学科背景下的郊区概念以及郊区研究进行了总结。

1）郊区的内涵具有多样性和动态性特征，在郊区化的过程中郊区内涵有所改变

不同学科视角下的郊区具有不同内涵，在界定郊区的概念和内涵时，不同学科往往从本学科的视角出发。与作为静态概念的郊区有所不同，郊区化表达的是一种动态过程，正是由于郊区化的发生与不断改变，导致了郊区内涵也在发生着本质性的转变。随着郊区化浪潮的不断推进，城市结构由单中心向多中心转变，而不同学科又从不同的视角出发对郊区化和郊区的改变进行了描述和解释。

城市地理学者对于郊区的界定强调郊区与城市中心区的相对空间位置，以及郊区的各种功能，其研究特点还体现在对于郊区地域范围进行划分，并从功能主义的视角进行各类要素郊区化的研究。城市社会学者强调将郊区作为一种生活方式，从而研究郊区中的社会结构与社会关系。城市规划学者往往从物质形态的角度考察社区，尤其在美国经历了几十年的低密度郊区化蔓延，各种问题日益严重的背景下，新城市主义者以一种批判性的态度，视郊区空间为一种无序蔓延的空间，并从物质形态上对郊区进行研究。而政治经济学者则从资本的循环与累积的角度，对郊区的发展以及郊区中的门禁社区等现象进行解读，将郊区视为资本累积的媒介。行为主义地理学者则从微观个体与行为的角度，通过郊区居民的各类活动，以及居住与日常生活空间透视郊区空间以及郊区化过程。

2）不同国家的郊区与郊区化进程具有差异性，构建中国城市郊区理论具有重要意义

尽管不同学科视角下郊区的内涵有所不同，对于郊区化的概念及其开始的标志也存在一定的争议，但不可否认的是，由于不同国家城市发展历程的不同，郊区化进程以及郊区都存在一定的差异，因此也产生了不同的理论。

美国是世界上郊区化最明显的国家，尽管对美国郊区化的历程有不同的划分方法，但学者们普遍承认美国的郊区化已由早期的人口与居住的郊区化发展为制造业、零售业、办公业等多种要素的郊区化，郊区也由早期的卧城发展成为具有综合性的职能，而城市也就成为了多核心的区域（Jackson and Frontier，1985；石忆邵，张翔，1997；Gottdiener and Hutchison，2000；冯健，2005）。英国经历了一个自上而下的郊区化过程，由于其基本的城市规划战略是控制城市和准城市向农村地区的扩展，也就限制了类似于美国的那种低密度蔓延式的郊区化。而战后的新城计划，通过提供大量高质量的出租住房，将居住在过分拥挤和破败内城的工人阶级搬迁到郊区边缘，使得英国的郊区表现出均质型社区、较高的郊区密度、房地产价格不菲等特点（Whitehand，1993；顾朝林等，2000）。日本早期的郊区化主要是由于二战后城市人口急剧增加，住宅需求压力使得居住用地向郊区扩展，1970年代以后，产业向郊区的迁移使得市中心的通勤率下降，而一些高级商业和服务业功能也向郊区分散，使得人们的日常生活空间逐渐向郊区转移，城市结构由大城市圈向分散多核化结构转化（柴彦威，1995）。

中国城市郊区化的一个明显的特征是，由早期的工业郊区化和旧城改造带动的被动式郊区化，向居民和企业的主动式郊区化与被动式郊区化共存转变（周一星，孟延春，1997；冯健，2001；Feng et al，2008）。由于我国城市人口的密度较高，以及早期郊区化中

私家车普及程度较低，未发生类似美国那种低密度蔓延式的郊区化。而且由于在社会经济转型过程中各类市场化以及制度性要素的综合作用，在郊区形成了高度异质化的空间，聚集了多元化的社会群体。已有的郊区和郊区化理论主要来源于美国和欧洲，然而由于中国的郊区化进程以及郊区空间的特殊性，构建具有中国特色的郊区理论具有重要意义。

3）中国已有的郊区研究更关注“郊区化”过程，未来郊区与郊区空间将受到更多关注

对于中国城市郊区的关注始于对于郊区化现象的关注。1990年代起，以城市地理、城市规划学者为主的研究者们进行了大量关于中国各城市人口、住宅、产业、商业、办公业郊区化的实证研究，也有部分研究聚焦于城市郊区，但总体上将郊区作为一个整体，关注郊区化过程的研究相对较多。

在城市不断扩张和郊区化不断发生的背景下，郊区与郊区空间不断发展并日益复杂化，也就需要更多的学者将研究焦点转向郊区研究。在西方，城市社会学的学科发展过程中，对于城市化（urbanization）和城市性（urbanism）差异的理解，以及对于城市内部差异的探讨，直接影响了城市社会学的兴起（Gottdiener and Hutchison，2000）。本研究认为，随着郊区空间与郊区社会结构异质性的加强，郊区本身及其内部的异质性也将受到越来越多的关注。

4）行为地理学视角与方法在郊区与郊区化研究中表现出较强的有效性

在行为地理学的研究视角下，迁居研究不仅对人口与居住郊区化的研究形成了多元验证，还能够从微观层面挖掘居住郊区化的内在机制；对于通勤行为以及职住关系的研究从行为视角探讨了郊区化对人的日常生活产生的影响，尤其在西方国家，职住分离与职住空间错位已经产生了较强的负面影响，同时，对于通勤的研究可以从日常生活的视角透视郊区与中心城区的联系；对于消费者购物行为的研究突破了商业郊区化的困境；对于郊区居民日常生活空间的研究从整体上分析了郊区居民整日的活动情况。并且，居民行为也是不同要素之间关系研究的重要切入点，例如通勤能够反映居住郊区化与产业郊区化之间的关系，购物行为能够反映居住郊区化与商业郊区化之间的关系，而郊区居民的日常活动空间则能够反映郊区空间中各类要素的情况以及居民的适应过程。可见，在郊区空间异质性逐渐增强、郊区居民行为日益复杂的背景下，行为地理学视角在郊区化与郊区空间研究中尚有较大的发展空间。

3 行为-空间研究的理论基础

20 世纪 60 年代后期，西方资本主义世界出现了一系列社会问题，地理学界开始对计量革命引导下的实证主义研究范式进行批判与反思，产生了人文化和社会化两大趋势，人文主义、行为主义、结构主义、马克思主义等各种流派纷纷兴起，呈现出多元主义百家争鸣的态势(Johnston，2006；顾朝林，陈璐，2004；王兴中，2004；姚华松等，2007；柴彦威等，2012)。出于对计量地理学过分简化空间问题、忽视人的作用的不满，强调个体和微观过程的行为主义地理学、时间地理学、活动分析法就此应运而生，奠定了时空间行为研究的理论基础，为理解人类活动和城市环境之间在时空间上的复杂关系提供了独特的视角。

本研究基于行为-空间研究理论与方法论，聚焦郊区活动空间。本章分别从行为-空间研究相关的经典理论、社会-空间相关理论及其与行为-空间研究的关系、行为-空间研究的基于空间与基于人的两种范式以及行为空间的表达几个方面出发，探讨郊区活动空间研究的行为-空间研究理论和方法论基础。

3.1 行为-空间研究的理论基础

3.1.1 行为主义地理学：从强调主观能动性到选择中的制约

在对实证主义的空间分析方法进行修正的过程中，行为主义学派成为该时期人文地理学的重要流派之一，对欧美地理学产生了深远的影响。行为主义将心理学的相关理论及概念引入地理学，试图了解人们的思想、感观对其环境的认知及空间行为决策的形成和行动后果的影响(Golledge and Stimson，1997)。

1) 行为主义地理学的内涵与研究特点

行为主义地理学采用行为主义方法来研究人地关

系，认为空间行为可以通过认知过程进行解释（Gold，1980），主要包含以下四个方面的内涵：① 人们的感知环境与真实世界可能存在较大差异，因此空间具有双重属性——客观环境和行为环境。前者是指可通过直接方式进行度量的真实环境，而后者主要是指只能通过间接手段进行研究的存在于人们头脑中的认知环境，不管这种行为环境如何扭曲，它都是人们进行行为决策的基础。② 行为研究必须认识到个体不仅对真实的物理和社会环境进行回应，同时也对其进行重塑。行为并不仅仅是一系列事件的最终结果，同时它也是新的开端，行为与空间应该是一个互动的关系。③ 行为主义地理学更倾向于以个体作为分析单元，而不是社会群体。④ 行为主义地理学将心理学、社会学、人类学等多学科的理论及方法应用到行为研究中，是一门跨学科、多元化的地理学方法。

行为主义地理学强调探讨有关人类特别是个体人的行为模型，同时探讨环境的概念，这个环境不是指客观的物理环境，而是人的决策及其行为发生的场所环境或现象环境；侧重对人类行为与物质环境的过程性解释，而不是结构性解释，旨在展示心理、社会以及其他方面的人类决策与行为理论的空间特征，研究的侧重点由汇总人群转变为分散的个人与小团体，研究资料大多来源于问卷调查、访谈等而不是统计资料（Timmermans and Golledge，1990）。

2）早期的行为主义地理学及其衰退

早期的行为主义地理学尝试建立基于个人决策过程来理解空间现象的模型，从而取代区位论、中心地理论甚至是微观经济学的汇总规范模型，成为了行为主义地理学初期研究的理论上的目标。然而，由于人类决策行为十分复杂，建立模型的理论目标面临着许多棘手问题。西方行为主义地理初期研究，在广度和深度上尚未达到面面俱到，大多是通过认知、偏好、选择等逐个环节来分别研究，分别突破，以期最终清楚了解个人决策的全过程。

虽然早期的行为主义地理学在居住迁移、购物行为等领域产生了一定影响，但在建立统合认知与偏好-选择理论框架的努力中遇到了很多难题，受到了各方面的质疑与批判。邦廷（Bunting）和库尔克（Guelke）指出，认知和意象的研究过于偏向心理，未能与外表行为的解释建立关联，认知可测量、认知先于行为、认知与行为之间有函数关系等假设也深受质疑，因此始终未能产生像微观经济学效用曲线那样牢固的理论演绎，后续研究受到局限（Bunting and Guelke，1979；Desbarats，1983）。人文主义学者批评行为主义地理学只是把空间现象机械地对应于个人心理特质来解释，基于空间方位、距离等科学概念而试图推导出适用于所有人的普遍模型，因而仍然属于传统区位论的套路。他们所提倡的场所意义和现象学研究，把个人价值意义放在首位（Ley，1981）。结构马克思主义的观点集中于行为主义地理学完全依靠主观偏好决策过程来解释空间现象是不合理的，其忽视了其他可能的外界制约因素，忽略了心理偏好与最终表现出的行为之间的不一致性（Cox，1981）。在上述要害性的批判下，行为主义地理学一度衰退，研究者纷纷转向各自原先的研究领域（如商业地理学、城市地理学、政治地理学等）（柴彦威等，2008）。

3）行为主义地理学的复兴与发展

1980 年代，人文地理学呈现出理论多元化的趋势，不仅如此，认知研究和偏好-选择研究的不断分离，使得行为主义地理学从构建行为过程理论框架的过分目标中解脱出来，更多应用于解决地理学现实问题中。一方面，行为主义地理学研究逐渐把偏好选择过程视为其制约下的结果，将行为的发生放到更大的社会结构背景中去考察（Desbarats，

1983;Golledge,1993;Hanson and Pratt,1991)。另一方面,行为主义地理学研究开始向空间行为分析以外的领域拓展和渗透,与人文地理学其他分支(如文化地理学和景观生态学)产生了关联,出现了生态学、社会弱势群体、女性、生命周期等崭新视角(Kitchin,1996)。

行为主义地理学再度活跃,并向更加多元化的方向发展,不仅在认知研究、偏好-选择研究这两个领域各自产生了更为深入的研究成果,而且在行为与空间互动关系的刻画上取得了重要进展(Aitken,1991)。行为主义地理学逐渐放弃了纯粹基于行为科学,试图从最大效用、最满意等有限的心理侧面来建立普适模型的传统,从“空间行为”逐渐转向“空间中的行为”,强调城市空间与人类空间行为之间的互动关系,将不同行为与环境加以差异性地呈现。同时,行为主义地理学的研究焦点逐渐从“例外行为”转向“日常行为”,无意识的、非探索性的、反复性的行为逐渐成为研究的首要任务,而临时或偶然的行为只是次要部分(柴彦威,2005)。

4) 从强调主观能动性到选择中的制约

行为主义地理学的产生是出于对传统理论中“无差异的人”这一假设的不满,因此特别强调人的主观能动性,研究“能动的人”(active decision-maker),重视个人态度、认知、偏好等主观能动方面,强调“空间认知-空间偏好-空间行为”的研究范式。但也由于其忽视了外界制约因素,以及心理偏好与行为结果之间的不一致性遭到批判,甚至出现一度的衰退(Cox,1981)。

1980 年代后,行为主义地理学面向解决社会问题与实践应用,开始考虑人所受到的制约,在区分感知到的、影响行为决策的行动空间和实际空间的基础上,通过两个空间之间的差异部分理解决策选择集的局限性。将个人决策所面临的选择集划分为多个阶段,认为在预期阻力、社会规范等制约因素的作用下,个人将不可接受的选择逐次排除,最终剩下的选择即是实际行动(Desbarats,1983)。改良后的行为主义地理学形成了一种“选择中的制约”的研究框架,也使得行为主义地理学焕发出新的生命力。

3.1.2 时间地理学:从强调客观制约到制约中的选择

时间地理学源于瑞典著名人文地理学家托斯坦·哈格斯特朗(Torsten Hägerstrand)对计量革命时期区域科学研究范式的反思。哈格斯特朗批判区域科学研究中对人的基本假设的机械化、对个体差异性的忽视,将时间和空间在微观个体层面上相结合,通过时空路径、时空棱柱、制约等概念及符号系统构建了时间地理学的理论框架,从人本主义思想和微观的角度出发研究问题,形成了自己独特的方法体系(Hägerstrand,1970;柴彦威等,2012)。区别于强调人的主观认知、偏好与空间选择的狭义的行为主义地理学,时间地理学强调人受到的制约以及围绕人的外部客观条件,也被认为属于广义的行为主义地理学范畴(柴彦威等,2002)。

1) 时间地理学的基本观点与概念

时间地理学在理论构建过程中强调研究个体的重要性,汇总模型中不能忽略个体的特性。哈格斯特朗认为在个体的微观情景和宏观尺度的汇总结果之间存在着根本的直接联系,如果不清楚个体所处的微观情景便无法得到真实的宏观汇总规律,而对人的基本假设的不同会直接影响理论的构建以及宏观层面的汇总规律。时间地理学认为个体在时空间中的行为能力是有限的，提出基于人的根本假设：① 人是不可分的；② 每个人的生命是有限的；③ 人在某个时间同时完成多项任务的能力是有限的；④ 每完成一个任务都需要花费一定的时间；⑤ 人在空间中的运动需要花费时间；⑥ 空间的承载能力是有限的；⑦ 任何领地空间都存在一个有限的外边界；⑧ 现状必然受到过去的状况的制约（Hägerstrand，1970）。

对人的基本假设反映了时间地理学的时空观，即对个体而言，时间和空间都是一种资源，二者不可分割，区位的含义不仅包括空间坐标而且包含时间坐标。在此逻辑之下，哈格斯特朗发展出一套在时空间中表达微观个体的、连续运动轨迹及行为机制的概念体系和符号系统，即在三维的时空间坐标中用二维坐标表示空间，第三维坐标表示时间，将微观个体在时空间中的运动轨迹表示为时空路径（space-time path）。个人路径不随时间发生移动时在时空间轴上可以表示为垂直线，而发生移动时则表示为斜线，斜线的斜率表示个体在时空间中的运动速度。个人在参与生产、消费和社会活动时需要停留在某些具有永久性的停留点上，由于这些停留点包含一定的设施，并具备一定的职能，因此可称之为驻所（station）（Hägerstrand，1970；柴彦威等，2002）。

时间地理学除了强调时空间的整体性，还强调个体在时空间中受到的制约以及外部的客观条件，哈格斯特朗认为探寻决定路径空间形态的制约的时空机制具有重要意义，他提出三类制约——能力制约（capability constraints）、组合制约（coupling constraints）、权威制约（authority constraints）。能力制约指个人通过自身能力或使用工具能够进行的活动是有限制的，主要由睡眠、用餐等一些生理性制约和移动所受到的物理性限制组成的。组合制约指个人或群体为了从事某项活动而必须同其他的人或物的路径同时存在于同一场所的制约，决定了个人在何时、何地必须要与其他个人、工具、设施相结合以便进行生产、消费及社会交往。权威制约指法律、习惯、社会规范等把人或物从特定时间或特定空间中排除的制约；为了限制过多的人进入以保护自然资源或人工资源，并使活动组织更有效率而存在的“领地”（domain），具备一定权限的人才能得以进入（Hägerstrand，1970；柴彦威等，2002）。能力制约、组合制约和权威制约通过各种直接或间接的方式相互作用，在具体分析时需要进行综合考虑。

在时空间中，由于个体受到各种制约，使其不可能完全自由地进行活动，哈格斯特朗用时空棱柱（prism）在三维时空间中表示个体可能的移动范围。时空棱柱有着明显的地理边界，这取决于个体停留的空间位置以及停留的时间。时空棱柱的形状可以每天变化，然而个体的活动不可能存在于时空棱柱之外，时空棱柱刻画了个体在该时间范围内一定的时空预算下所有可能发生的路径的集合。时空棱柱的形态综合反映出发地点、移动速度、活动计划以及活动目的地所施加的组合制约等构成的时空行为决策的微观情境性，是对个体行为所受的生理、物理及环境制约的模式化表达。

2）时间地理学的发展历程

1960 至 1970 年代的时间地理学，出于对区域科学的批判，提出理解人与人之间以及人与物质环境之间互动关系的另一种世界观，也提供了理解个体如何形成并影响社会，并且同时又如何受到社会制约的新思维。这个时期的研究侧重于对行为的制约机制、路径的汇总以及企划的形成进行分析（Thrift，1977）。哈格斯特朗及其领导的隆德学派还将时间地理学思想介绍至瑞典的区域规划学界，他认为个体在时空间中的位置以及个体所能获得的公共资源的可达性应当是城市规划中必须考虑的问题，而规划与政策制定的出发点应在于如何调整物质环境来减少制约个体行为的不利因素，从而提高个体选择的能力。时间地理学思想与方法被规划界广为接受，并为交通地理学中非汇总模型的发展奠定了理论基础。

到了1980年代，时间地理学从早期公式化的表达、对制约本身的分析逐渐转向对人类生活的关联性以及社会生活"现状本身"的更为广泛的思考，并开始关注人类内心世界的意义、观点、情感、感受（Hägerstrand，1982）。同时，在普雷德（Allen Pred）与思里夫特（Nigel Thrift）等非瑞典籍地理学家的学术影响下，时间地理学被瑞典以外的国际地理学界所广泛了解；而吉登斯（Anthony Giddens）在结构化理论中对于时空间的思考，也使得时间地理学被更广泛的社会科学领域所了解（Thrift and Pred，1981；Giddens，1984）。然而，时间地理学也受到了来自社会学和地理学的批判，如哈维认为时间地理学忽略了人类能动性，缺乏对行为过程中个体主观选择与认知偏好的理解与剖析；罗斯认为时间地理学是一种男性控制的地理学，时间地理学里的人类行动者和移动空间是健康男性的（Peet，1998）。在上述批判下，加之其方法论的实践受到研究数据的采集、处理及表达方式等客观条件的限制，时间地理学一度于1980年代中后期进入相对低迷的发展期（柴彦威，赵莹，2009）。而相对于在欧美发展的低迷，自石水照雄将时间地理学主要概念介绍至日本后，时间地理学方法于20世纪80年代中后期在日本得到广泛重视，在生活空间、女性地理学以及城市地域等方面开拓出许多新的应用研究领域，日本成为这一时期时间地理学研究最为盛行的国家之一（柴彦威，龚华，2000）。

进入1990年代后，大规模、高精度的个体时空行为数据的可获得性、GIS在地理可视化和地理计算中的广泛应用以及对网络社会中虚拟行为与虚拟空间的关注等，为时间地理学注入了新的活力，也为时间地理学在城市规划中的应用提供了多种可能。时间地理学面对人类行为复杂化的现实背景，完善了对人类活动行为的观察视角，实现了理论体系的创新，对"男性控制"的行为主体理论假设进行了修正，在已有框架中加入人的主观能动性，试图将现实空间行为与基于信息与通信技术的虚拟空间行为相结合，并基于结合GIS技术的三维可视化、地理计算与行为模拟技术，在城市与区域规划、交通规划、个体行为导航等方面得到应用，从而进入了一个全新的发展阶段（Kwan，1999；Kwan，2007；Raubal et al 2004；柴彦威，赵莹，2009）。

3）从强调客观制约到制约中的选择

时间地理学的提出出于区域科学研究范式下的"机械人""汇总人"的反思，同时与瑞典高福利的社会状况密切相关，居民个人生活质量的提高、在时空间上公平合理地配置公共设施是其研究的主要导向，因此时间地理学研究"被动的人"（reactive decision-maker），强调人本身的制约以及围绕人的外部客观条件（Miller，2004；柴彦威，龚华，2000）。时间地理学不仅关注可以观察到的已经发生的行为，而且试图去分析那些没有发生的计划行为以及行为发生以后企图改善的期望行为，并力图利用规划手段改善物质环境来减少制约个体行为的不利因素，因此哈格斯特朗认为，阐明个体的制约条件及其来源与机制，比关注选择更有意义（柴彦威等，2013）。

时间地理学强调制约的传统在20世纪70年代就受到了批判。哈维、吉登斯等认为，时间地理学过于强调基于欧几里得空间和牛顿绝对时间的制约，而忽视了权力、能动性等关键问题(Giddens,1984;Schwanen,2007)。面对质疑,哈格斯特朗逐渐转向对时空间中生活关联性的思考,转向探索制约下的能动性,把时空路径作为制约和企划相互作用的结果,认为人们为了实现企划会利用有限的时空资源来克服制约,在原有的制约框架下加入了对主观能动性的考虑(Lenntorp,1999)。

随着时间地理学方法在地理和规划领域应用的工具化,以及定性 GIS 等地理学混合研究方法的发展,学者们开始尝试在时间地理学框架中融入行为与主体的主观性、社会性,基于定性 GIS 将情感、感觉、价值、伦理等引入时空路径。关美宝(Mei-Po Kwoan)创建了基于 GIS 的地理叙事方法,结合时间地理学概念框架,开发了基于 GIS 平台的计算机辅助叙事分析组件(3D-VQGIS),将行为者在活动中的主观感受用颜色标记,并整合到时空路径中,为时间地理学融入行为与主体的质性分析提供了一整套研究方法与具体操作工具(Kwan,2007;关美宝等,2013)。

3.1.3 活动分析法:偏好与制约下的活动模式

美国城市学家蔡平结合哈格斯特朗和库仑的工作,给出城市活动系统的概念框架,强调人的活动动机与时空间的社会制约(Chapin,1974)。到了 1980 年代,交通领域基于对出行行为的研究发展出狭义的活动分析法的概念,将出行看作是活动的派生需求,从而把城市活动系统和出行系统结合起来,形成城市活动-移动系统(Urban Activity-Travel System),(Ettema,1996;Timmermans et al,2003)。这种概念在行为主义地理学中被推广为人类活动分析法,对时间与空间、选择与制约、活动与移动的关系在城市活动-移动系统中进行综合考虑,形成了通过居民日常活动规律的探讨来研究人类空间行为及其所处城市环境的一种研究视角(Golledge and Stimson,1997)。

1) 活动分析法的理论基础与内涵

活动分析法的理论基础来源于蔡平和哈格斯特朗的理论框架。其中,蔡平的研究提供了隐藏在家庭活动系统背后的活动动机的社会学分析,明确指出时间和空间对行为模式的影响(Chapin,1974);而哈格斯特朗则提供了时空制约下活动选择的决策机制框架,指出了对活动参与产生影响的能力制约、组合制约和权威制约(Hägerstrand,1970)。城市交通领域基于对出行行为的研究发展出狭义的活动分析法的概念,即"在一系列活动的背景中考虑个人或者家庭的出行模式,同时强调时间和空间制约在出行行为中的重要性"(Kitamura,1988)。出行行为被看作是一种派生需求,与家庭中的个人为了满足特定需求而进行的一系列活动联系在一起;活动和出行在时间、地点和参与者方面是相互关联的,同时又是发生在时空和有限资源制约下的环境之中。

行为主义地理学学者将活动分析法推广到更为广泛的层面,而不仅仅局限在出行行为的研究上。广义的人类活动分析法通过对日常活动的研究,将城市居民的行为放置于一个大尺度的环境中以及时间-空间相结合的背景下;同时,通过城市空间行为的观点将城市看作是一个个人活动、行为、反应和交互的集合,用"发生了什么"而不是土地利用类型的数量特征来描述和研究城市(柴彦威,沈洁,2008)。因此,活动分析法的目标即是通过研究人们如何利用城市不同区域,如何对其选择环境进行反应,如何安排其活动顺序并且分配相应的时间,如何将这些与环境变化相联系等相关的规律和机制,从而更好地评价那些改变城市环境的若干政策措施(Golledge and Stimson,1997)。

2）城市空间与活动-移动行为的相互作用

基于活动分析法的城市活动-移动系统研究关注居民的整日活动模式以及活动时间、目的地与出行方式的选择，关注家庭分工以及家庭成员之间的相互影响，关注活动-移动行为的周期性变化，更重要的是，关注城市空间与活动-移动行为的相互作用。

蔡平基于住房市场均衡提出了城市空间结构与居民活动-移动系统相互作用过程的概念框架（Chapin，1974）。蔡平认为个体对日常活动路线和活动地点周边社会物质环境的满意度构成了其对活动空间的综合满意度，这些综合的满意度会成为空间调整的"推力"。同时，人们在调整活动空间的同时会产生剩余的空间，这种"滞后"的供应加上城市中新的空间供给会成为吸引行为调整的"拉力"。在获得满意度的"推力"和空间供给的"拉力"共同作用下，会达到一种动态的均衡。通过这个相互作用过程，能够深入理解城市居民的活动-移动行为系统，并更好地理解城市空间结构及其变化。

在城市活动-移动系统的研究中，学者们把城市空间划分为城市形态和交通系统，并量化为居住位置、活动区位、土地利用程度、区域形状、路网结构、距离、人口密度、就业密度和住房密度等因素，来考察整个城市空间要素对活动-移动行为的制约与影响（Cervero，2002；Timmermans et al，2003；Buliung and Kanaroglou，2007）。行为对空间的影响主要体现在人们为获得满意的活动而不断调整活动空间，首先是选择日常的活动空间，例如购物、休闲等活动；然后调整长期的生活空间，例如居住、工作地点；在选择的过程中对城市空间（包括物质和社会空间）进行了重构，从而影响城市空间的组织结构（Ben-Akiva and Bowman，1998；Shiftan，2008）。

柴彦威和沈洁在对活动分析理论进行梳理的基础上，提出了一个新的互动研究框架（图 3-1）（柴彦威，沈洁，2006）。在城市空间方面，在传统城市空间研究注重各种社会、经济因素影响的基础上，注重制度分析，并构建一个新的理想的城市空间，强调从现实空间走向理想空间的城市空间研究。在移动-活动行为方面，基于显示偏好法①探讨现实行为与现实空间的互动关系，即现实行为对现实空间的偏好与现实空间对现实行为的制约；基于陈述偏好法②探讨居民理想行为与理想空间之间的关系，即理想行为对理想空间的需求与理想空间对理想行为的引导。该框架试图在行为空间与城市物质空间本身及其互动机制研究的基础上，实现个体行为的最大满意化与城市整体空间的最大和谐化的目标。

3）偏好与制约下的活动模式

蔡平在构建城市活动系统的概念体系时，将强调主观能动性的行为理论与强调客观制约的时间地理学理论相结合，把人们对活动的偏好和受到的制约分别放在需求和供给层面进行综合考虑，提出了解释人类活动模式的一般性理论框架（图 3-2）。

人们的动机、兴趣以及思想方法等方面构成了行动倾向，而人们的个人社会经济属性及其在社会中的角色形成了他们行动的前提，行动的倾向性与前提条件构成了人们参与

---

① 即 Revealed Preference。该方法提供现实世界中真实存在的不同选项和选项集合，通过对被选择的选项和未被选择的选项进行分析比较来揭示人们的行为偏好，并通过建立统计选择模型来解释这种观察到的选择。获得的数据是通过询问而得到的实际发生了的行为，即直接"观察"到的活动和出行行为。

② 即 Stated Preference。该方法通过事先设定好可用于描述需要选择的选项的若干属性，通过设定不同的属性值形成选项集合，根据被调查者对该集合中各个选项的评价或者选择，来估计和研究其偏好。

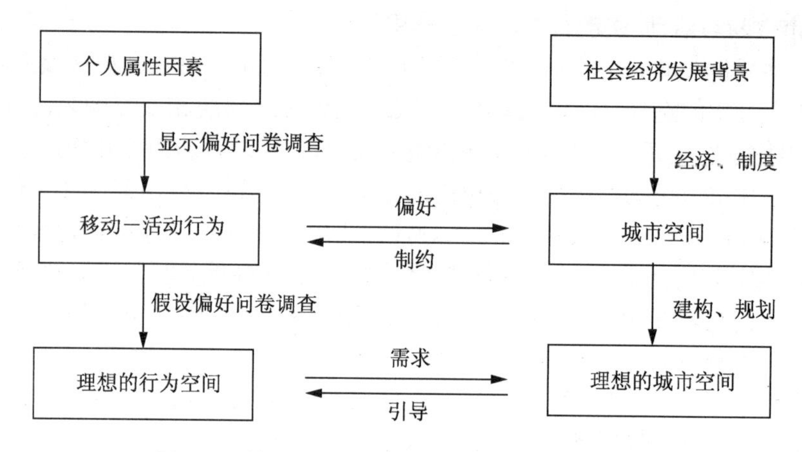

图 3-1　基于移动-活动行为的城市空间研究框架

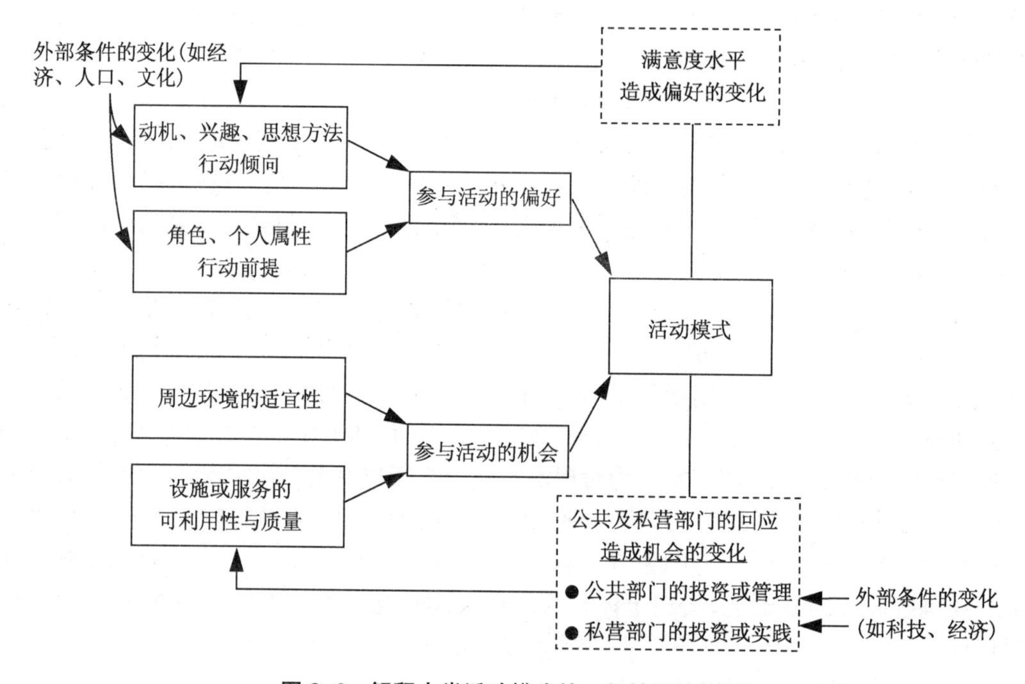

图 3-2　解释人类活动模式的一般性理论框架

活动的主观偏好。在客观制约方面,周边环境的适宜性、设施及服务的可利用性与质量构成了人们参与活动的机会。在主观偏好与客观制约所形成的机会的共同影响下,形成了人们的活动模式。人们对已有活动模式的满意度水平将会影响他们的行动倾向性,从而通过影响人们参与活动的偏好而影响未来的活动模式。而公共与私营部门也会对人们的活动模式进行回应,通过投资、管理、规划、实践等手段影响服务或设施的可利用性和质量,从而通过影响人们参与活动的机会而影响未来的活动模式。一些外部条件,诸如经济、人口、文化、科技等要素同样会影响人们的主观偏好,以及各部门对人们活动模式的回应(Chapin,1974)。

蔡平构建了一个十分理想的理论框架,不仅展示了城市空间结构与居民活动-移动系统相互作用的过程，还在这个过程中试图将人的主观偏好和受到的客观制约整合起来，然而在他的实证研究中并未真正实现主观与客观的整合。活动分析法继承了蔡平的理论框架，相关研究基于显示偏好法或假设偏好法获取数据来探讨人们的主观偏好以及城市空间或家庭责任对人类活动产生的制约。

4）活动分析法在规划中的应用

基于活动分析法的城市居民活动-移动系统研究向城市规划提供了以下几个方面新的视角：① 提供一种从微观个体行为出发的非汇总层面的规划思路。② 通过调整城市空间而改变居民活动，从而影响居民的交通出行，改善交通状况。③ 通过政策调整时间，使得居民活动-移动系统效率提高，例如灵活的上下班时间和商店营业时间等时间政策对居民工作和购物活动的影响。④ 通过调整不同属性的人群而改变活动空间的分布，例如通过调整房地产开发来吸纳不同收入人群。⑤ 调整居民活动-移动行为来满足空间发展，例如通过搬迁，调整就业机会；改善购物休闲等活动的可达性；改变城市活动-移动系统（Fox，1995；Davidson et al，2007；Zhang，2005；Van Eck et al，2005；Handy et al，2002）。

与此同时，活动分析法在城市交通规划中的应用则更加深入，由于活动分析法的出现和发展，建立起综合的活动-移动系统研究体系，这可以有效地解决传统城市交通规划中就出行论出行的不足。目前，活动分析法在西方国家主要应用在城市交通规划上，因为近十年西方交通规划意识到交通设施的投入并不能解决不断增长的城市交通拥挤问题，并且需要不断减少交通对环境的有害影响。而基于出行的研究明显不能适应这种发展的需求，在这样的背景下，虽然活动分析法在处理大尺度交通规划上效率不高，但能很好地处理交通问题和进行政策分析，从而成为交通规划研究的前沿（Davidson et al，2007）。

尽管活动分析法在理解行为、交通、空间等方面提供了独特的视角，然而其在发展中出现的理论和操作性的问题使其受到一定的批判，同时也阻碍了活动-移动分析更加广泛的应用。一方面，出行来源于活动的基本假设虽然较为符合人类行为决策过程，但绝对的活动决定论受到许多批判，因为部分居民的出行就是为了出行而获得效用，例如体育锻炼、探险出行、与自然接触等等的出行其本身既是一种目的也是一种原因（Mokhtarian，2005）。另一方面，活动分析模型的优势在于其在微观个人、家庭层面和整日连续时间维度上包含更多的行为决策信息和相互作用关系，但交通规划和城市规划的决策一般都是基于出行需求的汇总预测以实现设施的合理供给，在汇总过程中个性化信息的损失弱化了活动分析法相对于传统"四阶段法"的优势。因此，如何在由非汇总到汇总的过程中，尽量减少行为信息的损失量是当前活动分析法面向应用时所遇到的难题（Davidson et al，2007）。

3.2 社会-空间理论与行为-空间研究

伴随人文地理学的"社会转向"和社会学的"空间转向"，社会空间问题及其相关理论已成为学术研究的热点（田文祝等，2005；姚华松等，2007；潘泽泉，2009）。然而社会空间的内涵具有不确定性，19世纪末以来，关于如何界定"社会空间"（social space）内涵的争论和探讨从未停止，不同的学者从不同学科、视角出发对"社会空间"术语有着迥异的解释

(Lauwe，1952；李小建，1987；王晓磊，2010)。如果把“社会”看作形容词，“社会空间”即“社会的空间”，是指区别于“物质的空间”“精神的空间”的空间形式，学界对“社会空间”概念的解释见仁见智，并不存在一种普遍一致的看法。而如果把“社会”当作名词来看，“社会”与“空间”就是并列关系，“社会-空间”所表达的是社会与空间二者之间的联系，有关这方面的研究构成了各种“社会-空间”理论。而广义的“社会-空间”理论与狭义的“社会空间”概念是一种包含与被包含的关系。

3.2.1 社会空间概念辨析

据美国人文地理学家巴特马(Anne Buttimer)考证，作为概念的社会空间一词最早由法国社会学家涂尔干(Emile Durkheim)在19世纪末创造和应用(Buttimer，1969)。到了1950年代之后，社会空间概念的使用逐渐趋于广泛化，而作为学术用词的社会空间的概念也愈发地具有多义性与模糊性，涉及哲学、社会学、人类学、地理学、城市规划学、建筑学、心理学等众多学科，可概括为以下几种解释。

(1) 社会群体居住的地理区域。首先提出“社会空间”概念的涂尔干认为社会空间概念与社会群体居住的地理区域直接相关。以帕克(Robert Ezra Park)和伯吉斯(ErnestWatson Burgess)等人为代表的美国社会学芝加哥学派对社会空间的界定与涂尔干的观点相似，但他们更加关注对本地社区的研究，而非单纯重视对社会群体的研究(Park et al，1925)。对社会空间的这种界定在社会学、人类学研究中具有相当的普遍性，许多学者都依循此种界定对特定区域的社会空间做不同角度的案例研究。

(2) 个人对空间的主观感受或在空间中的社会关系。法国地理学家索尔(Maximilien Sorre)扩展了涂尔干对社会空间的界定，他把社会空间想象为由众多马赛克区域组成，每一区域由具有相同社会经济和人口统计学特征、共同的价值观和态度以及相同的行为方式的同质群体居住，这一社会空间反映了群体的价值、喜好和愿望(Sorre，1961)。洛韦(Chombart de Lauwe)把此种理解引入到社会学领域，区分了社会空间的客观部分和主观部分，认为社会空间的客观部分是指群体居住在其中的空间范围，群体的社会结构和组织受生态学的和文化的因素限制；而主观部分则是指由特殊群体的成员感知到的空间(Lauwe，1952)。

(3) 个人在社会中的位置。社会学或心理学中的“社会空间”一词有时以一种图绘的社会结构的概念来使用，不具备任何的地理学或物理学意义上的实体空间的特征。如美国社会学家索罗金(Pitirim Aleksandrovich Sorokin)最先使用“社会空间”这一术语确定个人与他人或其他被选作“参照点”的社会现象之间的关系(Sorokin，1927)。这种观点只是在象征意义上使用“空间”或“场所”的说法，其实际所表达的是一种“社会学的空间”(sociological space)，割裂了“社会空间”的空间性和社会性的内在关联。

(4) 人类实践的产物。从劳动实践的角度理解社会空间的生成是多数马克思主义地理学家的思路。社会学家卡斯特尔(Manuel Castells)主张用结构主义的方法解读城市社会空间，他认为社会空间是既定的社会结构在空间中的映射，社会结构自身具有前存性，而后在空间中体现出来(Castells，1977)。法国马克思主义哲学家列斐伏尔(Henri Lefebvre)提出了与结构主义观点完全相反的概念，他认为“(社会的)空间是(社会的)产物”，社会空间是由人类的劳动实践活动生成的生存区域(Lefebvre，1991)。列斐伏尔的空间的生产理论在哲学、马克思主义、地理学、社会学、政治学等各个领域产生了深远的影响，引起了马克思主义地理学家的高度关注和积极响应(叶超等,2011)。美国城市规划学者索加(Edward Soja)把列斐伏尔的社会空间理论解读为一种"空间、社会与历史"的三元辩证法,提出了社会空间辩证法(Soja,1996)。美国社会学家戈特迪纳(Mark Gottdiener)将空间的生产理论应用到城市社会学研究中,提出了城市研究的"社会空间视角"(Gottdiener and Hutchision,2000)。

3.2.2 强调社会与空间辩证统一的社会空间辩证法

社会空间辩证法主要讨论社会与空间之间的关系,认为社会与空间并非不同的两个事物(或过程),也不是一方包括、反映另一方的关系,而是"人们在创造和改变城市空间的同时又被他们所居住和工作的空间以各种方式制约"(诺克斯,平奇,2009)。迪尔和沃尔奇论述了社会空间辩证法的三个基本方面:社会关系中的事件是通过空间而形成的,社会关系中的事件受到空间的限制,社会关系中的事件受空间调节(Wolch and Dear,1989)。社会空间辩证法建立在两重批判的基础之上,即对容器空间观和实证主义空间观的批判,以及对马克思主义经典作家忽视空间的批判,经历了列斐伏尔的奠基、哈维等的发扬、索加的正式创立三个阶段(叶超,2012)。

列斐伏尔提出"空间的生产"理论以及"(社会的)空间是(社会的)产物"的核心观点,强调社会与空间是交融在一起而难分彼此的关系,形成了社会空间辩证法的基本思维(Lefebvre,1991)。哈维(David Harvey)对列斐伏尔等的城市理论进行了发展,对马克思主义在空间维度上进行了补充,提出了"社会过程-空间形式"的概念,将过程赋予"社会",将形式赋予"空间",用以表示社会-空间的辩证统一性,但又与列斐伏尔坚持空间社会都有其形式和过程的论述有出入(Harvey,1973)。索加(Edward Soja)秉承列斐伏尔的思想,提出了社会空间辩证法的概念,以反映社会、空间、时间之间的作用关系和过程。索加认为必须打破传统的二元论,强调"第三方的他者"的作用和影响,在时间、空间、社会所组成的不同二元组合中,强调第三方与二元组合相互渗透和包含,即时间性、空间性、社会性这三元并不存在任何一者的优先或决定权,三者互相涵盖、互相作用(Soja,1996)。

在社会空间辩证法的基础上,城市社会空间是"社会与空间辩证统一"的产物,反映了居民与城市空间的"连续的相互作用过程",即居民塑造并修改城市空间,同时又被城市空间以各种方式所左右(Soja,1980;魏立华,闫小培,2005)。

3.2.3 新城市社会学与社会空间视角

1995年,戈特迪纳(Mark Gottdiener)和哈奇森(Ray Hutchison)在《新城市社会学》一书中,首次提出了城市研究的"社会空间视角"(Social Spatial Perspective)。这种方法一经提出就引起了城市学、地理学、建筑学和规划学等诸多学科的关注和讨论(司敏,2004)。戈特迪纳和哈奇森继承了列斐伏尔引入的空间作为社会组织的一个组成部分的思想,建构改进了城市社会学方法的特定概念和论点,发展了一个更好适应当代城市社会的新的理论模型。围绕一个崭新的整合范式——社会空间视角,将社会生态图式与政治经济图式加以整合,并且打破了传统的城市中心城区/郊区二分法,对大都市区域持续变化的本质进行独特的聚焦,一方面强调空间对社会生活、房地产对经济和城市发展的重要性,另一方面思考了社会因素例如种族、阶层、性别、生活方式、经济、文化以及政治对大都市地区的发展所起的作用(Gottdiener and Hutchision,2000)。

社会空间视角讨论存在于人与空间之间的二元关系,其认为,一方面人类在一个既定的空间内,并作为对一个既定空间的反应,按照诸如性别、阶级、人种、年龄和社会地位之类的社会因素行动;另一方面人们也创造和改变空间以表达他们自己的需要和渴望。可见,社会空间视角与社会空间辩证法的基本观点相似,因此也有学者认为社会空间视角即是社会-空间辩证法理论框架在城市社会学中的应用。

社会空间视角将定居空间作为基础,把构成社会行为的因素诸如阶级、种族、性别、年龄、社会地位与空间环境的象征性整合在一起,这样空间就成为人类行为的构成因素之一。具体可以表述为:① 空间与社会因素:这里指阶级、教育、权力、性别、种族等。社会因素决定了人们与空间的关系,而一切社会活动都是在特定空间中发生的,社会因素在城市生活中无不通过空间向度展开并发挥作用。② 空间与行为因素:它强调社会行为与空间的互动,空间以一种特有的方式影响人们的行为和互动,但这种方式是最初的空间设计者所未能考虑到的;个人通过人际互动改变了现有的空间安排,并建构了新的空间来表达他们的欲求。③ 空间与文化、心理因素:特定的社会文化是空间意义的基础与渊源所在,空间环境之所以有意义、具有怎样的意义以及该意义的作用如何在人的行为环境中得以体现,均受到特定文化及由此形成的脉络情境的影响。

3.2.4 社会-空间与行为-空间的关系

通过对社会空间概念的辨析和相关理论的梳理可见,"社会"和"空间"的内涵过于丰富,仅仅对空间的认知与理解就存在无数的争论和探讨,因此社会-空间理论非常复杂与宏大。但无论是区别于物质空间的社会空间概念,或是探讨社会与空间关系的社会-空间理论,都为本研究所关注的城市空间与居民时空间行为的互动关系提供了理论支持。社会空间辩证法提供了一套理解行为及其时间性、空间性与社会性的认识论,并且其对社会与空间辩证统一关系的阐释有助于理解行为与空间的关系;社会空间视角中对于社会行为与空间互动关系的论述为行为-空间的互动研究提供了一种社会学的视角。同时,行为研究为社会空间研究提供了重要视角,对于日常行为与行为空间的关注有利于突破传统的基于人口与居住的社会空间研究。

3.3 行为-空间研究的两种范式:基于空间与基于人

社会科学中对人的行为研究包括个体层次上的微观研究和汇总层次上的宏观研究两个尺度(柴彦威,2005)。例如对于某个地区或某类社会群体行为的分析多属于宏观研究,而对人的行为有翔实的调查及富于逻辑性说明的生活行为研究多属微观研究。而如何把握个体与社会之间的复杂关系,从微观到宏观,再从宏观到微观,将特定区域、特定个体的微观研究与整个社会的宏观研究相结合,以及在方法层面解决由汇总到非汇总的"生态谬误"问题和由非汇总到汇总的多维信息损失,这些都是社会科学领域的核心方法论问题(约翰斯顿,1999;张文佳等,2010)。而地理学,尤其是社会文化地理学中对于人的行为研究在汇总和非汇总两个尺度的基础上,还存在着基于空间(place-based)和基于人(people-based)两种不同的研究范式。

3.3.1 基于空间与基于人

空间是地理学的核心思想与传统，空间位置提供了一种具有整体性和综合性的理解途径，将在其他学科视角下相互独立的现象整合起来（Berry，1964；Harvey，1969）。就像托布勒在地理学第一定律中描述的，所有的事物都相互关联，然而它们的关系随相互间距离的增大而逐渐疏远（Tobler，1970）。人文地理学的空间思想曾出现过多次重大转向，从早期康德、哈特向的绝对空间观，到舍费尔与计量学派的空间几何学，再到人文主义的空间、激进主义的空间、后现代主义的空间，空间的内涵越来越丰富（石崧，宁越敏，2005；叶超，2012）。而空间研究在地理学，尤其在人文地理学中，一直保持着稳固而重要的地位，不断壮大的地理信息科学与地理信息系统也进一步巩固了其核心地位（Miller，2007）。尤其在中国，"人地关系"的研究中"地"受到了更多的关注，在社区、城市、区域乃至国家等各个尺度层面进行基于空间的分析仍然占据着研究主流（汤茂林，2009）。

1960 年代后，出于对计量革命下空间分析学派对人地关系中人的作用的贬低，以及实证主义模型中无差异的"理性经济人"假设的不满，出现了一系列的反思和批判（Tuan，1976）。在人本主义思潮的影响下，行为主义、人文主义地理学开始了对作为行为主体的人的正面关注，发展出了强调个体和微观过程的行为主义地理学、时间地理学、活动分析法等行为论方法。其中，时间地理学出于对区域科学中的人的思考，提供了一种在时空间中从人的角度关注个体活动的视角，而时空路径、时空棱柱等一系列在时空间中对微观个体表达的方法，也为其日后与 GIS 的结合打下了基础。这些关注微观个体的理论与方法，为地理学提供了基于人的视角与方法论，一方面非汇总的研究成为了可能，另一方面突破了传统地理学基于空间汇总的范式，使得在时空间中基于人的汇总成为可能。

随着现代交通技术的不断发展，交通设施的不断完善，人类的出行方式越来越多样化，移动能力不断增强；信息与通信技术的发展使人们在虚拟空间中能够突破传统意义上的时空制约，整个地球处于"时空压缩"的状态（Harvey，1991）。在人的行为与活动模式方面，现代生活方式使人类活动在时间和空间上更加破碎化，在时间利用方面多个任务同时发生也成为可能，移动性、连通性以及活动的时空破碎化使得人们的行为更加复杂化；同时，人类行为在与空间要素相关之外，还与其性别、年龄、社会经济属性等因素相关，即使拥有相同的家和工作地住址的人也可能具有完全不同的行为模式，人类行为更加个性化。在这样的背景下，传统以距离衰减定律为基础的空间理论面临巨大的挑战，而过去相对固定的人、地方与活动三者之间的关系变得愈发复杂（Miller，2007）。因此，关注微观个体的理论、技术与方法就显得更加重要。

时间地理学等行为论方法的不断完善，个人数据可获取性的增加，微观模拟与基于智能体模型等技术的发展使得基于人的研究范式逐渐被应用于各个领域的研究中。在交通领域，传统的基于交通小区的汇总分析无法揭示人类出行行为的复杂性，以及在出行中人们的相互作用，基于人的交通调查以及出行行为分析方法得到越来越多的关注和探讨（Timmermans et al，2003）。在健康地理学领域，医院、健身房等与健康有关的设施在空间上分布的研究已经无法满足人们对于健康的需求，基于人的在空气污染中的暴露、在日常活动中接触的传染病源的研究成为研究热点（Richardson et al，2013；Kwan，2014）。在设施配置与可达性研究方面，不仅需要考虑设施在空间上的接近程度，更需要考虑个体的日程安排，进行基于人的时空可达性研究（Kwan，1999）；在社会隔离与社会排斥研究方面，从人的日常活动和行为模式出发，而不是仅考虑居住地，有助于更好地理解社会隔离与社会排斥问题（Wong and Shaw，2011；Wang et al，2012）。

可见，不同于传统的基于空间的、汇总的研究范式，基于作为行为主体的人的研究（包括汇总与非汇总）已成为国际研究的前沿。而需要注意的是，城市空间与时空间行为的互动关系研究中既需要基于空间的研究视角，也需要基于人的研究视角。若不对人的时空间行为在空间上进行汇总，则无法有效地理解和透视城市空间；而若不从人的角度出发，则无法认识城市空间对人的影响。而面临中国当前城市发展中的问题，空间与人都是重要的方面，需要加以综合考虑。

3.3.2 基于空间的汇总分析与可塑性地域单元问题

可塑性地域单元问题（modifiable areal unit problem，MAUP）这一概念最早由奥彭肖（Stan Openshaw）和泰勒（Peter Taylor）提出，可以理解为“由于对连续地理现象的空间单元的人为划分而产生空间模式的变化所引起的问题”（Openshaw and Taylor，1979）。MAUP 通常以尺度效应（scale effect）和分区效应（zoning effect）出现在空间分析中。尺度效应指对不同分辨率或者不同尺度的同一地理区域进行空间分析时出现的结果不一致性；分区效应指对同一区域进行空间分析时，不同的区域划分造成的结果不一致性（Openshaw，1984；陈江平等，2011）。

MAUP 困扰着地理、生态、经济、社会等各领域需要在分析中考虑空间要素的学者们，例如研究发现西方国家的政治选举结果可以通过改变选区的边界而发生变化；在交通规划领域，不同的交通小区划分方法将影响交通分析模拟结果；而对于利用人口或经济普查数据进行研究的学者而言，如何划分地理统计单元是他们首先需要考虑的问题（Viegas et al，2009）。相关学者，尤其是 GIS 领域的学者从理论、方法、技术和实证层面进行了大量的探讨，已有研究大多受奥彭肖观点的影响，认为 MAUP 的解决办法是在具体研究中准确界定和采用最适合的地理单元划分方法和地理空间尺度（Openshaw，1996），这些研究关注如何针对研究数据以及区域确定最为适用的地理单元划分、邻里规模和地理尺度（MacAllister et al，2001）。

3.3.3 基于人的地理背景效应分析与地理背景不确定性问题

与 MAUP 相对应，社会科学研究中另一基础性方法论问题近期受到广泛关注，即考察地理空间变量对个体行为的背景效应的不确定性问题，关美宝将这一问题概念化，并称其为地理背景不确定性问题（uncertain geographic context problem，UGCoP）。UGCoP 可以理解为“地理空间变量对个体行为作用效应的分析结果，可能受到地理背景单元或者邻里单元的划分方法及其与真实的地理背景作用空间的偏离程度的影响”（Kwan，2014）。

UGCoP 源于空间与时间两个方面的不确定性。研究个体产生背景效应的真实空间环境中存在空间不确定性。以周边环境对人们健康的影响研究为例，大多数研究将居住社区作为研究的地理背景单元，这就产生了地理背景的空间不确定性问题。首先，对于居住社区的刻画可以有多种途径，如基于管理边界、基于居民感受、基于实际距离的缓冲区、基于路网距离的缓冲区等方法都可以对居住社区进行刻画（Frank et al，2005；Berke et al,2007);其次,居住社区并不能准确地展现对研究个体行为或经历产生影响的真实区域,如工作地、学校或其他休闲场所附近的健身设施与食品质量对于健康同样重要(Matthews,2008;Chaix,2009);再次,社会环境与网络(例如家庭、朋友、同龄人)并不能用有精确界线的地理区域来描述(Roux and Ana,2001);最后,对于不同人群,产生影响的地理背景存在差异,例如老年人在家外的移动能力较低,因此对于他们产生影响的地理背景相对较小(Oliver,2001)。

个体经历这些产生影响地理背景的发生与持续时间不同就产生了地理背景的时间不确定性问题。依旧以周边环境对人们健康的影响研究为例,环境因素的动态变化以及人类的移动性导致了地理背景的时间不确定性问题。一方面,一些环境影响因素可能随着时间的改变而产生高度复杂的变化,例如与交通相关的大气污染在一日之内的不同时段与不同季节之间均会发生变化,显示了环境因素的动态性(Entwisle,2007)。另一方面,人们的日常移动以及迁居都会造成周边环境随着时间而变化,例如当人们在一天中穿过不同污染程度的环境时,他们所暴露在其中的环境影响也在变化,再如人口组成以及当地的社会联系会随着居民迁居与迁移而改变,而当环境或社区背景发生了一定的时空变化时,仅用一个时间点的数据难以对其产生的影响进行充分评价,显示了人类移动性的影响(Setton et al,2010)。

UGCoP 与 MAUP 的相似性在于二者都是基于区域空间变量的研究所产生的基本方法论问题。然而不同于 MAUP,UGCoP 的产生是由于在大多数社会科学研究中,对真实环境区域的时空格局的认识未达到最优。并且,用于解决 MAUP 的方法,例如针对研究区域及人群找到最优的区域划分、社区规模、聚合方法以及研究区和人口的地理尺度等,无法解决 UGCoP,而解决 UGCoP 需要更精确地测定与估计“真正因果相关”的地理背景(Roux and Mair,2010;Kwan,2014)。

为了有效地解决 UGCoP,不仅需要将复杂的个体情境和复杂的时空配置考虑在内的新的地理背景概念,还需要描述这些环境背景单元的新的分析方法。关美宝基于时间地理学的研究的成果,提出了一个基于个体的动态的地理背景概念,依据人们去了哪里、用了多长时间,以及他们的交通路径来描述地理背景单元(Kwan et al,2008;Kwan et al,2009,2014)。她提出了两个适于使用 GIS 或者其他地理空间技术来解决 UGCoP 的领域。其一是 GIS 与 GPS 或其他位置感知技术的结合,可以帮助研究者更好地掌握人们真实地理背景的复杂时空结构。另一个是定性 GIS、网络 GIS 以及混合方法,通过融合定性与定量信息使得研究者可以更好地理解人们生活的复杂性。

可见,MAUP 对应于基于空间的汇总研究,需要对汇总区域的尺度及划分进行考虑;而 UGCoP 对应于基于人的背景效应的研究,需要选取最真实的地理背景。在城市空间与时空间行为的互动研究中,MAUP 和 UGCoP 都是无法忽视的方法论问题。

3.4 行为空间的表达

行为地理学所研究的个体行为空间既包括实际可以观察到的个体活动空间(即个体为满足自身需求而在城市空间开展各种日常活动以及活动之间的移动所包括的空间范围),同时也包括个体间通过各种方式交流、学习等所形成的、感知到的、影响行为决策的行动空间(Golledge and Stimson,1997)。并且,行为地理学认为空间行为会受到个体认知、偏好及选择等主观因素的影响。

时间地理学理论下的个体行为空间则强调制约下的潜在活动空间以及实际的活动路径。个体在时空间中的活动及移动必然受到源于个体自身以及外部环境、社会等的各种制约,而个体行为空间的范围不能超出制约条件下潜在活动空间范围。在三维时空坐标中制约由时空棱柱来刻画,而投影到二维平面上表现为潜在的活动空间,体现了个体的可达性概念(Kwan,1999)。而个体的实际活动情况通过时空路径进行表达,并且时空路径是其潜在活动空间的子集,表现为时空棱柱内的一条时空轨迹。

3.4.1 行为空间与生活空间及其表达

戈列奇提出的"锚点"模型是行为主义地理学认知领域的著名模型之一(图 3-3),它描述了个体在陌生空间(如一个新城市)中,首先会全力寻找"主要节点"(如住房、工作地)的位置。此后围绕主要节点、次要节点和其间的通路被加以认识(如上班路线、家周围的各种设施),最终形成带有等级的认知结构(Golledge,1978;Golledge and Stimson,1997)。日本的荒井良雄在此基础上确认了生活空间的基本组成要素有购物空间、休闲空间、就业空间以及其他私事的空间等(图 3-4),并强调它是一种以自家为中心的相对的空间(荒井良雄,1985)。

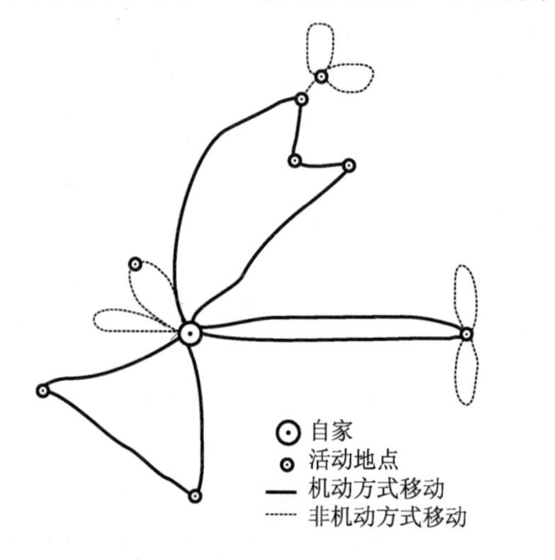

图 3-3 个人活动系统中的不同等级行为

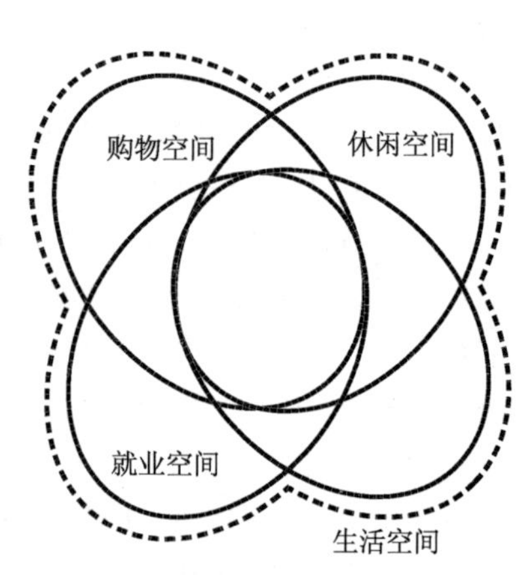

图 3-4 生活空间的构成要素

林奇的城市意象理论也被认为是行为空间研究的里程碑(顾朝林,宋国臣,2001)。林奇认为,虽然每个城市中的居民对城市的感应不同,但"任何一个城市似乎都有一个共同的意象,它由许多个别的意象重叠而成"。林奇通过对波士顿、新泽西和洛杉矶 3 个城市的调查,并对这 3 个城市中的居民对各自城市的意象进行分析,从而找出居民所关心的共有主题,进而说明城市结构对居民意象的影响。林奇认为,城市结构中的通道、边缘、街区(区域)、节点和地标五种要素对城市的可意象性起关键性的作用,他把这五种要素看成是城市意象的组成要素(Lynch,1960)。

3.4.2 潜在活动空间及其表达

个体的潜在活动空间最早是由雷恩陶普(Bo Lenntorp)提出的,基于时空棱柱的概念。在给定时空制约条件下，个体能够物理到达的时空范围，在时空间中被表达为时空棱柱或潜在路径空间。基于此，将时空棱柱的体积投影到二维平面上，即潜在路径区域。从活动角度来理解，指在一个固定活动结束后，在保证能够准时到达下一个固定活动的条件下，个体能够物理到达的区域。潜在路径空间的体积、潜在路径区域的面积或其中的城市机会的数量，都可能作为可达性的测度指标(Kwan，1998)。

关美宝首次实现了地理计算在潜在路径区域表达方面的应用，考察了研究样本的城市机会可达性，计算了研究区域子地块作为目的地的重力机会及累积机会的指标(图 3-5)(Kwan，1998)。金和关总结了六种潜在路径区域和可达性刻画的模型，随着考虑因素的增多，对个体可达性的刻画越来越精确(图 3-6)(Kim and Kwan，2003)。第一种模型刻画了时空棱柱，并将其投影到二维空间上，形成了可达区范围(Lenntorp，1976)，并没有考虑任何机会的时空属性(图 3-6a)。第二种模型在前一模型的基础上考虑了前后两个固定性活动地点的欧式距离，从而形成空间中相均等的同心圆或椭圆(图 3-6b)(Burns，1979)。这两个模型忽略了机会的时空特征以及城市空间的真实性。另外四种模型描述了基于 GIS 环境内的潜在路径区域内活动机会数量的计算。第三种模型考虑了潜在路径区域内由于交通拥堵与速度变化而形成不平等活动机会的分布，忽略了在某一机会内可能活动时长及机会可利用的时间(图 3-6c)(Kwan，1998)。第四种模型分辨了在每个机会内活动的最大时长，这样可以允许研究者区分潜在路径区域内活动机会对个体可达性的差异(图 3-6d)(Miller，1999)。第五种模型克服过去模型中对机会的开放时间进行均等化考虑的缺点，将潜在路径区域中可能活动机会的开放时间考虑进去，筛掉了部分不营业的城市机会(图 3-6e)(Weber and Kwan，2002)。第六种模型将机会开放时间与个体可能的活动时长进行了匹配，又进一步去除了时间错位的机会(图 3-6f)(Kim and Kwan，2003)。

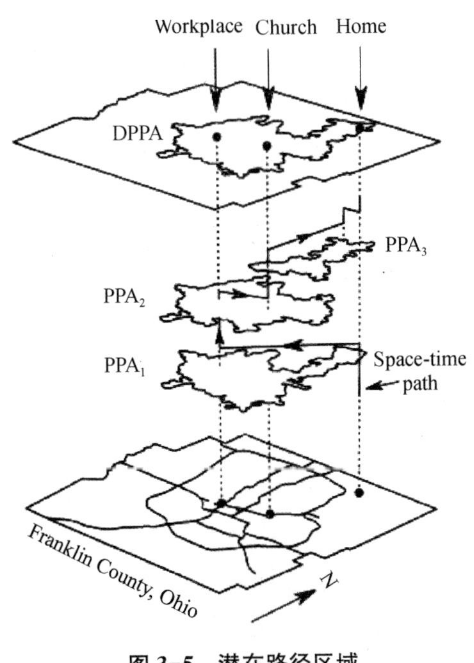

图 3-5 潜在路径区域

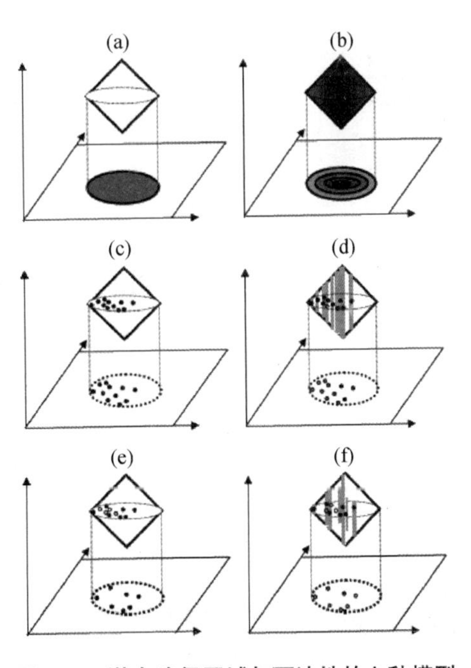

图 3-6 潜在路径区域与可达性的六种模型

3.4.3 现实活动空间及其表达

纽瑟姆等认为活动空间是个人或家庭完成一日整套活动所基于的地理空间，他用椭圆作为表达方式，椭圆焦点为活动地，椭圆长/短轴之比反映出活动地点、时空制约等信息。其优点是椭圆直接与真实空间对应，为活动日志获取的外显行为的分析提供了很好的分析媒介(图 3-7a)(Newsome et al,1998)。范等基于类似的理念用活动地点围合成多边形，清楚地展现出个人实际达到的活动空间范围(图 3-7b)(Fan and Khattak,2008)。GIS 空间分析功能为活动空间的定量表达提供了支撑，如基于 GIS 平台的 Kernel 插值的活动密度地区分析、描绘个人活动地点之间路网联系的最短路径网络分析(图 3-7c,图 3-7d)(Schönfelder and Axhausen,2003)。

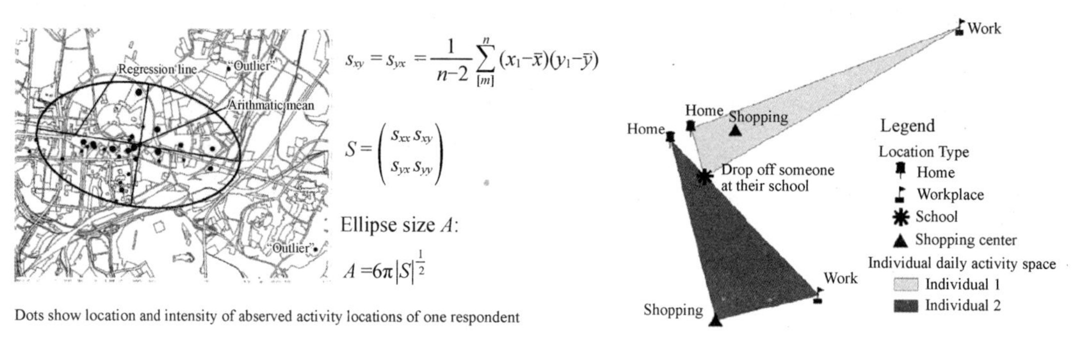

(a) 标准置信椭圆法

(b) 多边形法

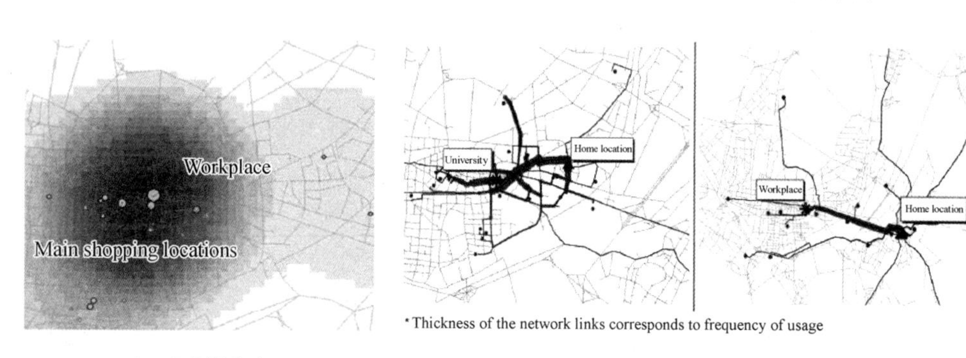

(c) 密度插值法

(d) 最短路径网络分析法

图 3-7 现实活动空间的表达方法

4 行为-空间互动视角下的郊区空间

本章在郊区空间研究和行为-空间研究理论与方法论的基础上，阐述本研究的总体框架。本研究侧重城市空间与时空间行为的互动研究，在理论基础方面，以相关社会-空间理论为借鉴，以时间地理学、行为主义地理学、活动分析法等行为学派经典理论与方法论为核心，形成行为-空间互动的研究框架。其次，立足于郊区空间，将行为主义地理学理论背景下从“基于空间”研究范式出发的郊区生活空间，和时间地理学理论背景下从“基于人”研究范式出发的郊区居民的活动空间加以区分，构建基于行为-空间互动视角的郊区空间研究框架。进而基于此框架对郊区生活空间、郊区活动空间及其动态性进行解读和分析，从行为主义、动态性和行为-空间互动视角出发，理解郊区空间、城市空间以及郊区化，试图为空间-行为互动理论的构建提供研究基础，为基于行为视角的郊区研究提供研究框架，为更好地理解郊区空间、解决郊区中存在的问题提供有效途径。

4.1 行为-空间互动的理论与方法论基础

本研究侧重城市空间与时空间行为的互动研究，理论基础包括作为认识论的社会-空间理论，作为方法论的强调“选择中的制约”的行为主义地理学和强调“制约中的选择”的时间地理学，以及面向城市规划和交通规划，试图将主观能动和客观制约相结合的活动分析法（图 4-1）。其中社会-空间理论作为哲学层面的认识论指导着行为主义地理学和时间地理学方法的应用，而行为主义地理学和时间地理学同时也是社会-空间理论的重要组成部分。行为主义地理学和时间地理学在理论的发展过程中相互借鉴，活动分析法试图整合行为主义地理学中强调的人的主观偏好和时间地理学中强调的客观制约，而活动分析法面向城市规划和交通规划的应用也促进了行为主义地理学和时间地理学理论的发展和革新。时间地理学和活动分析法也被认为属于广义的行为主义地理学范畴。

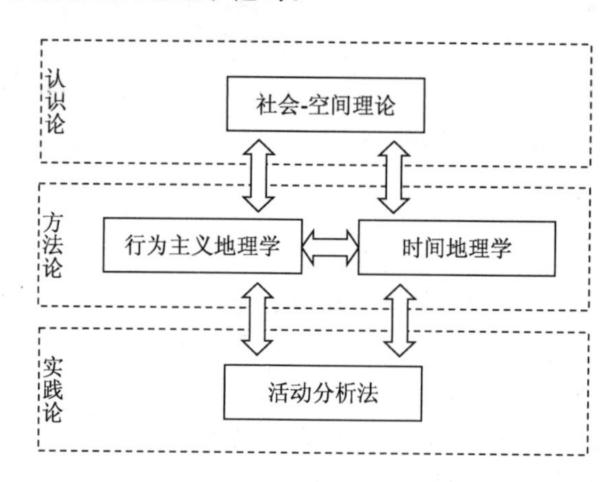

图 4-1 行为-空间互动研究的理论基础

4.1.1 行为-空间互动的认识论基础——解构行为

本研究引入社会空间三元辩证法,从时间性、空间性、社会性三个方面对现实的和潜在的行为进行解构。行为的时间性体现在不同的时间尺度上,包括日常惯常性的行为(如工作、通勤、购物、休闲活动),长期行为(如结婚、迁居、工作变迁),偶发行为(如旅游、就医、出差)。行为的空间性表现在不同的空间中,包括在物质空间中的位置(绝对空间中的具体位置),在认知空间中的位置(行为主体形成的认知地图中的位置,如家、常去的购物地,认知具有等级性,可能出现扭曲和偏差),在信息与通信技术所形成的虚拟空间中的位置(如浏览某一个网站的网页)。行为的社会性表现为个体为了实现自我满足、承担家庭责任或社会分工所进行的各类活动。

就像索加在社会空间三元辩证法中描述的那样,行为的时间性、空间性和社会性互相作用,属于辩证统一的关系。其中任何一元都会影响另外二元的相互关系。并且,这个三元的框架不仅可以对已经发生的现实行为进行解构,同时也可以对尚未发生的潜在的行为进行解构。

对于本研究而言,对行为时间性的讨论主要围绕活动与出行的时间分配、一日和一周内活动与出行的动态变化、表达活动在时间上可变性的时间弹性等几个方面展开。在空间性方面,主要包括对于活动地点、个体整日活动空间、表达活动在空间上可变性的空间弹性等方面的研究。在社会性方面,主要在活动与出行的研究中考虑活动类型、出行交通方式、同伴等因素(图 4-2)。而区分活动类型的个体时空路径则表达了时间性、空间性、社会性三者的辩证统一。

4.1.2 行为-空间互动的方法论基础——表达行为

行为主义地理学试图了解人们的思想、感观对其环境的认知及空间行为决策的形成和行动后果的影响,强调个人态度、认知、偏好等主观能动方面;时间地理学强调时空间的整体性,以及个体在时空间中受到的制约以及外部的客观条件(柴彦威等,2012)。强调主

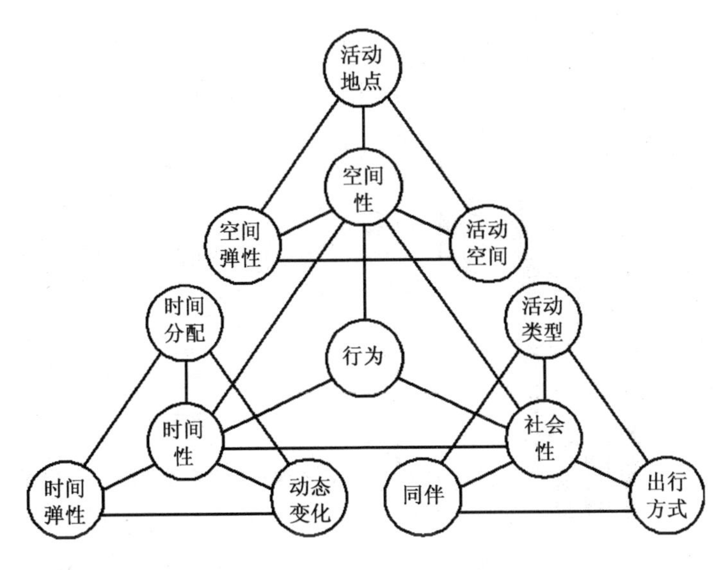

图 4-2 解构行为的三元辩证法

观认知与决策的行为主义地理学与强调客观制约的时间地理学分别发展出了行为空间、生活空间、活动空间等概念，从不同侧面对行为的表达反映了二者的行为观与空间观，也为基于行为的郊区空间研究提供了方法论基础。

1) 行为主义地理学与生活空间

行为主义地理学所研究的行为空间既包括实际可以观察到的活动空间(即个体为满足自身需求而在城市空间开展各种日常活动以及活动之间的移动所包括的空间范围)，同时也包括个体间通过各种方式交流、学习等所形成的、感知到的、影响行为决策的行动空间；强调人的主观认知，假设人们给不同空间赋予主观的价值或效用，这样一来，地点也就被赋予了场所效用(Golledge and Stimson，1997)。日本学者荒井良雄基于此提出了生活空间的概念，即"人们生活在空间上的展开"，进一步说是"人们为了维持日常生活而发生的诸多活动所构成的空间范围"，他认为生活空间的基本组成要素有购物空间、休闲空间、就业空间以及其他私事的空间等，并强调它是一种以自家为中心的相对的活动空间(荒井良雄，1985)。

生活空间近年来逐渐成为国内城市研究热点，涉及居住空间分异、人居环境评价、社区发展与规划、居民生活质量等诸多主题，研究尺度从宏观向微观转化，着重聚焦于居住地附近的生活空间(王开泳，2011)。其中，不乏借鉴行为主义地理学理论与方法论的相关研究，例如，柴彦威以单位为基础，将中国城市内部生活空间结构分为由单位构成的市民基础生活圈、以同质单位为主形成的低级生活圈、以区为基础的高级生活圈三个层次(柴彦威，1996)；刘云刚等基于问卷调查和半结构化访谈，对居住在广州市的日本移民的生活空间进行研究，指出日本移民的生活空间具有主动集聚和被动隔离的特征(刘云刚等，2010)；季珏和高晓路基于北京市清河永泰居住区居民的调查数据，对居民出行频率与空间特征进行聚类分析，划分了居住区居民的生活空间(季珏，高晓路，2012)；柴彦威等基于国内外城市生活空间研究与生活圈规划实践，构建了以"基础生活圈-通勤生活圈-扩展生活圈-协同生活圈"为核心的城市生活圈规划理论模式，并在北京的实体空间上进行了初步应用(柴彦威等，2015)。

本研究在荒井良雄提出的生活空间概念的基础上，强调家附近的物质空间与居民生活空间的互动关系，使行为主义地理学背景下的生活空间成为郊区空间研究的重要理论和方法论基础，即聚焦郊区，关注郊区中居住空间、工作空间、购物空间、休闲空间的发展，推动郊区生活空间不断完善（图 4-3）。

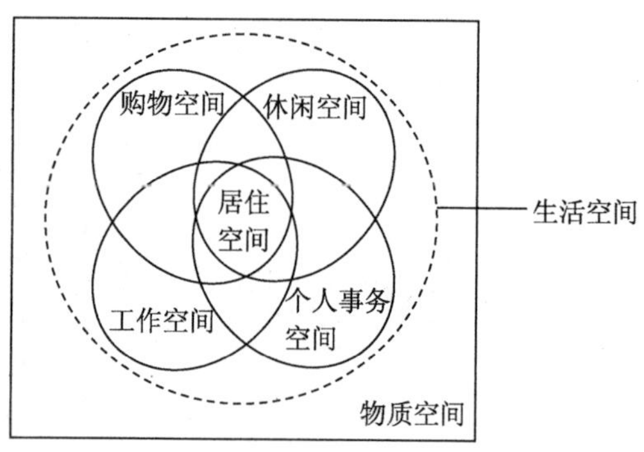

图 4-3 行为主义地理学理论背景下的生活空间表达示意图

2）时间地理学与活动空间

时间地理学关注的个体行为空间强调在特定时空制约下，个体活动的连续性与活动空间的完整性。哈格斯特朗发展出了一套在时空间中表达微观个体的、连续运动轨迹及行为机制的概念体系和符号系统，在三维的时空间坐标中，将微观个体的运动轨迹表示为时空路径，将一定时空预算下所有可能发生的时空路径的集合表示为时空棱柱（柴彦威等，2012）。若将时空路径和时空棱柱投影至二维平面上，则路径由个体的运动轨迹和停留点所组成，时空棱柱的投影区域则揭示了个体在一定时空制约下所能达到的最大空间范围，也可称之为潜在路径区域或潜在活动空间，通常用以刻画个体的时空可达性（Lenntorp，1978；Kwan，1999）。而对于已发生的活动，除时空路径外，学者们还利用活动空间来刻画可以观察到的活动与移动所达到的空间范围。

活动空间作为城市社会空间研究的重要测度，被应用于城市社会分异、社会公平、个人生活质量等研究中（Golledge and Stimson，1997）。活动空间的测度主要基于活动日志、出行日志等传统问卷数据或 GPS、手机信令等新型数据，常见的方法包括标准置信椭圆法、多边形法、密度插值法、基于路网的最短路径分析法等（Schönfelder and Axhausen，2003；Newsome et al，1998；Fan and Khattak，2008）。近年来，国内学者也开始基于活动空间进行城市空间研究，例如，申悦和柴彦威基于 GPS 数据对个体的整日活动空间进行测度，研究北京市郊区巨型社区居民的日常活动空间及其对城区空间和社区附近空间的利用情况（申悦，柴彦威，2013）；王波等基于新浪微博签到数据，分析了南京市区活动空间的总体特征，及其与城镇人口等级的关系（王波等，2014）；塔娜和柴彦威在对个体整日活动空间测度的基础上，分析北京市郊区居住区汽车拥有量与汽车使用对居民整日活动空间的影响（塔娜，柴彦威，2015）。

本研究对时间地理学中的时空路径、活动空间、潜在活动空间等概念加以整合并进行表达，三者之间的关系可以表述为：行为主体在一定的计划安排下受到各种时空制约，在物质空间的基础上形成了能够到达的潜在活动空间，并基于此进行行为决策，决定停留的地点和移动轨迹，其行为结果投影在空间上表现为时空路径和活动空间（图 4-4）。对于郊区空间研究，关

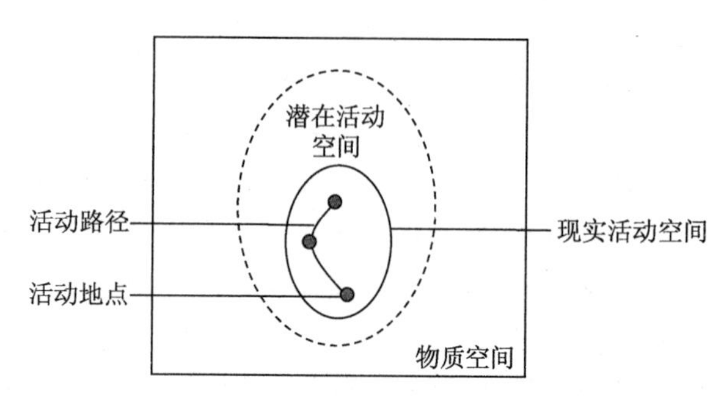

图 4-4 时间地理学理论背景下的活动空间表达示意图

注郊区居民、就业者的活动空间，将为理解郊区空间及其与城市空间的关系提供重要视角与方法论。

4.2 行为-空间互动的研究框架

研究立足于对行为的正面研究，将城市系统中的人作为行为主体进行研究，并尝试构建城市空间与时空间行为的互动研究框架(图 4-5)。在一定的社会、经济、制度、文化的背景下，行为主体在对城市空间形成了一定的认知与偏好，并受到来自城市空间的各种时空制约，在客观制约与主观决策共同的作用下形成了行为结果。在这个过程中，不同类型行为的空间共同构成了生活空间，行为主体受到的各种制约在空间上表现为潜在活动空间，行为结果在空间上表现为现实活动空间。将不同的行为空间投影到城市物质空间上可以考察其相互关系以及合理性。

在时空间行为对城市空间的作用方面，面向规划管理应用，考虑公共管理与规划部门的作用，同时考虑人的能动性。通过人的生活空间与活动空间透视整个城市系统的合理性。当这种生活空间与活动空间及其对应的城市物质空间存在不合理的情况时，则需要利用规划、管理和服务的手段进行空间优化和行为引导。当城市物质空间不合理而使居民受到过多的时空制约时，需要通过规划或管理手段进行城市时空间结构的优化；而当居民的行为决策不合理时，则通过发布相应政策或提供相关信息对居民的行为进行引导。

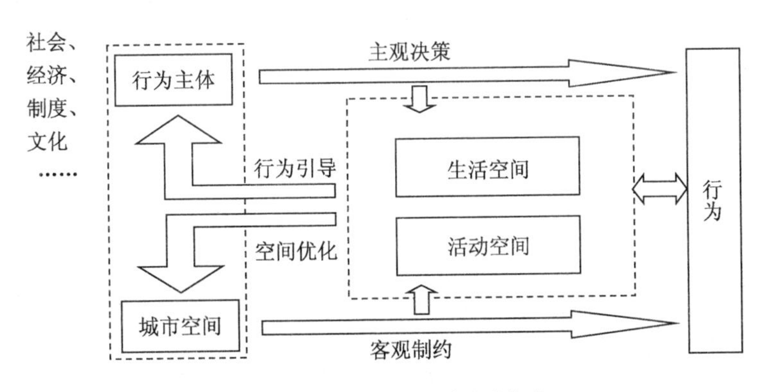

图 4-5 行为-空间互动研究框架

4.2.1 不同时间尺度下的行为-空间互动

在不同的时间尺度下，城市空间与时空间行为的互动关系具有差异性(图 4-6)。在一日至数日的短期内，城市空间难以发生较大变化，行为-空间的互动关系主要表现为城市空间对于时空间行为的直接影响与制约，如城市的道路交通状况影响人们出行的时间、交通方式选择。在数月至数年的中期时间尺度下，行为-空间的互动关系主要表现为城市空间对时空间行为的直接影响，和时空间行为对于城市空间的间接塑造。这种间接塑造主要在政府的规划、政策调控和企业投资等作用下完成。例如城市的商业设施影响了人们的购物、休闲娱乐活动的频率、地点，而当已有的商业设施无法满足居民的购物、休闲需求时，政府可能通过相关的规划或政策引导企业进行商业投资，而企业则可能迎合政府的引导与居民需求，从而实现城市空间的变化。在长期的时间尺度下，除城市空间对时空间行为的直接影响和时空间行为对城市空间的间接塑造外，居民的迁居与住房选择将对城市空间产生直接的影响。总体而言，行为-空间的互动关系表现为城市空间对时空间行为的直接影响，和时空间行为对城市空间的间接塑造。

时间尺度	行为-空间互动关系	案例
短期 （一日至数日）	城市 —直接影响→ 时空间行为	道路交通状况——出行
中期 （数月至数年）	城市空间 ⇄ 时空间行为（直接影响 / 间接塑造）	商业设施——购物、休闲娱乐
长期	城市空间 ⇄ 时空间行为（直接影响 / 直接影响、间接塑造）	居住空间——迁居、住房选择

图 4-6 不同时间尺度下的行为-空间互动

4.2.2 不同空间尺度下的行为-空间互动

在不同的空间尺度下，城市空间与时空间行为的互动关系同样具有差异性（图 4-7）。在社区尺度，主要表现为社区的商业、服务设施、道路交通条件与居民近家的购物、休闲等日常活动与出行的互动。在城市尺度，主要是城市空间与各类日常非工作活动的互动。在都市区尺度，则更多表现为城市空间与居民的通勤、迁居等相对稳定的行为的互动。

空间尺度	行为-空间互动关系	案例
社区尺度	城市空间 ⇄ 时空间行为（直接影响 / 间接塑造）	社区健身设施——锻炼、健身
城市/郊区尺度	城市空间 ⇄ 时空间行为（直接影响 / 间接塑造）	商业设施——购物、休闲娱乐
都市区尺度	城市空间 ⇄ 时空间行为（直接影响 / 间接塑造）	居住、就业空间——通勤、迁居

图 4-7 不同空间尺度下的行为-空间互动

4.3 基于行为-空间互动视角的郊区空间研究框架

本文在行为-空间互动框架的基础上，立足郊区空间，将郊区生活空间与郊区居民的活动空间相区分，构建基于行为-空间互动视角的郊区空间研究框架。一方面从行为主义地理学理论基础和“基于空间”的研究范式出发，聚焦郊区空间，透视郊区生活空间中的物质环境、社会人口、行为等各个方面；另一方面从时间地理学理论基础和“基于人”的研究范式出发，聚焦郊区中的人，通过郊区中的人的活动空间透视郊区空间及其与城区空间或城市空间其他组成部分的关系。在考虑空间维度的同时，本研究将时间维度引入该框架，关注郊区活动空间、郊区生活空间在时间上的动态变化，从动态性的视角出发，理解郊区空间、城市空间以及郊区化(图 4-8)。

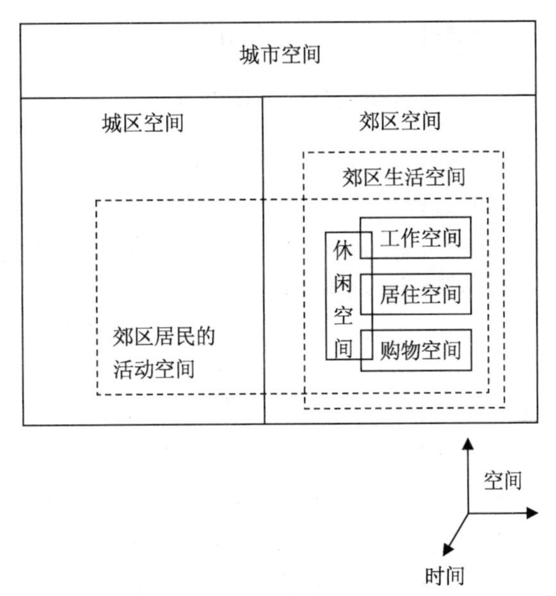

图 4-8 基于行为-空间互动视角的郊区空间研究框架

4.3.1 郊区生活空间

根据前文所述，行为主义地理学背景下的生活空间强调家的核心地位，认为各类日常活动都是围绕家展开的。而事实上，在郊区化职住分离程度增加的背景下，人们的部分日常活动也可能围绕工作地开展。例如午休时间在工作地附近的外出就餐与购物，下班后在工作地附近的休闲娱乐活动等。因此，这种以家为核心的生活空间框架受到了一定的挑战。并且行为主义地理学者强调的生活空间是一种相对的空间，也正是由于他们过于强调人的主观认知，对客观的城市空间重视程度不足而受到批判。

本研究基于行为-空间视角，聚焦郊区生活空间，包括居住空间以及日常的工作空间、购物空间、休闲空间、个人事务空间等。一方面，关注人们在郊区中的工作、购物、休闲等生活空间，研究对象既包括居住在郊区的居民，同时还包括不住在郊区而在郊区就业、购物和休闲的群体；另一方面，关注郊区空间中的物质建成环境与社会人口构成。“基于空间”将物质的、经济的、社会的、行为的视角相结合，从而透视郊区生活空间。

4.3.2 郊区居民的活动空间

郊区居民的活动空间是时间地理学理论背景下，“基于人”的、非汇总的日常活动空间，即每个居民都拥有自己独特的活动空间，并且强调这种活动空间在一天或一段时间之内的完整性。由于目前中国城市还处于郊区化的过程中，郊区中的各类设施尚不完善，郊区与中心城区或城市的其他部分的联系仍比较密切，居民在郊区居住而在中心城区就业或购物，或在中心城区居住而在郊区就业的现象十分普遍，因此，相当一部分居民的活动空间表现为横跨郊区与中心城区。通过个体的活动空间可以从行为的视角透视郊区与中心城区的关系，而将郊区居民的活动空间与城市物质空间相结合，则能够更好地理解郊区空间及其对人产生的制约。

4.3.3 郊区活动空间的动态性

郊区居民的活动空间具有动态性，而中国城市郊区空间的复杂性使得居民活动空间的这种动态性表现在多个时间尺度上。在相对短期的日常时间尺度上，表现为活动空间的日间差异性。由于在工作日需要进行相对远距离的通勤，郊区居民的活动空间在工作日和休息日之间可能存在较大的差异，同时由于居民日常活动的复杂性与不确定性，活动空间在工作日之间、周六与周日之间也可能存在一定的差异，形成了居民活动空间在日常时间尺度上具有一定节奏的动态变化。而在相对较长的时间尺度上，则表现为郊区生活空间和郊区居民活动空间在相互影响过程中的共同变化。

4.3.4 郊区生活空间的动态性

本研究提出的研究框架还提供了一种基于行为-空间互动理解郊区化的视角，即在郊区化的过程中，郊区生活空间具有一定的动态性。一方面，郊区生活空间在郊区化过程中、在城市空间与居民行为相互作用的影响下发生着不断的变化；另一方面，对于不同的人群，郊区生活空间的意义可能不同。

当郊区化发生时，人口、产业、商业、办公业等各类要素纷纷向郊区迁移，形成了郊区生活空间。由于人口和产业的郊区化往往不是同步的（如美国是人口郊区化最早发生，中国则存在工业郊区化先于人口郊区化的情况），郊区生活空间对于不同的人群的意义可能存在差异。例如，对于郊区居民而言，郊区是居住的空间，也可能是购物或休闲的空间；对于在郊区就业的通勤者而言，郊区是工作的空间。由于目前郊区生活空间发展尚未完善，郊区仅能满足居民日常生活的部分内容，因此对于大部分人而言，郊区只构成他们日常活动空间的一部分。

而随着郊区化进程的加速，郊区中各类要素越来越丰富，郊区生活空间不断发生变化，人们的活动空间也不断向郊区转移。例如，当郊区大型购物中心建成后，郊区居民可能由原来在中心城区购物逐渐转变为更多地在郊区购物，即居民“活动空间”的郊区化。最终，当郊区空间能够满足居民日常生活、工作、购物、休闲、个人事务等各方面需求时，郊区生活空间与郊区居民的活动空间逐步融合，则表示郊区生活空间已高度成熟化，“郊区核”或城市次中心形成，而城市也就成了一个多中心的区域。

4.4 小结

本章在行为-空间互动理论与方法论的基础上，构建了行为-空间互动的研究框架；并立足于郊区空间，将郊区生活空间和郊区居民的活动空间加以区分，构建基于行为-空间互动视角的郊区空间研究框架，同时也是本研究总体的研究框架。在从行为主义地理学理论出发、基于空间的研究范式下的郊区生活空间研究中，以物质与社会环境、行为空间相结合的综合性视角，探讨郊区的工作空间、居住空间、购物空间特征，由它们共同构成的郊区生活空间特征及其动态性。在从时间地理学理论出发、基于人的研究范式下的郊区活动空间研究中，探讨郊区空间对人的制约，人的活动空间对于郊区的不断适应，及其所反映出的郊区与中心城区的关系。

本章构建的郊区空间研究框架不仅在理解郊区空间、郊区化与郊区现存问题方面表现出较强的有效性，还展示出了巨大的探索空间。研究将郊区生活空间和郊区居民的活动概念相区分，而二者之间的差异性及其动态变化，可以成为理解郊区现状及其发展的重要切入点。例如，在城市郊区化的初期，由于长距离通勤现象的存在，郊区居民的活动空间与郊区生活空间之间可能存在着巨大的差异，而郊区不断完善和成熟的过程同时也是居民活动空间与郊区生活空间不断接近、融合的过程。并且，研究对于郊区空间、郊区生活空间、郊区居民活动空间的探讨反映了城市空间与时空间行为之间的动态互动关系，为行为-空间互动理论的构建提供了研究基础。未来研究可在此基础上，聚焦改善郊区居住与生活环境、提高郊区居民生活质量、促进郊区空间均衡发展等研究。

5　北京市郊区空间的形成与发展

北京是中国最早提出郊区化进程的城市，也是中国郊区化进程最典型、程度最剧烈、受到关注最多的城市之一。周一星指出北京在 1982 至 1990 年期间进入郊区化过程，开启了对于中国城市郊区化和郊区空间的研究(周一星，1992；周一星，1996)。位于华北平原的区位使北京具有扩张的可能，在国家的产业搬迁、卫星城建设、土地与住房改革等引导，以及城市扩张的自身需求的共同作用下，北京经历了二十多年的郊区空间快速发展与“摊大饼”式的城市扩张，人口、产业、服务设施、交通等各类要素不断在郊区集聚，郊区空间乃至整个都市区空间都已发生了剧烈的变化。由于北京市郊区化进程与郊区空间的典型性、代表性与复杂性，本研究选取北京作为案例城市进行郊区空间的研究。

北京是中国的首都，是全国的政治中心、文化中心，是世界著名的古都和现代国际城市①。北京位于华北平原的东北边缘，背靠燕山，地势西北高、东南低，毗邻天津市和河北省，下辖东城区、西城区等 14 个行政区和密云县、延庆县 2 个县，辖区面积为 16 410. 54 平方千米。截至 2013 年年末，全市常住人口 2 114. 8 万人，其中居住半年以上的常住外来人口 802. 7 万人，占常住人口的比重为 38%(图 5-1)，常住人口密度为 1 289 人/平方千米。2013 年实现地区生产总值(GDP)19 500. 6 亿元，全市人均 GDP 达到 93 213 元，全市机动车拥有量 543. 7 万辆，其中私人汽车 426. 5 万辆②。

5.1　北京的城市空间扩张

北京经历了快速的城市化过程，在空间上表现为郊

---

① 资料来源：北京城市总体规划(2004—2020 年)。

② 资料来源：北京市 2013 年国民经济和社会发展统计公报。

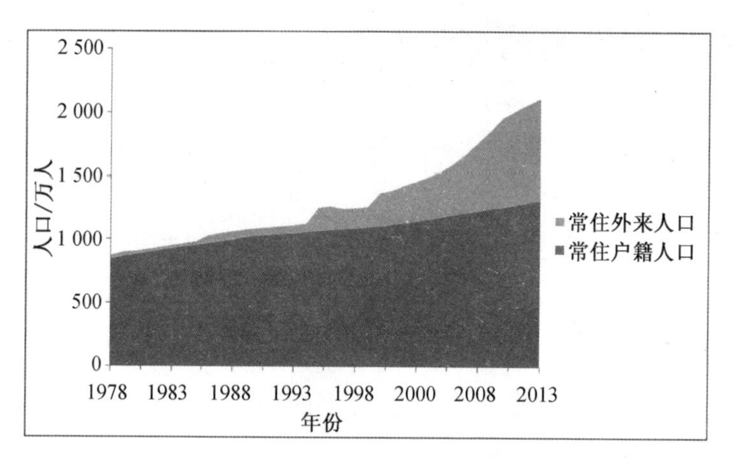

图 5-1　北京市 1978—2013 年常住人口

区的农业用地逐渐转为非农用地，城市空间不断扩展，城市道路呈环形与放射形相结合的交通网络，居住区建设随着环路的建设呈圈层式向外扩展(顾朝林，1999)。

1949 年以前，北京的城市建成区基本在内外城墙(二环路)以内。1949 年后，北京重新确立了全国政治中心的地位，并实行“变消费性城市为生产性城市”的城市建设方针，随着经济社会的发展，城市向四周扩展，到 1960 年代，城市建成区逐渐突破了内外城墙，向东北和西北方向扩展(方修琦等，2002)。1960 年代中期以后，城市发展速度因政治原因而有所放慢，到 1970 年代初建成区基本限制在旧城区和二环外侧，但东西向发展明显(艾伟等，2008)。这一时期，除了一些在郊区新建工业区相应形成的居住区外，城市居住区主要在二环至三环之间由内向外逐步发展，集就业、居住和服务于一地的“单位大院”成为城市空间的基本构成要素(马清裕，张文尝，2006)。

改革开放之后，北京的城市化进入了快速发展阶段。空间拓展表现为三种形式：一是中心大区和外围次中心的面状城市化，二是沿交通干线的线状城市化，三是以区域城市斑块为中心的点状城市化(黄庆旭等，2009)。从 20 世纪 80 年代到 1995 年，中心建成区面积增加了近两倍，随着二环、三环和四环路部分路段的全面贯通，城市中心区的边缘也进一步向四周扩张。到了 2000 年，北京的城市边界扩展到四环以外、五环附近，北京的北部和南部差异显著，北四环附近已经十分繁华，整个中心建成区沿八达岭高速公路向北部延伸至五环外，囊括了回龙观、北苑、天通苑等大型居住区，但南三环外的发展仍非常滞后。

2000 年后，大量的城市基础设施建设使得交通路网进一步完善，环线和轨道交通建设加快，开发区和大型居住区扩展，城区增长边界不断外扩。城市道路方面，2001 年、2003 年和 2009 年先后实现了四环路、五环路和六环路的通车；轨道交通方面，先后建成并开通了 13 号线、5 号线、8 号线、10 号线等线路，截至 2013 年年底，共拥有 17 条线路、270 座运营车站，形成了“中心成网、外围成轴”的轨道交通网格局，北京地铁也成为世界上规模最大的城市地铁系统。为了进一步疏散中心城的产业和人口，促进人口向新城和小城镇集聚，北京市确立了“两轴-两带-多中心”的城市空间结构，规划建设通州、顺义、亦庄等 11 个新城，北京城市周边区域的吸引力不断上升(柴彦威，塔娜，2009)。

5.2 北京的郊区空间发展

工业卫星城的建设使得工业早在中华人民共和国成立后就在北京市郊区存在，而北京市以城市中心区人口出现绝对数量下降为标志的郊区化始于1980年代(周一星，1996；李祎等，2008)。在郊区化发展的早期主要是以被动郊区化为主，人口郊区化的主体是一般工薪阶层和低收入者，表现为住房制度改革和城区的危旧房改造带来的人口被动外迁；以城区企业外迁为表征的工业郊区化已经存在，污染扰民企业的搬迁、治理是早期工业郊区化的主要动力；尽管第三产业在近郊区的增长明显高于城区，但没有证据证明商业郊区化是否发生；私家车没有真正进入家庭，在北京郊区化中几乎没有发挥作用(周一星，1999；周一星，孟延春，1998)。

1990年以后，随着土地和住房改革的深化，北京市的郊区化不断加速，除人口和工业外的各类要素均开始在郊区集聚，郊区空间不断复杂化和成熟化。

1) 郊区人口不断增加

1990年后，北京的郊区化出现主动型与被动型共存的新特征，人口郊区化的速度和范围增加，居民开始追求良好的自然环境和宽阔的居住空间而主动向郊区迁移(冯健等，2004)。2000年以后，北京市的郊区人口进一步增加，尤其在郊区兴建的巨型居住区和郊区新城快速扩张，吸引了大量人口在该区域居住。

根据第五次和第六次人口普查街道尺度的常住人口数据，得到2010年北京市分街道的人口密度分布(图5-2)以及2000—2010年分街道的人口增长率分布(图5-3)。从人口密度的分布看，二环至四环之间已成为人口高密度区域，西北部地区许多街道的人口密度已经达到2万人/平方千米以上，而五环外的部分地区，如天通苑、上地-清河地区，人口密度也已经在1万人/平方千米以上。从人口增长率的分布看，五环至六环之间是近十年来人口的快速增长区，其中又以北部和东南部地区增速最快，上地、天通苑、回龙观、亦庄等地区近十年的人口增长率达到200%以上。

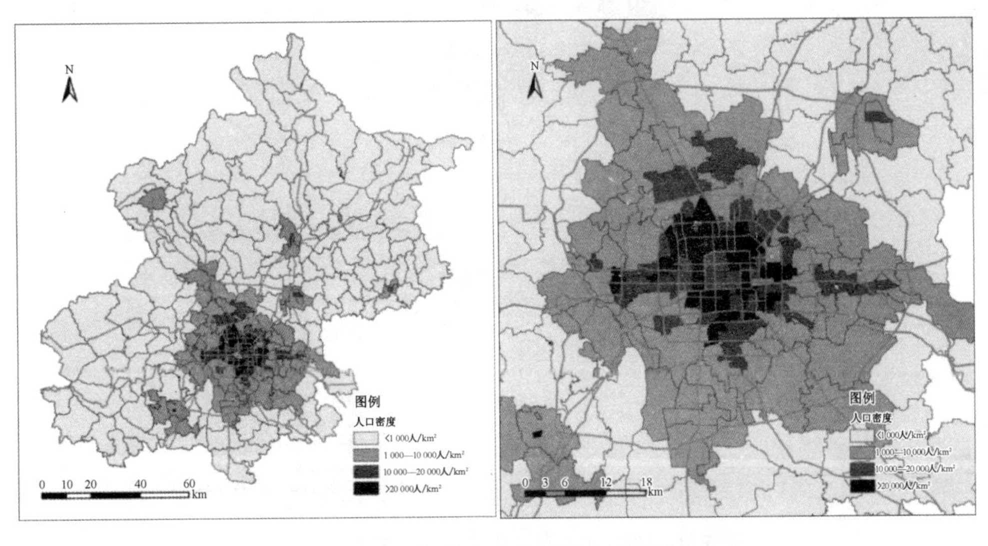

图5-2 2010年北京市分街道人口密度分布

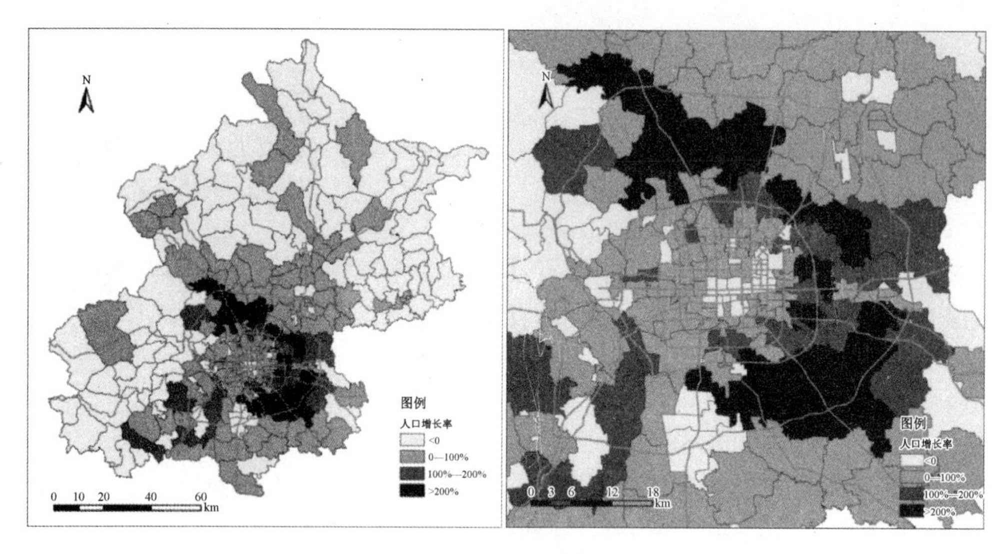

图 5-3　2000—2010 年北京市分街道人口增长率分布

2）郊区兴建了大量居住区，居住空间呈现微观上隔离和宏观上混杂的特征

1990 年后，"住宅郊区化"深入人心，许多房地产开发商将其视作一种基本的城市居住理念进行宣传甚至炒作，利用低密度的居住环境和生活方式吸引居民到郊区居住；1998 年底，以回龙观、天通苑、建东苑等为代表的 19 个首批经济适用房项目获得批准，逐渐在北京市郊区，尤其是远郊形成巨型的郊区居住区；郊区的商品房和经济适用房的开发成为郊区居住空间发展的主要形式（冯健等，2004；冯健，2005；李祎等，2008）。

从 1978 年后主要新建居住区的分布情况看，1990 年代前的居住区主要分布在北三环至四环以及南二环至三环之间；1990 年代以来，大量巨型居住区在五环附近兴建（图 5-4）（吴晟，1989；马清裕，张文尝，2006；Yang et al，2012）。

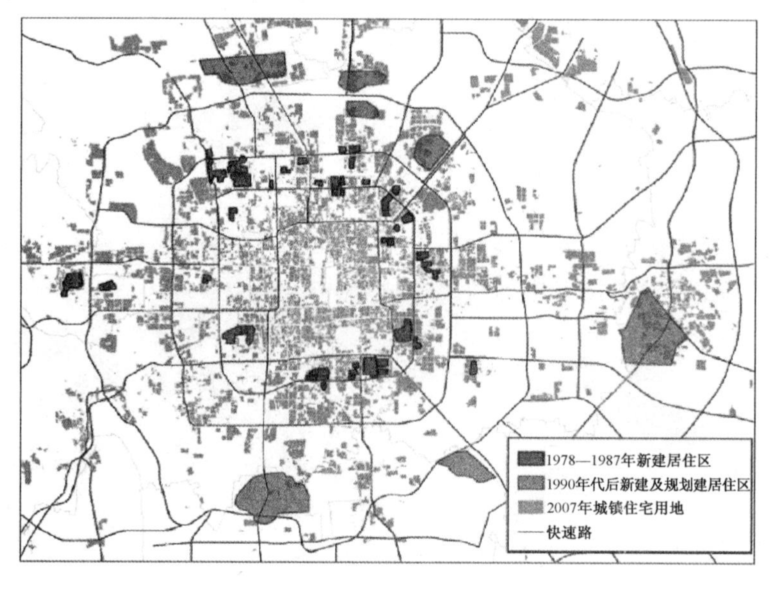

图 5-4　1978 年以后北京市主要新建居住区分布

此外，计划经济时期基于职业和行业的社会空间分异也开始出现变化，经济因素开始成为居住空间分异的重要因素，居住隔离开始出现，都市区商品住宅价格呈现出圈层式递减、扇面结构及北高南低的特征。与西方国家有所不同，在计划经济的惯性和市场机制的共同作用下，北京的居住空间分异呈现出微观上隔离和宏观上混杂的特征：富裕的阶层在郊区的高档别墅区和市中心的高级公寓；低收入家庭只能选择交通不大便利、价格便宜的郊区经济适用房；外来人口和低收入人口则在城市边缘的城中村或是旧城亟待改造的棚户区(黄友琴，2007)。而在郊区，居住空间呈现出高档商品房、经济适用房、城中村共存而又相对隔离的特征(图 5-5)。

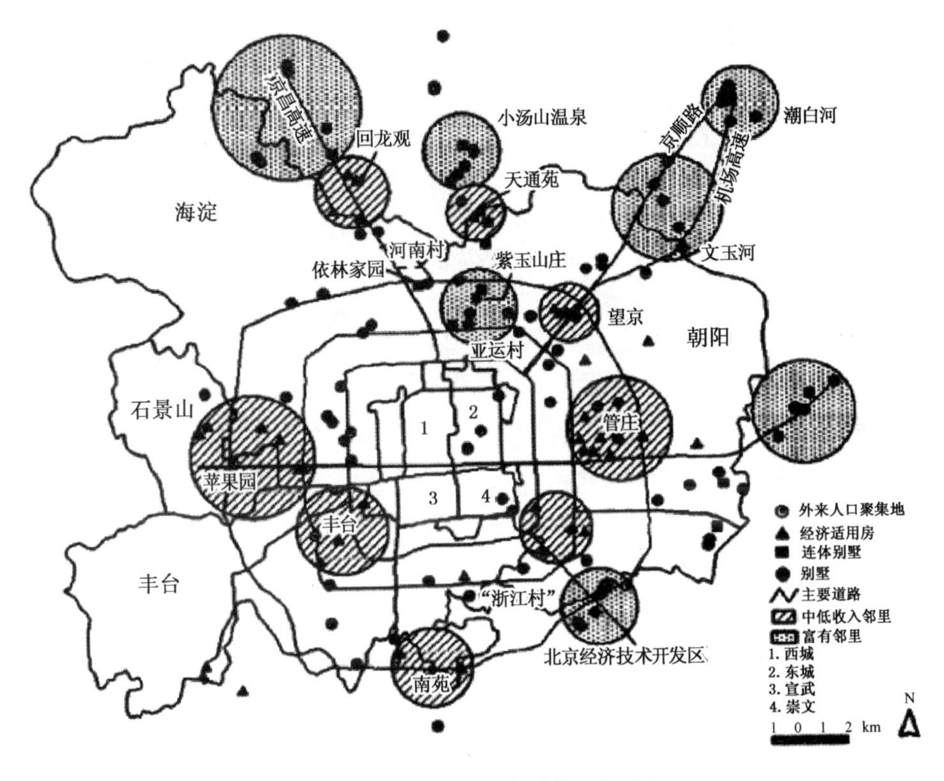

图 5-5　北京市不同类型住房的分布

3) 郊区开发区承接了外迁的制造业和新兴的高新技术产业

1990 年以来，北京市对于污染企业搬迁和治理的力度加大，使得市区污染扰民企业向外迁移；城市土地有偿使用制度的建立导致城区土地"退二进三"式的功能置换，对工业郊区化起到较大的推动作用；企业为了满足自身发展需求开始主动搬出市区；而郊区众多开发区的建设成为承接工业外迁的重要空间载体，引领制造业不断向开发区集聚(冯健等，2004；郑国，周一星，2005；冯健，2005)。与此同时，由于新兴的高新技术产业是北京市设立开发区的主要宗旨，在郊区空间中的比重不断加大(郑国，邱士可，2005)。

与全国的"开发区热"类似，1990 年代后北京市的开发区也出现了数目过多、布局不合理、土地利用效率低下等问题。经过清理整顿后，到 2011 年，北京市保留 3 个国家级(包括中关村国家自主创新示范区、北京经济技术开发区和北京天竺综合保税区)和 16 个市级开发区(图 5-6)。

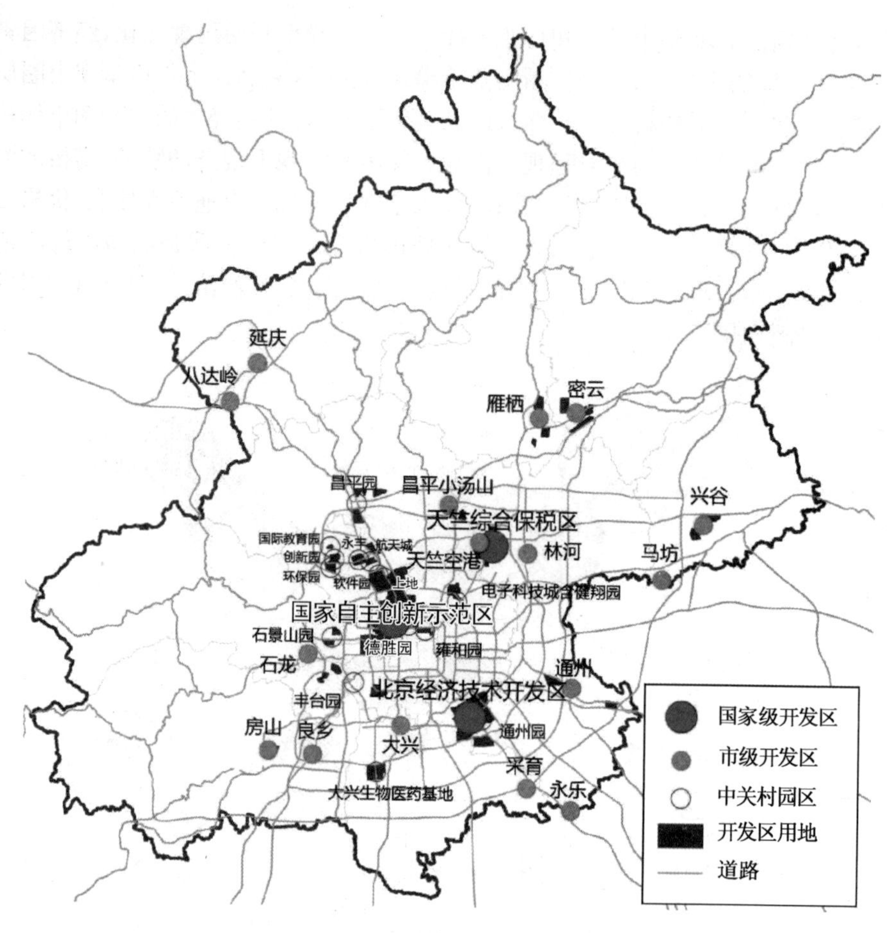

图 5-6　北京市开发区的空间分布

4）郊区大型购物中心兴起，商业设施不断完善

1998 年开始，国内大型超市明显增长，近年来大型购物中心或大型超市在北京市郊区迅速兴起并快速发展。主要是由于：一方面，大型综合超市及仓储式超市要求较大的用地空间，郊区相对较低的土地租金符合其低成本的需求；另一方面，随着人口与居住的郊区化，郊区空间中的购物需求逐渐增加，而郊区大型超市相对低廉的价格以及日渐便利的交通吸引了居民在此消费（冯健等，2004；龙韬，柴彦威，2006）。

近年来，北京市超市、便利店、仓储式商场等商业业态不断发展，郊区居住区附近的商业设施也不断完善。从 2010 年北京市商业设施密度的分布看，北京市的商业设施分布基本呈现由内城向外圈层递减的特征。二环附近是商业设施高度集中的地区；四环以内的商业设施已经相当完善；四环至六环之间的主要居住区（如清河地区、亦庄地区），都有相当数量的商业设施分布；六环外的商业设施主要聚集在郊区新城或重点镇附近（图 5-7）。

5）近年来，五环至六环之间成为郊区空间发展最为迅速的地域

通过对北京市郊区空间的基本特征和发展过程的分析可以发现，近年来五环至六环之间已成为郊区空间发展最为迅速的地域。在人口与居住方面，天通苑、北苑、回龙观等郊区大型居住区的兴建，使得该地区人口迅速增加；在产业方面，三个国家级开发区中北京经济技术开发区和北京天竺综合保税区位于该地区，还有相当数量的市级开发区分布；

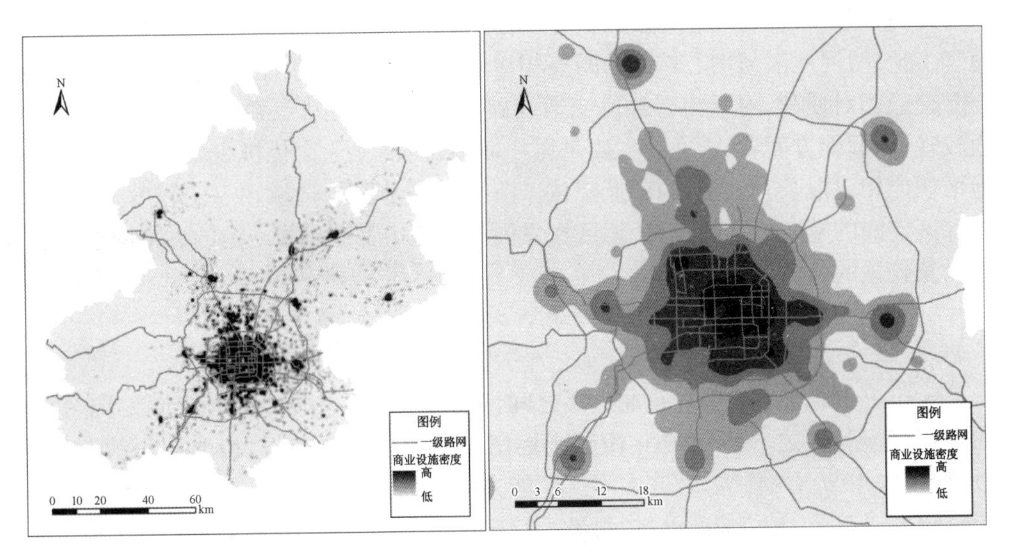

图 5-7　2010 年北京市商业设施密度的空间分布

在商业方面，五环至六环之间大型居住区附近的商业设施不断完善。因此，本研究聚焦于北京市五环至六环之间选取案例居住区，从而透视北京市郊区空间的发展以及现状。

5.3　郊区案例区域的选取

研究结合北京市城市总体规划城镇体系规划中对于郊区新城与中心城边缘集团的定位，综合考虑区位、职能、发展历程、交通条件等因素的多样性，选取位于北部的天通苑、东南部的亦庄和西北部的上地-清河地区作为案例研究区域(图 5-8)。其中天通苑属于典型的郊区"卧城"，以居住职能为主；亦庄由最初的工业开发区转变为北京市重点发展的新城，由产业职能向综合性职能转变；上地-清河地区属于以居住职能为主的城市边缘集团(清河地区)与高新技术产业园(上地地区)的混合地区。

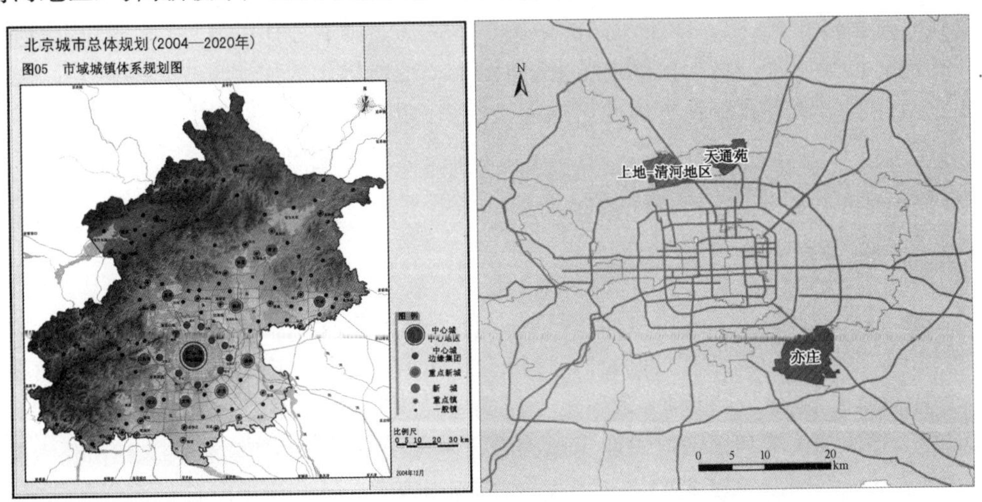

图 5-8　北京市城镇体系规划与案例居住区分布

另外,从区位条件看,三个地区都位于北京市的五环至六环之间,一南两北,北部的天通苑和上地-清河地区与中心城区的距离相对较近;从交通条件看,天通苑和上地-清河地区公共交通相对便利,附近均有轨道交通线路,而亦庄公交站点稀疏,轨道交通 L2 号线开通较晚;从职能方面看,天通苑主要是居住职能,内部就业岗位极少,而亦庄和上地-清河地区职能相对混杂,有大量的就业岗位。三个案例地区的选取在一定程度上反映了北京市郊区空间的复杂性,并且这些地区在发展的过程中都产生了一定的城市问题,具有典型性以及较强的研究价值。

5.3.1 天通苑

天通苑位于北京市北五环至北六环之间,是一个大型居住社区,也是北京市经济适用房的重点建设社区之一。1999 年由顺天通房地产开发集团建设,占地面积约 8 平方千米,规划人口 40 万,入住人口 30 多万。职能方面,天通苑以居住职能为主,区内及周边就业岗位较少,"有居无业"情况严重,每天大量居民需向外通勤,给交通带来了巨大的压力。交通方面,天通苑交通拥堵现象严重。地铁 13 号线经过天通本苑,地铁 5 号线横贯南北,但因乘客众多,上下班高峰需排长队进站。快速公交 3 线的开通以及立汤路的拓宽使交通状况得到了一定的缓解,但在上下班高峰时仍不容乐观。此外,天通苑还存在公共设施贫乏,教育设施、医疗机构严重不足,黑车、流动摊贩泛滥,城市管理落后等问题。

5.3.2 亦庄

亦庄位于北京市东南五环与六环之间,其功能定位经历了"开发区一产业基地一卫星城一设立行政区一新城"的过程。2005 年年初国务院审议通过的《北京市城市总体规划(2004—2020 年)》中,提出了构建"两轴-两带-多中心"的新城市空间格局,位于东部发展带上的亦庄是北京重点发展的三个新城之一。目前已基本形成了电子信息、生物医药、装备制造、汽车四大主导产业,并将数字电视、绿色能源、文化创意、生产性服务业作为新兴的主导产业。

在亦庄发展的初期,由于入驻企业较少,当地开发了一批中高档房地产项目,吸引了一批在北京市区工作、收入水平较高的居民在此购房。随着亦庄的发展,大量外资及企业入驻的同时也吸引了一批居民到此就业,但由于本地所提供的住房可支付性较差,大部分在亦庄就业的居民不具有在本地购房的能力,存在职住不匹配、空间错位的现象。交通方面,轨道交通 L2 号线于 2010 年年底开通,为解决交通问题、促进职能升级、商业服务业发展、形象提升等方面提供新的机遇。

5.3.3 上地-清河地区

上地-清河地区位于北京市海淀区中东部、北五环与北六环之间,在 1949 年前已有零星开发。1950 年代至 1970 年代期间,计划经济主导的工业化与生产力布局,推动了地区的工业生产用地扩张、城镇人口增加,附属于工厂的单位大院成为地区城镇人口的主要居住空间;但整个地区的土地利用仍以农业用地为主。进入 1980 年代,伴随着快速城市化以及剧烈的市场化转型,地区城镇人口快速增长,空间迅速重构,形态与功能日趋多样化。首先,1980 年代由旧城改造和工业外迁带来的郊区化浪潮,推动了地区政策性住房的建设。其次，1980 年代末始建的上地信息产业基地及后期陆续建成的其他新兴产业园区，在加速地区产业转型的同时，深刻地改变了地区的功能与景观，并进一步推进了居住用地的扩展。再次，1990 年代后，以居住环境为导向的居住迁移逐步取代政府主导的拆迁安置成为地区城镇人口增长的主要动力，中高档商品房、门禁社区等新型居住空间在地区建成；在此期间部分原工厂及附属生活空间迁出，其土地所有权转让至房地产开发商。上地-清河地区在上述多种力量共同作用下，城市景观与城镇人口逐步演替了乡村景观与乡村人口，形成传统工业区、新兴产业开发区以及多种建设年代、开发模式、居住群体的社区共存的格局。

上地-清河地区共约 16 平方千米，常住人口约 24 万、就业人口约 14 万，覆盖了传统工业区、新兴产业开发区以及单位社区、政策性住房社区、商品房社区、城中村等多种建设年代和开发模式的居住区，是北京西北部大型综合性边缘组团、重要的郊区就业中心与居住组团。过境的高速公路、城铁将上地-清河地区与邻近的城市功能组团（如中关村城市就业中心、回龙观巨型社区等）以及中心城区相连，为地区带来巨大的过境交通流。此外，在上地-清河地区就业的职工大多不具有在本地区购房的能力，同时部分居住在本地区的居民在中心城区或其他地区就业，职住空间错位的现状进一步加剧了地区交通压力。

6 郊区行为空间数据采集

日志调查(Diary Survey)被认为是传统技术水平下大量采集居民行为时空数据最为有效的方法之一,它主要通过问卷调查表的形式,收集居民某一时间段内连续的活动和出行信息(Arentze et al,1998;柴彦威等,2009)。在大数据时代,定位技术、互联网技术与移动通信技术的不断发展,为时空行为数据的获取提供了更多的可能。本章首先分别从传统的日志调查以及大数据时代结合移动定位技术和互联网技术进行的时空行为数据采集方法出发,结合相关案例对时空行为数据的采集方法进行探讨;其次,对本研究基础数据的获取过程进行介绍;最后对本研究样本数据的数据质量和样本社会经济属性进行描述。

6.1 时空行为数据的采集方法

6.1.1 传统的时空行为数据采集

传统的时空行为数据采集主要采用日志调查的方法,收集居民某一时间段内连续的活动和出行信息。一般来说,活动属性包括活动的起止时间、类型、活动地点类型与具体地址以及活动同伴等;出行属性则包括出行的起止时间、出行目的、出行前后的地点类型与地址、出行同伴以及出行交通方式等。

日志可以分为活动日志和出行日志。早期的日志调查以出行日志为主,强调获取一天内所有出行的相关信息,即使有对活动信息的获取也将活动作为出行的目的(Ampt et al,1983;Jones and Stopher,2003)。而随着活动分析法在交通领域被广泛地接受,调查问卷的设计者开始倾向于设计同时获取活动与出行信息的日志,即活动日志(Jones et al,1983;Stopher,1992)。活动分析法认为,城市居民的出行需求是居民为了满足个人或家庭需求，参与在相隔一定距离的场所上发生的活动而派生出来的一种需求，而不仅仅是为了出行而出行(Chapin，1974；Pas，1997)。因此，活动日志以活动为核心，强调一天24小时的活动-移动过程在时间上的连续性和完整性，在方法论上强调出行是由活动派生出的。此外，社会学调查中还有一种时间利用日志，主要受到时间预算(Time Budge)理论的影响，把活动和出行当作是等价的日常生活事件(As，1978；Michelson，2005)，但不强调空间信息。

日志调查最早出现于20世纪70年代欧洲的出行日志(Trip Diary)调查中，这些调查通过入户面对面访谈方式，要求人们回顾一天内所有出行的情况(Brog et al，1983；Stopher and Greaves，2007)。国外的日志调查已有四十多年的历史(Buliung et al，2008)，已有大量基于日志调查的居民活动-移动行为研究，本研究对其中超过1天的日志调查的调查地区、实施年份、调查类型、跟踪期限以及样本量进行了总结(表6-1)。

表6-1 国外日志调查实施情况

调查地区	实施年份	调查类型	跟踪期限	样本量
瑞士	2003	活动日志	6周	99个家庭，230个人
加拿大 多伦多、魁北克	2002	活动日志	7天	271个家庭，453个人 250个家庭，381个人
加拿大	2001—2002	活动日志	7天	8 400个家庭
德国	1999—2000	活动日志	6周	300个人
荷兰	1997	出行日志	2天	222个人
美国波特兰地区	1994—1995	活动日志	2天	4 451个家庭
美国西雅图市	1989	出行日志	2天	约1 700个家庭，约3 400个人
美国North King县	1989	出行日志	3天	150个家庭
荷兰	1984	出行日志(两次)	7天	约1 700个家庭
瑞典	1971	出行日志	35天	97个家庭，149人

近年来，日志调查方法被引入我国并应用于国家性质的调查中，如居民出行调查和2008年中国时间利用调查(陆化普，2006；国家统计局社科司，2009)。地理学学者也有不少利用日志调查进行居民行为时空数据的采集，例如，柴彦威等在1995—1998年分别对深圳、天津和大连三个城市居民进行活动日志调查，并对问卷调查的实施过程和数据库编码进行了较为详细的描述(柴彦威等，2002)；2007年再次对北京、深圳居民进行了活动日志调查，并对微观个体行为时空数据的生产过程与质量管理进行了探讨(柴彦威等，2009)。闫小培等，周素红等分别于2002年和2007年在广州实施出行日志调查(闫小培等，2006；周素红等，2010)。

基于传统问卷调查形式的日志调查的优势在于：① 相关的理论与方法已非常成熟，国内外已有大量的实践经验，实施起来相对容易；② 研究者在根据研究目标进行调查方案设计时比较自由；③ 尽管在问卷发放、录入等环节需要一定的人力，但整体上成本较低。总体上，研究者基本能够根据研究需要在成本可控的前提下获取较为充足的数据，因此，到目前为止，基于问卷的日志调查仍然是时空间行为研究最主要的数据来源。然而，传统的日志调查也存在被调查者任务量相对较重，信息填写的主观性较强且无法对其进行验证等不足。

6.1.2 移动定位技术与时空行为数据的被动式获取

在大数据时代，定位技术、互联网技术与移动通信技术的不断发展，为时空行为数据的获取提供了更多的可能。居民携带的可被定位的设备或物品逐渐增多，使得研究者可以从相关的企业或政府管理部门（如通信运营商、交通管理部门）获取时空轨迹数据，而不需要被调查者的主动参与，即时空行为数据的被动式获取。如通过在公交车或出租车上安装 GPS 获取的浮动车（floating car）数据，基于基站定位的手机定位数据，基于射频识别技术（Radio Frequency Identification，RFID）的公交 IC 卡、停车卡数据。在被动式的数据获取中，被调查者的时空信息在特定的行为背景下以相对客观的时空轨迹状态呈现出来，通常数据量较大，但也较难获取居民或用户的个人信息。这种数据获取需要被居民持有或在相应的交通工具上安装定位设备，涉及的定位技术包括 GPS 定位、手机基站定位、射频识别定位等。

GPS 是新一代以卫星为基础的电子导航系统，以其全天候、实时、高精度和自动测量的特点融入了经济建设和社会发展的各个领域。GPS 定位具有较高的时空精度，但由于其在室内无信号，而被更多地应用于交通领域（Wolf，2000）。安装了车载 GPS 定位装置的车辆即浮动车，可采集车辆的位置坐标、瞬时速度、行驶方向、运行状态等信息，是近年来智能交通系统（Intelligent Transportation System，ITS）中所采用的获取道路交通信息的先进技术手段之一（Schäfer et al，2002；秦玲等，2007）。基于多辆浮动车采集的位置、方向、速度等数据，结合基础道路信息，应用地图匹配、路径推测等相关的计算模型和算法进行处理，可以获取实时的城市交通状况，如车速、流量、拥堵情况等（Kobayashi et al，1999；Li et al，2011）。

随着手机的广泛使用与移动位置服务（Location-based Services，LBS）的快速发展，手机定位数据已成为时空行为数据的重要来源之一。移动位置服务是移动运营商根据移动用户的当前位置，为个人提供特定的信息增值服务，其关键技术是手机移动定位，主流技术包括蜂窝基站定位（Cell Identification）、观察角度（Angle of Arrival）、观察时差（Time of Arrival）和辅助全球卫星定位系统（Assisted Global Positioning System，A-GPS）等（Ratti et al，2006；柴彦威等，2010）。从手机移动定位的技术看，只要手机从基站获取信号，就可以对使用者进行定位。然而在实际应用中，出于对手机使用者的隐私保护，目前最常见的手机定位数据为手机通话数据，即当用户接打电话或接发短信时基于手机基站获取用户位置信息。手机通话数据记录了主被叫的编码、通话日期、通话时间、通话时长、基站位置等信息，为了保护用户隐私，通常需要对原始数据进行匿名化处理（Kang et al，2012）。相对于 GPS 定位技术，手机定位技术的时空精度较差，但室内外均可进行定位，通过对一个较长时段内通话记录的处理分析，可以获得大样本量（百万至千万级别）的个体较为连续和完整的时空轨迹（刘瑜等，2011）。

除了 GPS 和手机定位，基于 Wi-Fi、蓝牙或射频识别的定位技术也被应用于时空轨迹的获取中。在特定地点安装蓝牙或其他信号接收装置，能够获取一定空间范围内设备持有者的时空信息。射频技术也是获取时空轨迹数据的重要途径，如公交公司拥有的公交IC卡刷卡数据，结合公交车配备的GPS就成为了重要的数据源。银行掌握的信用卡刷卡信息同样具备跟踪与定位效果。

此外，由于居民携带的可被定位的设备增多，以及互联网技术的发展，还产生了一种半被动式时空行为数据获取。在Web2.0时代，互联网应用越来越注重用户的交互作用，用户既是网站内容的浏览者，也是网站内容的制造者，这也是近年来网上数据成倍增长的主要原因。在这种交互过程中，用户携带的手机、笔记本电脑等移动设备通过综合多种定位技术使其能够上传带有位置信息的数据，从而成为重要的数据源。如微博、微信、Twitter、Facebook等社交网络数据中的用户签到信息以及用户发布的信息中所隐含的时空信息。用户主动提供了大量信息，研究者则需要根据具体研究提取个体的时空数据或社会经济属性。

基于移动定位技术和互联网所获取的时空轨迹数据已被应用于城镇体系与区域结构、城市时空间结构、城市交通、旅游者行为等领域。在城镇体系与区域结构方面，Ratti等利用英国境内一个月的手机通话数据，计算各区域之间手机联络的紧密程度，利用无重叠社区划分法对英国进行区域划分，并与行政界限进行对比（Ratti et al，2010）。甄峰等结合中国城镇等级规模和信息化发展水平，选取了51个节点城市的1 020个研究样本，基于样本的微博好友关系数据对中国城市网络体系进行研究（甄峰等，2012）。在城市时空间结构方面，Ratti等以意大利米兰市为例，利用手机通话数据，研究了一天内的不同时间手机使用在城市中的空间分布（Ratti et al，2006）；刘瑜等基于上海市的浮动车数据分析了不同时间段在城市中乘客上下车的热点区域（Liu et al，2012）。在城市交通与居民出行方面，高松等利用青岛市的浮动车数据分析了青岛市的交通结构，并结合手机通话数据对交通状况进行了模拟（Gao et al，2013）；龙瀛等基于北京市一周的公交IC卡数据研究了居民的通勤时间、职住距离，并对居民的通勤行为进行了可视化以识别主要的交通流方向（龙瀛等，2012）。在旅游研究方面，阿哈斯等对爱沙尼亚17个月期间来自96个国家的国际漫游通信行为数据进行了分析，探索了手机移动数据在国际旅游市场分析中的作用（Ahas et al，2008）。

6.1.3 基于定位技术与互联网的时空行为数据主动式获取

定位技术在时空行为数据的被动式获取中显示出了有效性，但如果仅有时空轨迹数据，只能进行汇总的分析，无法考虑人的差异以进行更加深入的研究。而且，在时空间行为的研究中，更重要的是活动或出行的具体内容（如活动类型、出行交通方式、同伴等），以及个体的社会经济属性。尽管对时空轨迹进行分析也能部分实现活动与出行内容的自动识别，但在目前的技术水平下识别效果不佳（张治华，2010）。因此，基于定位技术与互联网技术的时空行为数据主动式获取就显示出重要性，即被调查者通过携带调查者发放的定位设备或利用智能手机安装相关应用参与到日志调查中，其本质是将基于定位技术获取的时空轨迹通过互联网或手机与居民的活动日志相结合。

在定位技术发展的初期，时空轨迹与活动日志的获取是分别进行的，利用纸质问卷或电话访谈获取活动与出行信息，如1996年巴特尔（Battelle）公司在列克星敦（Lexington）开展的实验性的基于GPS的出行调查（Battelle，1997）。我国于2010年在北京市进行的第四次全市交通综合调查中，尝试使用了 GPS 设备，参与此项调查的 1 000 名志愿者的 GPS 时空轨迹和出行信息也是分别获取的。然而，研究者发现，将分别获取的时空轨迹和活动-移动信息进行结合时往往会碰到一定的困难，由于两类信息具有不同的时空精度，难以较好地匹配在一起。

信息与通信技术(Information and Communication Technologies，ICT)的发展为时空轨迹和活动日志的结合提供了契机，调查者可以利用互联网或手机在线为受访者提供他们的时空轨迹，使受访者在填写活动出行信息时能够适当地结合时空轨迹反馈的信息；或为受访者提供根据时空轨迹识别出的活动与出行情况，让受访者进行判断，进一步减少受访者的负担。在时空行为数据的主动式获取中，如何在数据的真实性与受访者负担之间寻求平衡，从而将时空轨迹与活动出行信息相结合是研究的关键，需要结合实际研究问题进行考虑。

1) 结合定位技术与调查网站的活动与出行调查

北京大学时空间行为研究小组分别于 2010 年和 2012 年在北京进行了居民活动与出行调查，采取定位设备、互动式调查网站、面对面及电话访谈相结合的方式进行调查，调查内容包括被调查者及其家庭的社会经济属性、一周内完整的时空轨迹和一周的活动日志。

调查使用的 GPS 定位设备每隔一分钟记录一个定位点，每五分钟将定位点上传至后台，并在被调查者的用户界面进行显示。被调查者在参与调查过程中，随身携带由调查员发放的定位设备，利用设备对应的账号和密码进行网站登录，即可观察自己的活动轨迹，并结合轨迹填写活动与出行情况，同时在调查过程中完成个人社会经济属性调查问卷的填写。此外，调查人员可以通过调查网站的调查员管理界面对被调查者的设备状态(是否开机、是否有信号)、所在位置、轨迹情况、活动日志填写情况、社会经济属性问卷填写情况进行实时监测，便于调查的顺利进行。

在 2010 年的调查中，调查系统通过一定的算法对居民的活动与出行进行简单的分割，识别出活动的时间和地点以及出行的时间和距离，居民在系统识别的基础上填写具体的活动与出行信息，并可对识别的活动与出行进行修改(图 6-1)。然而在调查的实施中发现，由于 GPS 轨迹存在数据缺失和数据噪声，对活动与出行的识别产生了较大影响，并且由于活动识别算法本身存在一定的缺陷，造成活动与出行识别的效果不理想。考虑到调查的目标是获取接近真实情况的活动与出行信息，在 2012 年调查时，取消了系统的活动与出行识别功能，只对居民的时空轨迹进行实时的显示，对可能的活动与出行分界点进行适当的提示(图 6-2)。

这两次调查突破了传统的单纯基于问卷的日志调查，是国内结合定位技术与信息通信技术进行居民时空行为数据采集的有意义的尝试，为还原个体的活动-移动行为、深入剖析行为决策的影响因素提供了重要数据基础。调查将时空轨迹数据与日志相结合，革新了依赖被调查者记忆和估计的回忆式日志调查，将定位技术获取的实际轨迹作为日志信息填写的依据；日志与访谈的结合加深了对个体生活状态的理解，深化了对个体行为决策影响因素的解释；在调查期限方面突破了工作日和休息日各一日的两日调查。

这种结合定位技术与调查网站的调查方式可能会对调查以及获取的数据产生以下影响：① 调查方式以及调查的持续时间使单个样本的成本较高，在一定程度上限制了调查的规模。调查前需要联系居委会寻找合适样本，对被调查者进行培训，对调查网站进行设

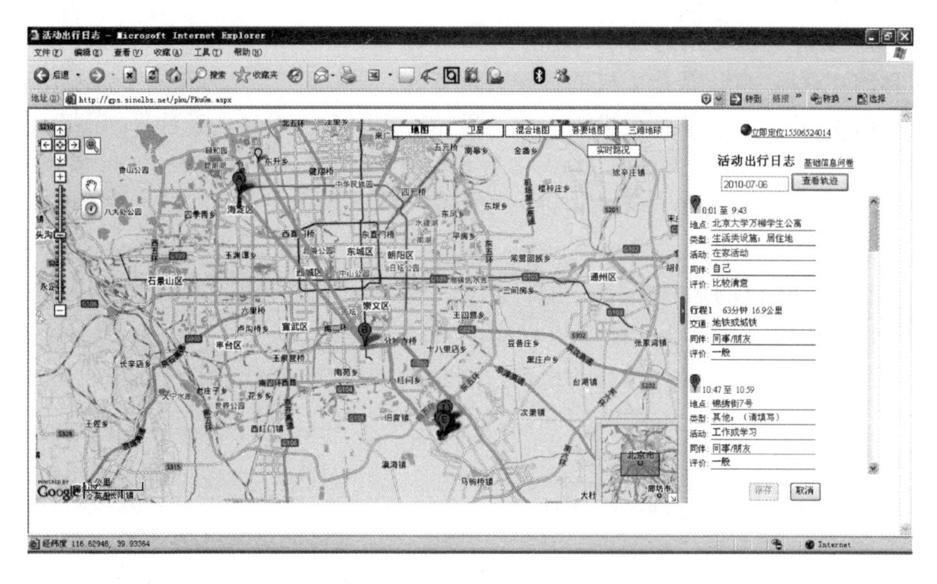

图 6-1　2010 年北京市居民活动与出行调查用户界面

图 6-2　2012 年北京市居民活动与出行调查用户界面

计、开发与调试;调查期间需要调查员的实时监测以及与被调查者沟通;调查后需要进行设备回收、报酬发放等。整个调查过程需要耗费大量的人力、物力、财力。② 调查系统中时空轨迹与日志结合的方式会对获取的数据产生较大影响。在 2010 年的调查中,系统通过算法对活动与出行进行识别,在此基础上让用户填写信息,这种方式对信息获取产生了较大的影响,这种影响一方面表现在轨迹数据出现缺失和噪声时的错判,为调查以及后期数据处理过程中增加了工作量;另一方面表现在对于受访者填写精度的影响,如停留在同一地点的时段系统默认被调查者在该地点进行着同一项活动,造成同一地点进行不同活动的信息缺失。在 2012 年的调查中取消了基于算法进行的识别,只把时空轨迹提供给受访者作为他们填写信息时的参考,但在后期数据处理时时空轨迹和日志信息仍然存在不匹配的现象,需要进行大量的数据处理工作。③ 调查要求受访者可以上网,对样本的代表性产生了一定的影响。

2) 基于智能手机应用的活动与出行调查

在移动互联网时代，智能手机的普及以及 App、Android 平台的开放又为被调查者时空轨迹和活动-移动信息的结合提供了新的途径。智能手机本身是最重要的通信工具，能够通过 GPRS、Wi-Fi 接入网络，同时大多数智能手机具备 AGPS 定位功能，能够结合多种定位方式提供被调查者较为精确的时空轨迹信息。

麻省理工学院（MIT）的"The Future Urban Mobility"项目团队与新加坡政府合作，实施了基于智能手机的居民活动与出行调查应用软件"SIMMOBILITY"的开发（图 6-3）。"SIMMOBILITY"综合智能手机具有的 GPS、GSM、Wi-Fi、ACCEL 等多种定位方式，基于定位数据进行活动与出行的识别，并利用一定的算法识别出行的交通方式，居民在信息填写界面中只需要对系统识别的信息进行验证，也可以对误判的信息进行更正，较大程度地减少了被调查者的任务量。

"SIMMOBILITY"开发最重要的目标是基于居民的时空轨迹信息降低出行行为被调查者的工作量，从而革新出行调查。因此，在调查界面设计与信息获取中重点关注基于不同交通方式出行的相关信息（如开车时的停车地点、费用等信息）。该应用在界面设计、活动与出行算法识别、出行交通方式算法识别方面倾注了大量的研究力量，用户界面比较友好，活动与出行信息的判别也比较准确。

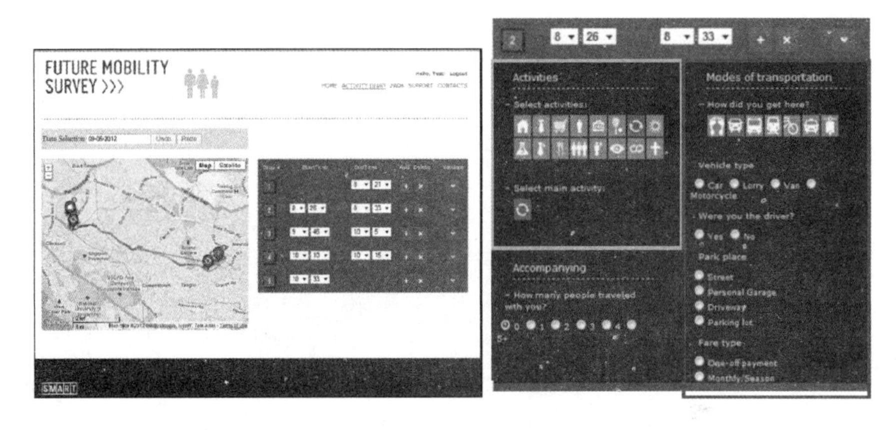

图 6-3　SIMMOBILITY 调查用户界面

MIT 的 SENSEable City Lab 实验室还在已有的基于智能手机数据的出行交通方式识别基础上，开发了 CO_2GO 应用，增加了二氧化碳排放计算功能，使居民能够实时查看自己近一段出行的碳排放量，以及其他用户的平均碳排放水平，还能够对居民选定目的地的出行给出路线建议，在数据采集的同时实现了对居民的低碳行为引导（图 6-4）。

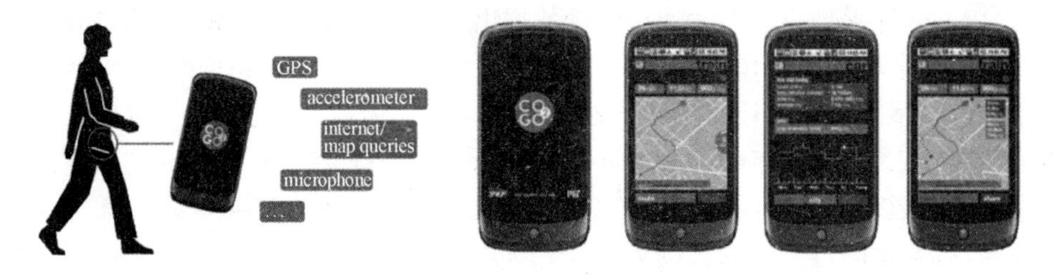

图 6-4　CO_2GO 定位原理与应用界面

可见,技术的发展使海量的、实时动态的、高时空精度的个体时空信息获取成为可能。定位技术使人们能够获取高精度的时空信息;互联网一方面涵盖着大量的时空信息,同时也是数据采集平台及应用的基础,使高精度的时空数据能够实时上传,并实现与被调查者的交互;手机作为比较普及的具有定位功能的通信工具,可以采集实时海量的数据,而智能手机又可以作为调查的客户端,基于智能手机的个体数据采集将是未来的主要发展方向。在大数据时代,个体时空信息的数据量更大,数据种类更多样,数据获取方式更加灵活,为时空间行为研究带来了巨大的机遇,同时也对传统的理论与方法形成了挑战。

6.2 时空行为调查的实施

本研究的数据主要源于在北京进行的三次日志调查,包括 2007 年基于问卷的日志调查,以及 2010 年和 2012 年分别进行的结合定位技术和调查网站的活动与出行日志调查。其中 2007 年的日志数据只在数据管理分析中用以进行比较,2010 年、2012 年获取的居民一周时空轨迹和活动日志构成时空行为数据库,是本研究的主要数据源。由于 2010 年和 2012 年的数据在样本量、数据质量、问题设置、活动分类等方面存在较大差异,只在汇总层面进行对比研究。而在非汇总的实证研究中,对于理论模式与方法的探讨多基于 2010 年数据,而对于一般性特征的描述与解释多基于 2012 年数据。

此外,北京市的行政区界限、路网、公交线路及站点、服务设施等构成了本研究的空间基础信息数据库,北京市历年的人口普查数据、国民经济和社会发展统计公报以及北京城市总体规划(2004 年—2020 年)作为辅助分析的背景资料。

6.2.1 2007 年北京居民活动日志调查

2007 年 10—11 月在北京进行的活动日志调查按照"居住区一家庭一个人"三个层次进行抽样。首先,根据对北京市内部居住空间形成与分化的过程及居住区性质的认识,确定被调查居住区的主要类型。其次,在不同类型居住区中以区位类型尽可能丰富(需包括内城、近郊、远郊以及不同方位的居住区)为原则,结合实际调查过程中居住区的可进入性,最终选取 10 个不同类型的调查居住区(图 6-5)。包括交道口和前海北沿两个老城区旧居住区,燕东园、三里河、和平里、同仁园四个不同性质的单位居住区,以及当代城市家园、方舟苑、望京花园、回龙观四个郊区居住区。其中当代城市家园与方舟苑是 20 世纪 90 年代末至 21 世纪初在城市近郊新建的商品房居住区;望京花园和回龙观是典型的政策性住房居住区,前者是为了解决北京市属高校教师住房困难而建设的教师小区,后者则是北京市最大的经济适用房居住区。

在选取的调查居住区中进行随机抽样,各抽取 60 户家庭,对家庭中 16 岁以上的所有成员的一个休息日(星期日)和一个工作日(星期一)的活动日志进行调查,调查问卷包括家庭信息、个人信息、活动日志三部分。其中活动日志部分采用了改进后的活动与出行分离的日志表样式(图 6-6)。活动属性部分是活动日志的核心,要求被调查者按照时间顺序依次回答调查日内每个活动的起止时间、活动类型、活动具体地址、活动地点类型和活动同伴以及借助互联网进行活动信息查找情况等。调查表右边是出行信息部分,其间通过"为了参与此活动有无出行?"问题进行关联。

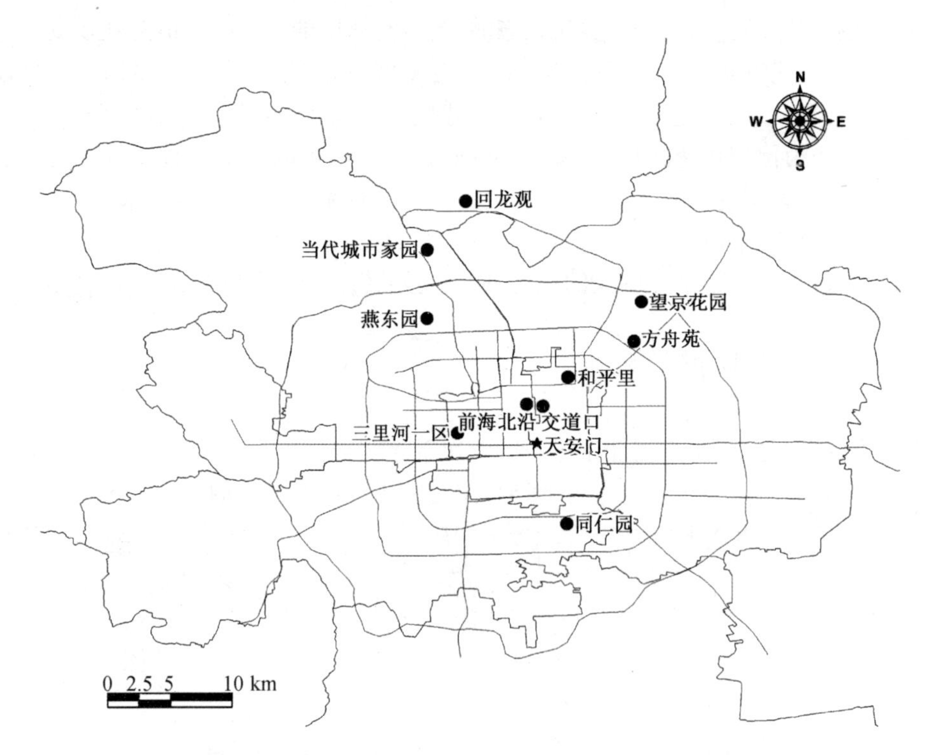

图 6-5 2007 年北京居民活动日志调查居住区分布

具体调查实施过程中，调查员首先联系了居住区所在的居委会或者物业公司，经由相关人员带领或介绍，采取入户访谈、留置、集中协助填写等多种方式完成调查。在相对开放、可进入性较高的胡同居住区，以及居委会"自上而下"垂直管理相对有效的单位社区多采用入户、集中协助填写等调查方式。而在相对封闭、居委会或物业公司执行力相对较弱的商品房社区，多采用留置问卷的方式进行调查。调查一共回收 545 户家庭的问卷，有效家庭数为 520 户，共 1 119 个居民，有效回收率为 86.7%。

6.2.2 2010 年天通苑与亦庄居民活动与出行调查

2010 年 7 月在北京进行的活动与出行调查是结合定位技术与调查网站的一次试验性调查，选取天通苑和亦庄两个郊区巨型居住区作为研究区域，通过当地居委会及企业联系被调查居民，要求被调查者具有一定的通勤距离、尽量可以上网，并在这两个条件的基础上保证样本在空间和社会经济属性上的随机性。

该调查的持续时间为一周，调查内容包括被调查者基本信息、一周的时空轨迹以及一周的活动日志，由于是首次尝试定位技术与网站结合的调查方式，在进行调查内容的设计时只覆盖个人社会经济属性与活动日志的核心与关键问题。其中，基本信息问卷包括受访者个人及家庭基本信息、居住信息、日常交通信息、通信与网络使用信息；轨迹即通过定位设备获取的受访者一周内每天 24 小时的时空轨迹；活动日志包括一周七天的活动与出行信息，其中活动信息包括每次活动的起止时间、活动所在地的设施类型、活动类型、同伴以及满意度评价，出行信息包括每次出行的起止时间、交通方式、同伴以及满意度评价。

第一套（第 **3** 页，共 **4** 页）

活动部分　　　　**出行部分**

第三部分 ： 活动日志 （星期天，____月____日）

表 1. 活动类型选项

1. 睡眠　5. 工作或业务　9. 娱乐休闲（看电视/看书/音乐/电影等）　13. 观光旅游
2. 家务　6. 上学或学习　10. 个人护理（洗漱等个人私事）　14. 联络活动（上网/电话）
3. 用餐　7. 照顾老人小孩　11. 外出办事（银行/邮局/图书馆/医院等）　15. 宗教活动
4. 购物　8. 体育锻炼　12. 社交活动（探访/接待亲朋/约会/宴席等）　16. 其他

表 2. 活动地点类型选项

1. 家　4. 工作地点　7. 商店
2. 学校　5. 休闲场所　8. 餐馆
3. 亲朋家　6. 服务场所　9. 其他

表 3. 同伴选项（可多选）

1. 自己　5. 父母
2. 子女　6. 同事/同学
3. 配偶　7. 朋友
4. 其他家人　8. 其他非家人

表 4. 交通方式选项

1. 步行　5. 私人小汽车　9. 地铁或城铁
2. 自行车　6. 单位小汽车　10. 物业巴士
3. 电动自行车　7. 公共汽车　11. 商场免费巴士
4. 单位班车　8. 出租车　12. 其他

C1	C2	C3	C4	C5	C6	C7	C8	C9	C10	C11	C12				
活动次数	开始和结束时间 从零点开始按时间顺序填写所有活动	活动类型 选择表 1 中的活动类型编号	活动的具体地址	活动地点类型 选择表 2 中的地点类型编号	一起活动的同伴 选择表 3 中的同伴选项编号	活动前有无通过网络查找相关信息	为了参与此活动有无出行 若有出行，继续填写 C9-C12 若无出行，填写下一个活动	一起出行的同伴 选择表 3 中的同伴选项编号	出行距离（千米）	出行总时间（分钟）	出行交通方式及所用时间 方式：选择表 4 中的交通方式编号 时间：指每种交通方式的花费时间				
												1	2	3	4
1	开始 0:00 结束		____区____街道____路 活动地点或标志建筑的名称____			□ 有 □ 无	□ 有（请继续回答 C9-C12） □ 无（请回答下一个活动）				方式： 时间：				
2	开始 结束		____区____街道____路 活动地点或标志建筑的名称____			□ 有 □ 无	□ 有（请继续回答 C9-C12） □ 无（请回答下一个活动）				方式： 时间：				
3	开始 结束		____区____街道____路 活动地点或标志建筑的名称____			□ 有 □ 无	□ 有（请继续回答 C9-C12） □ 无（请回答下一个活动）				方式： 时间：				
4	开始 结束		____区____街道____路 活动地点或标志建筑的名称____			□ 有 □ 无	□ 有（请继续回答 C9-C12） □ 无（请回答下一个活动）				方式： 时间：				
5	开始 结束		____区____街道____路 活动地点或标志建筑的名称____			□ 有 □ 无	□ 有（请继续回答 C9-C12） □ 无（请回答下一个活动）				方式： 时间：				
6	开始 结束		____区____街道____路 活动地点或标志建筑的名称____			□ 有 □ 无	□ 有（请继续回答 C9-C12） □ 无（请回答下一个活动）				方式： 时间：				
7	开始 结束		____区____街道____路 活动地点或标志建筑的名称____			□ 有 □ 无	□ 有（请继续回答 C9-C12） □ 无（请回答下一个活动）				方式： 时间：				
8	开始 结束		____区____街道____路 活动地点或标志建筑的名称____			□ 有 □ 无	□ 有（请继续回答 C9-C12） □ 无（请回答下一个活动）				方式： 时间：				
9	开始 结束		____区____街道____路 活动地点或标志建筑的名称____			□ 有 □ 无	□ 有（请继续回答 C9-C12） □ 无（请回答下一个活动）				方式： 时间：				
10	开始 结束		____区____街道____路 活动地点或标志建筑的名称____			□ 有 □ 无	□ 有（请继续回答 C9-C12） □ 无（请回答下一个活动）				方式： 时间：				
11	开始 结束		____区____街道____路 活动地点或标志建筑的名称____			□ 有 □ 无	□ 有（请继续回答 C9-C12） □ 无（请回答下一个活动）				方式： 时间：				
12	开始 结束		____区____街道____路 活动地点或标志建筑的名称____			□ 有 □ 无	□ 有（请继续回答 C9-C12） □ 无（请回答下一个活动）				方式： 时间：				

图 6-6　2007 年北京居民活动日志调查问卷

调查包括四个主要步骤，即抽样与样本联系、发放设备与讲解、调查进行、设备回收。每一轮抽样由调查者和居委会或企业配合完成，确定抽样名单以及联系方式。确定调查时间地点后，调查人员分组前往样本社区或企业所在地，与样本签订调查协议，进行样本培训，发放设备。在调查期间，要求被调查者每天对GPS设备充电并由本人随身携带，每天晚上或第二天空闲时间以设备对应的账号和密码登录调查网站，查看轨迹，并根据轨迹填写活动和出行信息。调查员与样本进行一对一的帮助和沟通，协助其完成调查，减少意外状况带来的负面影响。一周的调查完成后，由调查员前往样本居住地或企业所在地回收设备并支付被调查者相应报酬(图6-7)。

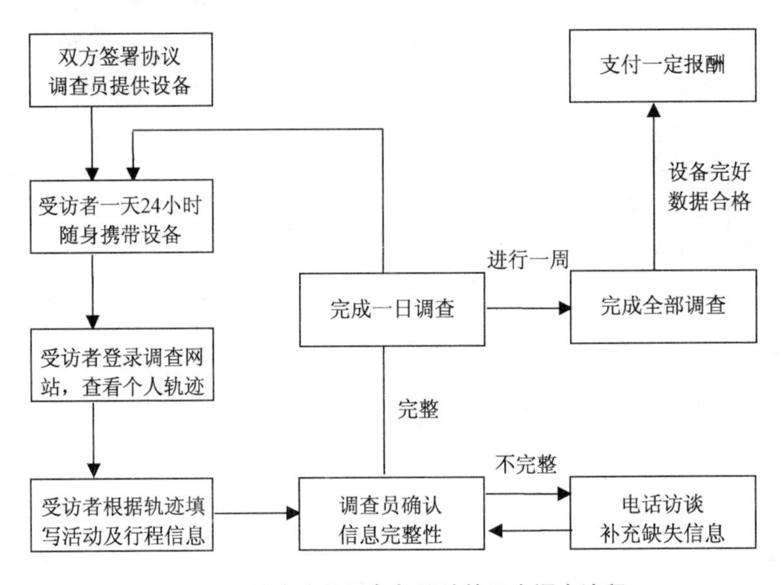

图6-7　结合定位设备与网站的日志调查流程

考虑到天通苑以居住职能为主而亦庄同时包括居住区和就业区，针对天通苑，通过6个居委会选取51个居住在该地区的样本，其中1人中途放弃调查，最终获得50个有效样本；针对具有复合性功能的亦庄，分别通过7个居住社区的居委会和开发区内两个公司选取调查样本51个，其中1个中途放弃调查，最终得到50个有效样本，37个居住在亦庄，13个在亦庄就业而在外居住。最终得到有效样本100个。

6.2.3　2012年上地-清河地区居民活动与出行调查

在2010年试验性调查的基础上，于2012年9—12月在北京上地-清河地区再次实施结合定位技术与调查网站的活动与出行调查。根据区域综合调查的结果，调查确定了该区域的人口、住房、交通特征，识别出了典型的代表性人群。根据该区域居住与就业人口的比例，确认了1∶2的企业与社区抽样配额。通过联系街道和地区企业协会的负责人，商讨抽样方法、时间安排、样本选取原则。根据社区和企业类型和数量，调查确认了以商品房、经济适用房、单位福利房、廉租房四类社区为主的社区抽样模式和以高新技术企业为主的企业抽样模式。根据社区人口总数和分析需要，按照0.5%—1%的比例在各社区进行家庭抽样。为保证样本的代表性和普遍性，调查采用了多级整群抽样的方法，首先在四类社区下确认相应的社区名单选取社区，在社区中采用随机抽样的方式。根据定位设备数量、调查规模和时间安排，调查确认了每一轮包括 1—2 个社区和 1—2 个企业，每轮调查样本 120 人左右的抽样规模。

调查的具体实施过程与调查内容的构成与 2010 年调查基本相似，同样为被调查者基本信息、一周时空轨迹以及一周活动日志三部分，考虑到研究需要，此次调查对基本信息问卷以及活动日志部分的问题设置进行了细化。基本信息问卷包括三部分内容：一是被调查者及其家庭的基础信息，二是被调查者的惯常活动信息，三是被调查者的 ICT 使用习惯。其中被调查者及家庭基本信息包括个人及家庭社会经济属性（如年龄、性别、职业、收入、家庭结构）、居住信息（如居住时间、社区类型、住房类型等，包括第二套住房信息）、车辆信息（如车辆型号、排量、车牌尾号、主要使用者、停车）等。被调查者的惯常活动信息包括工作、休闲、购物三类主要活动的惯常情况（活动地点、持续时间、主要交通方式及原因、同伴等）。被调查者的 ICT 使用习惯包括被调查者固定互联网的拥有情况、使用频率和使用地点，移动互联网（智能手机）的拥有情况、使用频率和使用地点，并对互联网使用的活动类型进行了细分①。活动日志的活动部分除了传统的起止时间、设施类型、活动类型、同伴、满意度评价外，此次调查还添加了互联网使用和弹性评价②；出行部分同样添加了互联网使用和弹性评价，还添加了陈述适应性调查③。

调查对上地-清河地区除城中村、部队大院外的 23 个社区以及上地信息产业基地 19 个典型企业进行抽样（图 6-8），通过社区居委会、企业选取了 791 个样本（含 543 个社区样本、248 个企业样本）；最终有效样本 709 个（含 480 个社区样本，229 个企业样本），有效率为 89.63%。

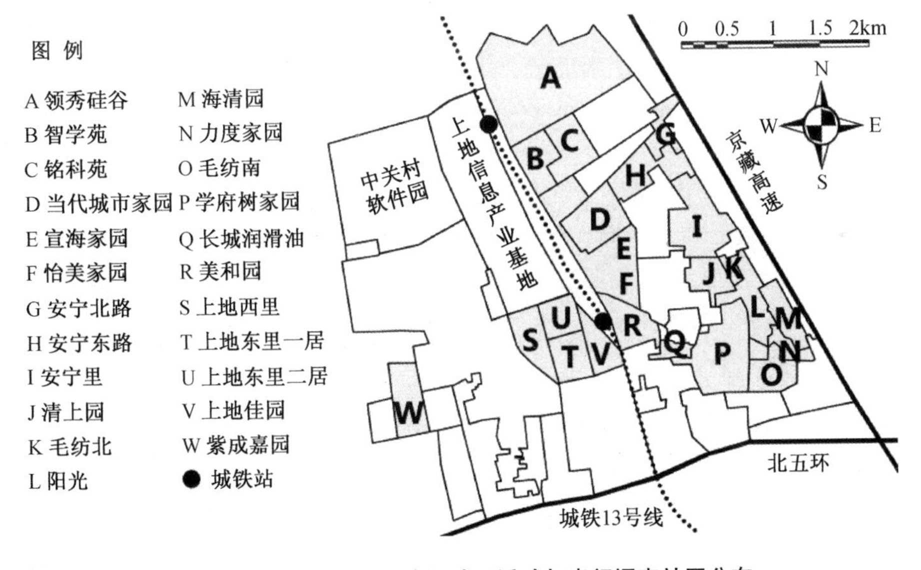

图 6-8　2012 年上地-清河地区活动与出行调查社区分布

---

① 按照工作与学习、电子邮件、查询购物信息、进行网上购物、网上银行、使用搜索引擎查询信息、网页资讯浏览、网上交流与即时通信、社交网站与使用 BBS、网上娱乐和网络导航进行区分。

② 活动在时间和空间上是否能够改变，出行在时间和交通方式上是否能够改变。

③ 在出发前通过互联网获取相关信息后的回应。

6.3 时空行为数据管理

6.3.1 数据质量管理

数据质量管理(Data Quality Management,DQM)是指从数据的提供者、生产者和使用者等角度来衡量和管理数据,针对来源于独立研究者进行调查而获得第一手数据,对调查数据的质量的管理显得尤为重要。本研究通过对三次调查样本的有效情况以及日志完整情况的统计,分析不同调查方法和问题设置可能对调查产生的影响。三次调查分别确定了有效样本并建立数据库,重要的社会经济属性完整,有效日志不少于调查持续时间的一半即认为样本有效;而对于日志,一天24小时的日志完整并且不存在重大的逻辑错误则认为日志有效。

在样本有效率方面,三次调查的样本有效率均在85%以上,其中2010年调查的样本有效率最高,2007年问卷调查的有效率最低,主要与调查方式以及调查员的协助力度有关(表6-2)。2007年调查采取纸质版问卷、半访谈与留置相结合的方式,在被调查者填写完成后统一进行录入及有效样本筛选。而2010年和2012年的调查过程中,调查员可以在网上进行实时的监测与协助,并且2010年调查由于样本较少,调查员的协助力度较大,因此有效率较高。而在日志的有效率方面,2007年调查的持续时间只有两天,并且纸质版填写的问卷在经过有效样本的筛选后基本可以保证日志的有效。而对于2010年和2012年的调查,一方面由于调查持续7天,在样本有效的情况下某一天日志无效的可能性较大;另一方面网上填写的方式也会产生一定的影响,2010年调查中系统对于活动和出行的误判造成了大量日志无效,而在2012年的调查系统中,加入了日志完整性等检验,提高了日志的有效率。

表6-2 三次调查样本有效情况对比

	2007年	2010年	2012年
有效样本数(样本有效率)	1 119(86.67%)	100(98.04%)	709(89.63%)
调查持续时间	2天	7天	7天
有效日志数/(人·天)(日志有效率)	2 231(99.69%)	601(85.86%)	4 678(94.26%)
有效轨迹数/(人·天)(轨迹有效率)	—	516	—

研究还对三次调查所获取的活动与出行记录数进行了统计,考虑到2007年的调查涉及部分非郊区居住区,为了控制居住区区位以及类型可能带来的影响,将调查中的当代城市家园、方舟苑、望京花园、回龙观四个郊区居住区的活动与出行记录数量进行单独统计,用以与2010年和2012年在郊区居住区进行的调查作对比(表6-3)。从对比结果看,2007年问卷调查中居民填写的活动和出行数量相对较多,但2012年调查工作日的家外活动多于2007年调查结果,2010年调查填写的记录数最少,这主要与调查方式以及日志中问题的设置与数量有关。

表 6-3 三次调查活动与出行记录数对比

		2007 年调查	2007 年调查郊区居住区	2010 年调查	2012 年调查
工作日日均活动与出行记录数	家内活动	6.234	6.351	1.928	5.263
	家外活动	2.490	2.507	1.794	2.853
	出行	3.118	2.879	2.706	2.990
	合计	11.842	11.737	6.428	11.106
休息日日均活动与出行记录数	家内活动	7.028	7.273	1.814	6.803
	家外活动	1.940	1.945	1.472	1.531
	出行	2.903	2.871	2.112	1.848
	合计	11.871	12.089	5.398	10.182
日均记录数		11.857	11.913	6.142	10.858

尽管在结合定位技术与网站的调查中，时空轨迹能够对居民的活动与出行信息填写起到提示作用，但根据几次调查结果，这种提示并没有使得活动与出行的记录数增加，并且由于时空轨迹更多地是反映居民家外的活动情况，信息的填写相对于纸质问卷也更加繁琐，基于网站调查的家内活动记录较少。2010 年调查的活动数量远少于另外两次调查，一方面由于系统通过速度对活动和出行进行的分割，造成在同一地点的所有活动被识别为一条记录，被调查者也倾向于更少的工作量而很少添加新的记录；另一方面，2010 年调查将所有的家内活动归为一类，活动类型也远少于 2007 年和 2012 年调查，因此活动的记录数量较少。但同时也由于系统对出行的识别，2010 年出行的记录数与另外两次调查相似。2012 年调查在活动和出行的问题设置以及活动类型分类方面都与 2007 年调查相似，因此得到的活动与出行数量也与 2007 年调查接近。相对于 2007 年调查，2012 年调查工作日家外活动与出行记录数更多，而休息日家外活动与出行记录更少，可能是由于郊区居民生活方式的变化造成的。

6.3.2 样本社会经济属性

2010 年与 2012 年的活动与出行调查数据构成了本研究主要的时空行为数据库。分别对于两次调查样本的社会经济属性进行统计(表 6-4)，在 2010 年调查获取的 100 个有效样本中，男性略多于女性，平均年龄在 36 岁左右，超过 80%的样本拥有北京市户口和驾照，大多数样本拥有大专或以上学历，已婚、全职工作以及中等收入的样本占主体。与天通苑调查区的样本相比，亦庄调查区的居民月收入及受教育程度更高，平均拥有驾照居民的比例也更高。

2012 年上地-清河地区的调查样本中，女性略多于男性，近 70%的样本具有北京户口，80%以上的样本拥有大专或以上学历。婚姻状况方面，已婚居民的比例在 75%左右。约 40%的居民有驾照，近 90%的居民属于全职工作。在收入方面，中等收入居民占 60%左右。与本地区居民的人口普查数据相比，本次抽样样本的学历偏高，具有北京户口居民的比例偏高。

表 6-4　2010 年、2012 年活动与出行调查样本社会经济属性

类别		天通苑		亦庄		上地-清河地区	
		N	百分比	*N*	百分比	*N*	百分比
性别	男性	31	62.0	29	58.0	331	46.7
	女性	19	38.0	21	42.0	378	53.3
年龄	平均年龄	35.28		37.72		34.61	
户口	北京户口	41	82.0	43	86.0	501	70.7
	非北京户口	9	18.0	7	14.0	208	29.3
教育程度	高中及以下	9	18.0	3	6.0	107	15.1
	本科或大专	34	68.0	39	78.0	500	70.5
	研究生以上	7	14.0	8	16.0	102	14.4
婚姻状况	已婚	31	62.0	43	86.0	537	75.7
	单身或其他	19	38.0	7	14.0	172	24.3
驾照	有	38	76.0	43	86.0	291	41.0
	无	12	24.0	7	14.0	418	59.0
就业状况	全职工作	44	88.0	45	90.0	633	89.3
	其他	6	12.0	5	10.0	76	10.7
收入	低收入（<2 000 元）	6	12.0	5	10.0	112	15.8
	中等收入（2 000—6 000 元）	36	72.0	25	50.0	446	62.9
	高收入（>6 000 元）	8	16.0	20	40.0	151	21.3
总体		50	100.0	50	100.0	709	100.0

7 综合视角下的郊区生活空间

本章以上地-清河地区为例，从不同视角聚焦郊区生活空间。首先，利用对于上地-清河地区的实地调研和访谈获取到的土地利用、各类设施、交通特征、社区概况等信息，从物质环境的层面对郊区生活空间进行分析；进而利用北京市第六次人口普查居委会尺度的数据从社会人口层面对郊区生活空间进行分析。其次，利用2012年对上地-清河地区居民和通勤者的活动与出行调查数据，从行为层面对郊区生活空间进行分析，并将行为空间与物质空间相结合，对该地区的商业设施利用情况进行综合的考虑。

7.1 基于物质环境与社会空间视角的郊区生活空间

7.1.1 上地-清河地区的物质环境

通过实地勘察、交通调查、居委会访谈、企业访谈等方式，了解上地-清河地区的土地利用基本特征、各类设施分布情况、道路交通特征、各社区以及企业概况，进而从物质环境层面对郊区生活空间进行探讨。

1）土地利用高度混合，东西部差异显著、相对隔离

上地-清河地区用地功能相对综合完整，行政办公用地、普通写字楼用地、高新技术企业用地等产业类用地与高档商品房用地、普通住房用地等居住类用地的比例较为均衡；与此同时，产业类用地与居住类用地在空间上呈现出集中分布的特征，产业类用地集中分布在调查地区的西部（上地街道范围内），居住类用地集中分布在调查地区的东部（清河街道范围内）（图7-1）。

调查地区西部上地地区与东部清河地区的空间形态存在显著差异。西部地区以上地信息产业基地、中关

村软件园为主体，由政府统筹开发建设，路网密度相对均匀，城市空间在路网的约束下形成了一个个形状规整、大小相对均一的土地利用单元，土地利用方式较为集约；东部清河地区开发建设年代较早、建设过程复杂，其中部队大院、中国石化润滑油工厂、原清河毛纺厂附属的单位大院建成年代较早、占地面积大，对地区道路建设尤其是低等级的末端道路开发建设的约束作用明显，造成东部地区路网密度低、末端交通发育不完善。近年来，清河地区居住人口快速增长，地区路网建设的不完善对人们的日常出行产生了不利影响。

东部清河地区与西部上地地区被京包铁路、京新高速、城铁 13 号线分隔开来，两地区之间只有 4 条道路允许车辆来往，交通上的相互分隔进一步加剧了两个地区的差异与相对隔离。

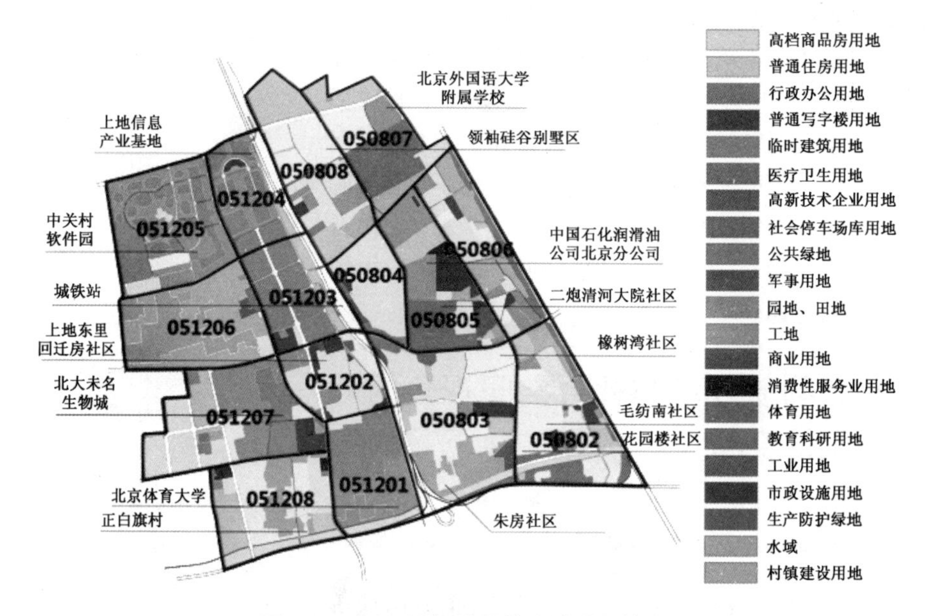

图 7-1　上地-清河地区的土地利用情况

2）各类设施分布不均，基本能够满足日常生活需求

（1）商业设施

上地-清河地区的商业设施可分为大型购物设施、中型购物设施、小型购物设施三个等级（图 7-2a）。大型购物设施服务于整个上地-清河地区，通常为大型综合百货，向居民出售日用品、食品以及服装等耐用品，在上地-清河地区共有四个（上地华联、五彩城、翠微百货、蓝岛金隅百货），其中有三个分布在东部的清河地区；中型购物设施服务于社区，主要为大型超市（如京客隆、超市发等），向居民出售日用品、食品，分布在调查地区主要道路周围；小型购物设施服务于居住小区，一般为小型商店、便利店、菜市场等，向居民出售部分日用品和部分食品。

从上地-清河地区零售业设施的密度看，几个服务于整个地区的大型商业设施周边聚集了比较多的零售业（图 7-2b）。东部清河地区的零售业设施密度明显高于上地地区，尤其是东南部的五彩城及翠微百货周边；而在上地地区，零售业主要集中在上地华联附近，以及地区干道周边。

在餐饮及休闲娱乐设施方面，东西部地区的设施密度相对均衡(图 7-2c)。清河地区的餐饮及休闲娱乐设施主要分布在五彩城北部地区，而上地地区的餐饮及娱乐设施主要分布在上地华联附近和中部马连洼北路两侧。

(a) 主要商业设施

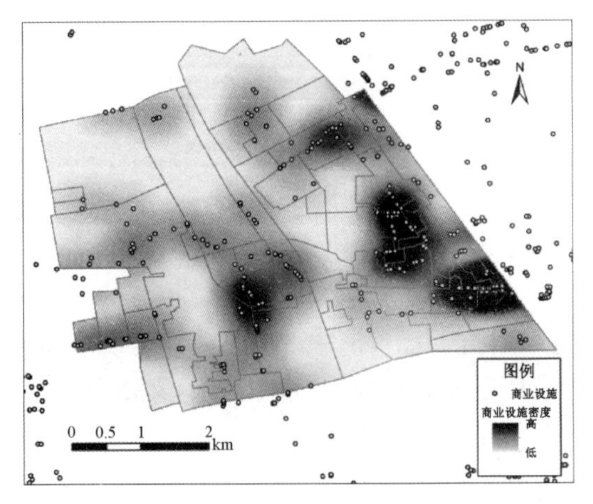

(b) 零售业设施密度

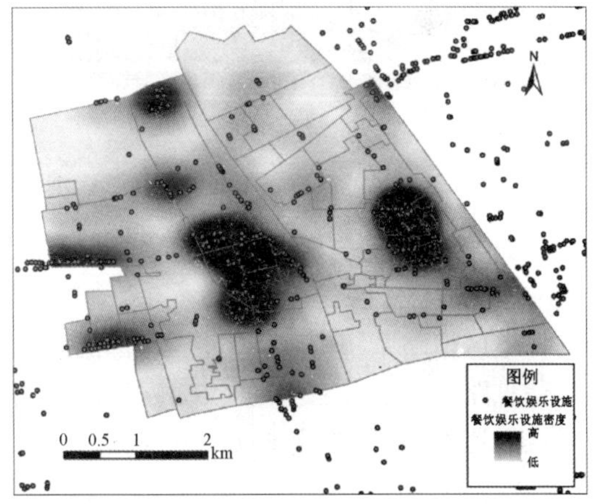

(c) 餐饮及休闲娱乐设施密度

图 7-2　上地-清河地区商业设施分布

(2) 公共服务设施

从整体上看，公共服务设施分布呈现出东密西疏的特征(图 7-3)。上地-清河地区的教育设施包括大学、中学、小学、幼儿园、科研院所、教育培训机构等，其中北京体育大学位于上地地区南部，地区共有五所中学，其中四所位于清河地区。上地地区还有一些与信息产业相关的培训或科研机构，如位于上地信息产业基地的中国信息安全评测中心、华为北京研究所等。清河地区的东北角也有一些科研机构分布。

地区的医疗设施包括上地医院、第四社会福利院 2 所二级医院、清河医院 1 所一级医院，其余还包括社区卫生站、小型口腔诊所等，主要分布在清河地区。

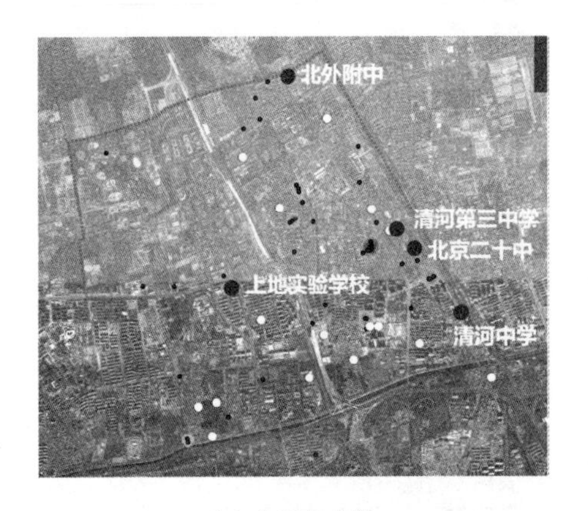

(a) 主要中小学

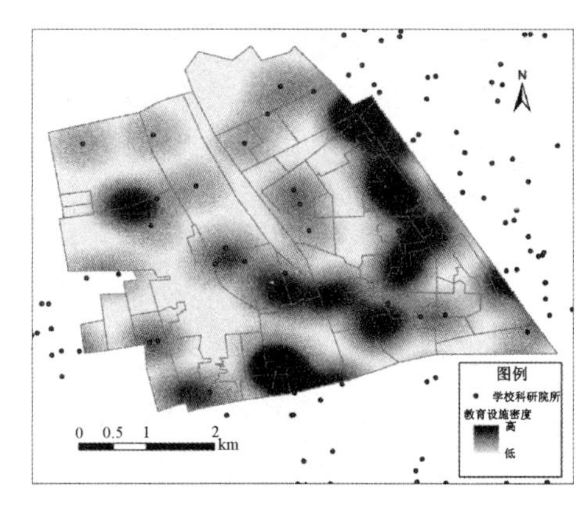

(b) 教育设施密度

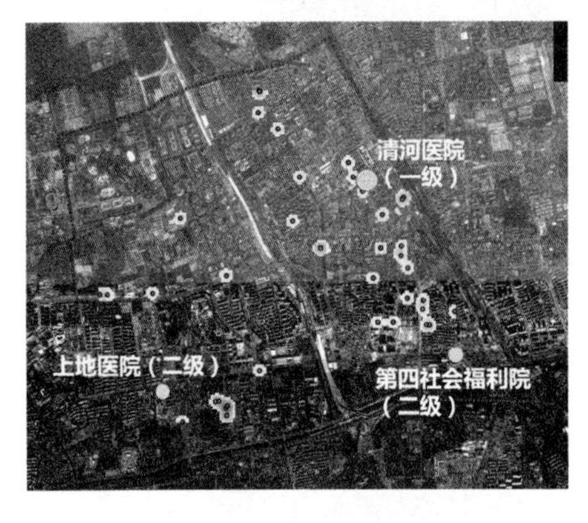

(c) 主要医院

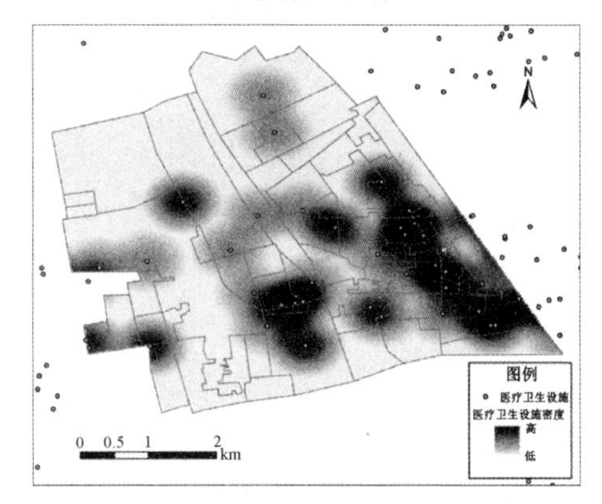

(d) 医疗卫生设施密度

图 7-3　上地-清河地区公共服务设施分布

3）连接居住与就业中心的路段交通拥堵严重，公交可达性相对较好

（1）道路等级结构

地区道路系统中，主干道为东部的京藏高速、南部的北五环、中部的京新高速，次干道为信息路、上地西路、上地七街、安宁庄西路、安宁庄东路、西二旗北路等道路，支路为连接各次干道的道路(图 7-4a)。

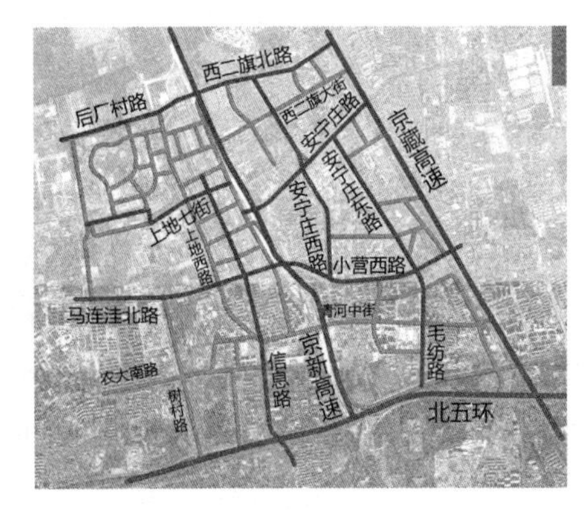

(a) 道路等级

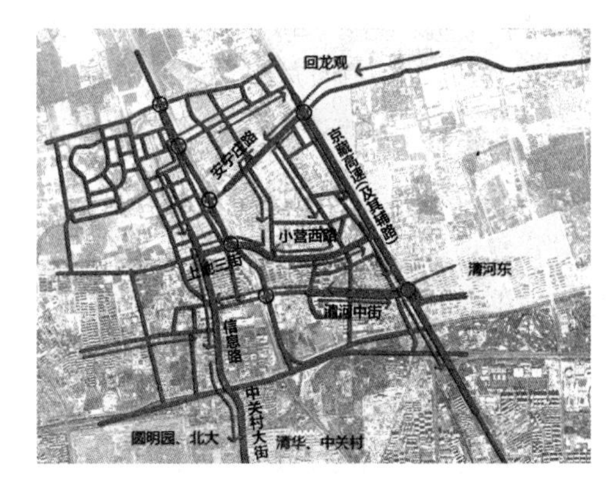

(b) 早高峰时段车辆流向与拥堵路段

图 7-4　上地-清河地区道路等级与运行状况

(2) 道路运行状况

地区的主要拥堵路段包括京藏高速、清河中街、信息路、小营西路、上地三街等。主要原因包括：京藏高速(及其辅路)、信息路承担了工作日上班高峰时段该地区及其周边大型居住区向内城通勤的大部分车流；上地-清河地区内，穿越京藏高速的通道仅有两处(安宁庄路、清河中街)，在工作日上班高峰时段，回龙观地区部分居民选择从安宁庄路口穿越京藏高速，以便从信息路进入内城，因此造成安宁庄路道路拥堵；示范区内京包铁路的道口共有四处，上地三街与京包铁路交汇的道口由于承担了大量来自清河街道、回龙观、清河东等地区的车流，并且毗邻清河火车站，停泊车辆多，因此拥堵严重；该地区东南部(小营西路以南、京新高速以东)地区，居住人口较多，但道路建设落后，东西向交通大多由一条等级较低的清河中街承担，因此该路段道路拥堵严重(图 7-4b)。

(3) 公共交通

上地-清河地区共有 538 个公交站点，96 条过境公交线路①，城铁 13 号线从上地和清河地区之间穿过(图 7-5)。从公交站点的分布看，站点主要集中在信息路和京藏高速两侧，尤其在该地区的重心位置公交站点高度集中，而在东南、东北、西南、西北四个区域站点相对稀疏，尤其东南部地区居住人口较多，但公交站点相对较少。从过境公交线路看，上地-清河地区的公交线路能够到达北京六环内北部和西部的大部分地区，空间可达性相对较好。而在地铁的利用方面，两个地铁站的所有出口都设置在上地地区，对清河地区居民使用地铁出行产生了一定影响，并且上班高峰时段，地铁站内比较拥挤，使用存在一定不便。

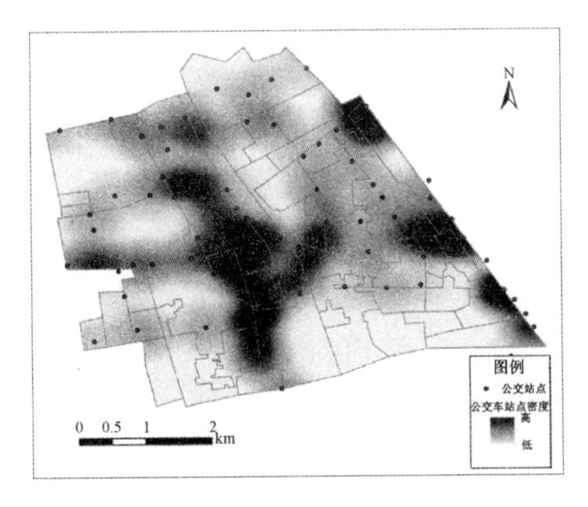

(a) 公交站点密度

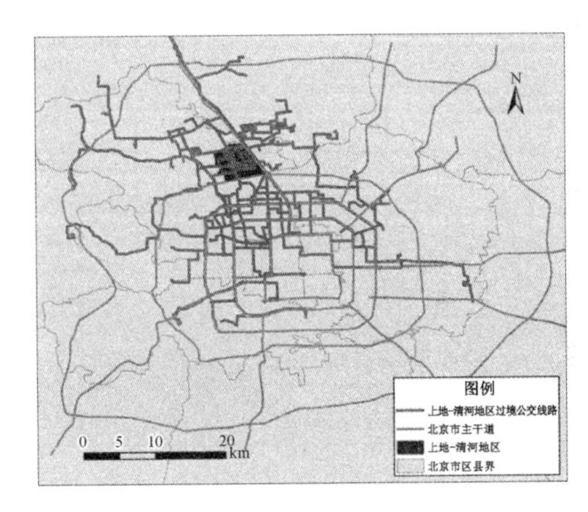

(b) 过境公交线路

图 7-5　上地-清河地区公共交通站点与线路

4) 住房类型多样，各类社区相互邻近而又相对隔离

上地-清河地区的社区住房类型比较多样，包括新建商品房、保障性住房、单位住房、回迁房、平房社区(城中村)等，并且很多社区存在多种住房类型共存的情况，多数社区位于清河地区(图 7-6，表 7-1)。

---

① 公交站点方面，同一公交车站内不同线路及不同方向按不同站点统计；公交线路方面，各类快车、区间车按不同线路统计。

图 7-6　上地-清河地区主要社区概况

表 7-1　上地-清河地区主要社区概况

街道	社区名称	家庭数	社区概况
清河街道	安宁里社区	2 744	始建于 1992 年，含商品房、单位房、回迁房等住房类型
	安宁东路社区	1 411	1995 年建成，商品房社区
	阳光社区	1 796	始建于 1996 年，含商品房、单位房、回迁房、保障房等类型
	安宁北路社区	1 200	始建于 1985 年，含商品房、单位房等类型
	西二旗一里社区	2 000	始建于 1996 年，含商品房、回迁房、单位房等类型
	怡美家园社区	3 138	始建于 2004 年，含商品房、单位房等类型
	海清园社区	2 320	始建于 1980 年，含商品房、单位房、回迁房等类型
	当代城市家园社区	3 059	始建于 2003 年，商品房社区
	清上园社区	1 770	始建于 2003 年，商品房社区
	力度家园社区	1 273	始建于 2007 年，商品房社区
	领秀硅谷社区	4 506	始建于 2000 年，商品房社区，建筑形式以别墅为主，档次较高
	长城润滑油社区	700	始建于 1990 年代，单位房社区
	花园楼社区	1 187	始建于 1990 年，单位房社区
	毛纺南小区社区	3 281	始建于 1970 年代，单位房社区
	毛纺北小区社区	1 011	始建于 1992 年，单位房社区
	学府树家园社区	2 998	始建于 2007 年，商品房社区，档次较高
	美和园社区	1 710	始建于 1992 年，含单位房、保障房等类型
	智学苑社区	2 303	始建于 2000 年，住房类型为政策性住房，社区居民中北大教职工占较大比例

续表 7-1

街道	社区名称	家庭数	社区概况
上地街道	上地东里第一社区	3 000	始建于 1997 年,住房类型为商品房、回迁房
	上地东里第二社区	1 116	始建于 1997 年,住房类型为单位房、回迁房
	上地西里社区	672	始建于 1998 年,商品房社区
	东馨园社区	2 125	始建于 1996 年,商品房社区
	上地南路社区	2 265	始建于 2005 年,商品房社区
	紫城社区	2 327	始建于 2003 年,住房类型为商品房、回迁房
	北路一号院	1 274	1994 年建成,住房类型为商品房、单位房
	体大颐清园社区	1 041	单位房社区
	万树园社区	913	始建于 1999 年,回迁房社区

5) 就业岗位主要位于上地地区的产业园内

上地-清河地区公司企业的分布能够在一定程度上反映就业岗位的分布。从公司企业的密度看,该地区的就业岗位主要位于上地地区的产业园内,清河地区也有一定企业分布,主要位于中部的商业地块内以及东北部的行政办公地区(图 7-7)。

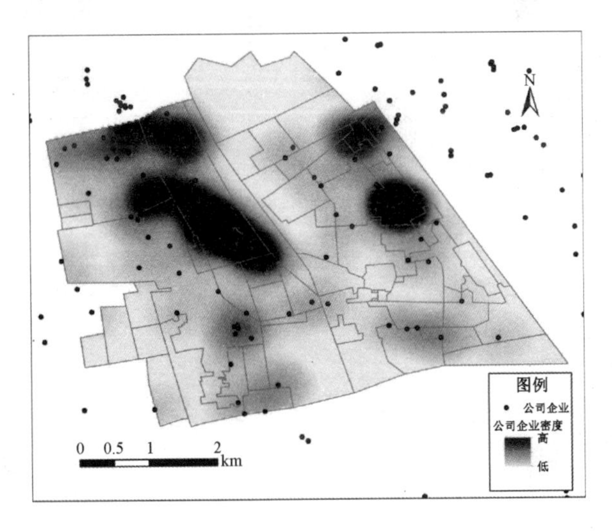

图 7-7 上地-清河地区公司企业分布

7.1.2 上地-清河地区的社会人口构成

根据第六次人口普查数据进行上地-清河地区社会人口构成情况的统计(图 7-8)。

(1) 人口密度相对均衡,南高北低。上地-清河的人口密度相对均衡,大多数社区的密度都在每平方千米 1 万至 5 万人,如北部的领秀硅谷建筑形式以别墅为主,人口密度较低,而一些部队社区和正在拆迁的社区人口密度相对较低。

(2) 外来人口比例较高。外来人口比例通过户籍在外省市人口与常住人口之比计算,根据北京市第六次人口普查的资料,北京市的平均外来人口比例约为 35.9%,而上地-

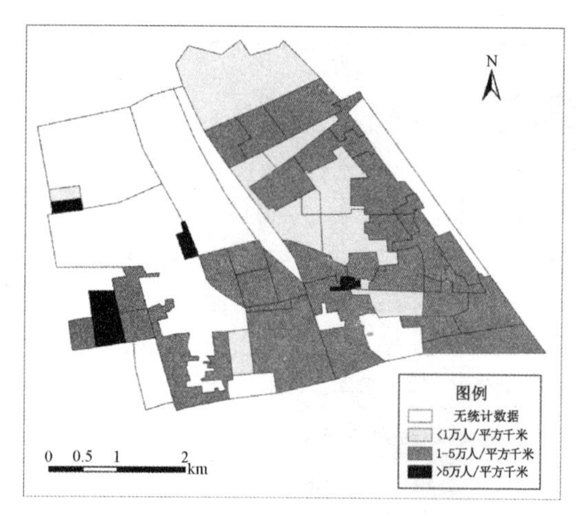

(a) 人口密度

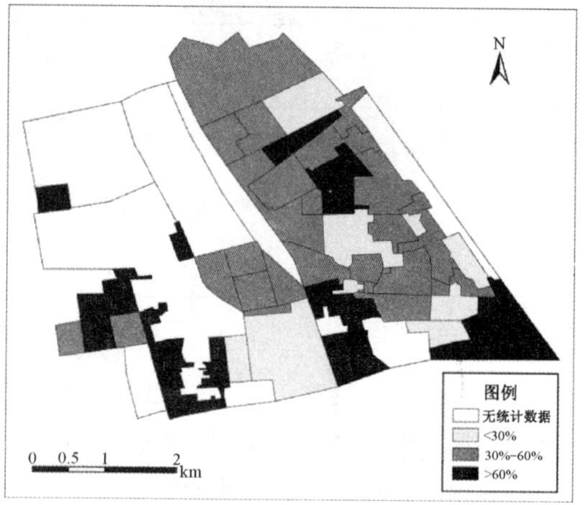

(b) 外来人口比例

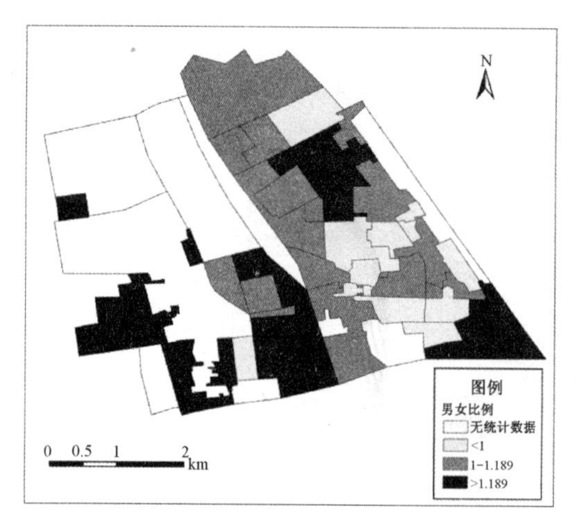

(c) 男女比例

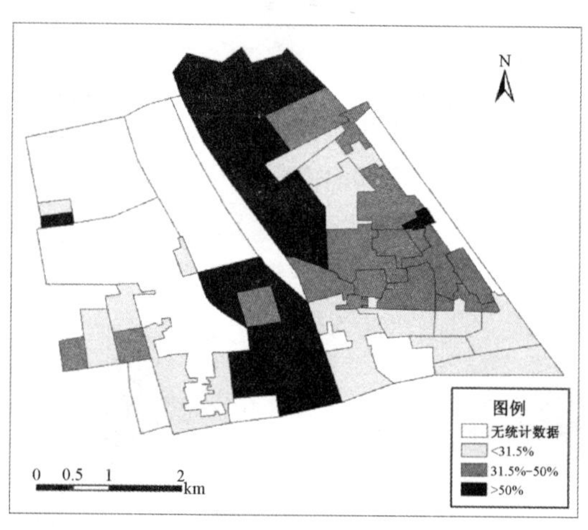

(d) 大专及以上学历人口比例

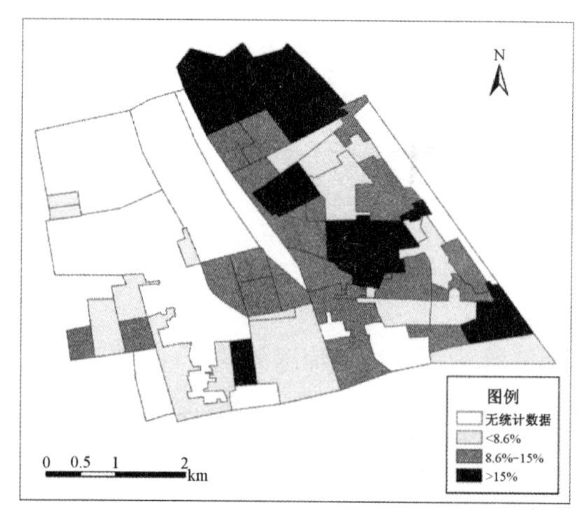

(e) 14 岁以下儿童比例

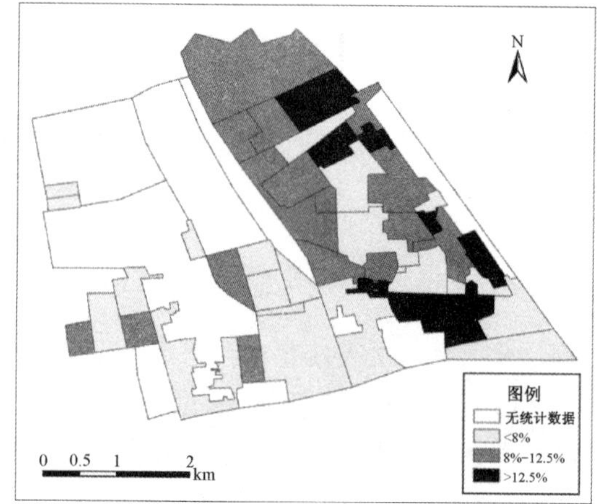

(f) 60 岁以上老年人比例

图 7-8 上地-清河地区的社会人口构成

清河地区外来人口的比例相对偏高，尤其是一些城中村地区（如位于上地地区西南的树村），外来人口比例甚至达到 90%。

（3）上地地区男性比例较高，清河地区性别比例相对均衡。北京市的平均男女比例为 1.189，从上地-清河地区的性别比例看，清河地区的性别比例与北京市的平均水平相似，而上地地区男性比例相对偏高。

（4）受教育程度较高。上地-清河地区居民的受教育程度相对较高，北京市大专及以上学历的居民比例约为 31.5%，而上地-清河的大部分区域高于这一比例，尤其在上地地区东南部和清河地区西北部，大专及以上学历居民比例甚至达到 50%以上。而大专及以上学历居民比例低于全市平均水平的几个居住区与外来人口比例较高的几个居住区基本吻合。

（5）老年人比例较低，清河地区儿童比例较高。从年龄结构看，上地-清河地区的 60 岁以上老年人的比例低于全市平均水平，只有清河东部的几个居住区老年人比例高于全市平均水平 12.5%。而对于 14 岁以下的儿童，清河街道的大部分地区儿童比例都在全市平均比例 8.6%以上。

7.2 基于行为-空间视角的郊区生活空间

研究利用 2012 年对上地-清河地区居民和通勤者的活动与出行调查数据，从行为层面对郊区生活空间进行分析。考虑到对于在该地区居住的居民和到该地区就业的通勤者而言，上地-清河地区具有不同的意义，而他们的行为模式和对于该地区设施的利用也可能存在很大差异，因此分别针对居民和通勤者，从居住空间、工作空间、购物空间和休闲空间四个方面进行统计。

7.2.1 居住空间

研究从行为的角度，而不是居住地的角度，通过分析样本家内活动在空间上的分布，透视上地-清河地区的居住空间。样本的居住空间与调查采样相关，也基本上反映了该地区的居住空间情况。居民主要居住在清河地区和上地东里附近，而通勤者则有相当一部分居住在上地地区。按居民家内活动的时间加权后分布情况变化不大，侧面反映了样本的家内活动持续时间基本一致。而整体样本的居住空间与居民的居住空间基本一致（图 7-9）。

7.2.2 工作空间

研究通过分析样本的家外工作活动在空间上的分布，透视上地-清河地区的工作空间。该地区的工作空间主要表现出以下特征（图 7-10）。

（1）居民的工作空间相对分散。从居民工作活动的分布看，其工作空间比较分散，而且按时间加权后的工作空间表现出一定的差异性，表明工作时间存在差异，可能有在家附近的非工作地进行工作活动的情况。

（2）通勤者的工作空间非常集中。从通勤者的工作活动分布看，由于调查基于上地信息产业基地中的部分企业进行抽样，因此通勤者样本的工作空间高度集中。

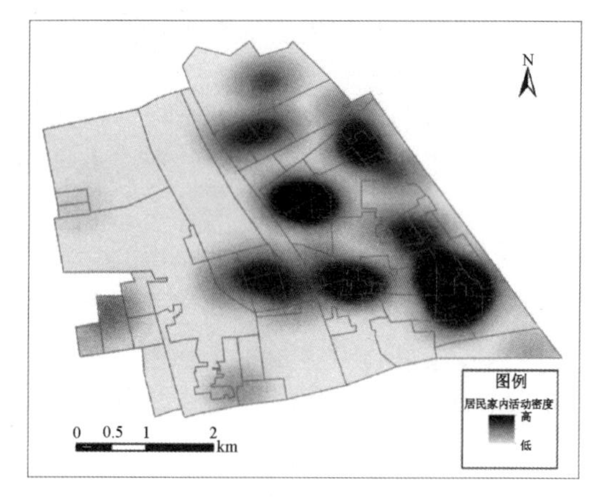

(a) 居民家内活动密度

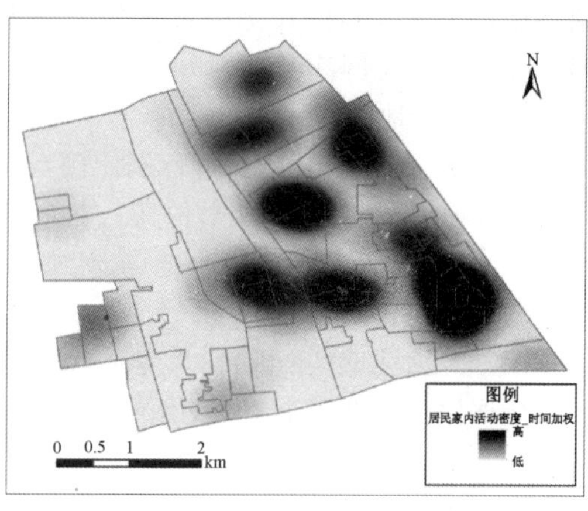

(b) 按时间加权的居民家内活动密度

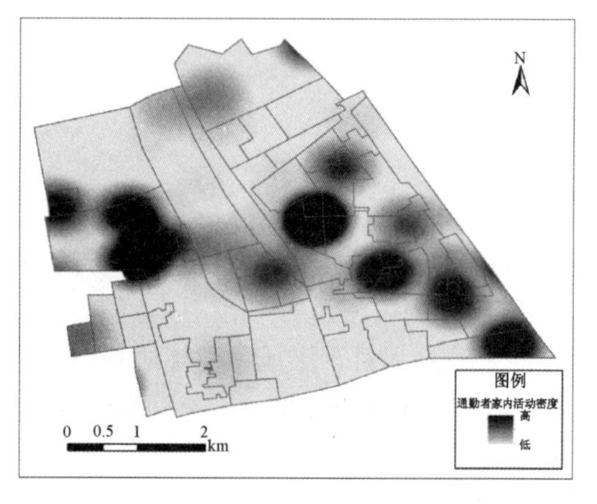

(c) 通勤者家内活动密度

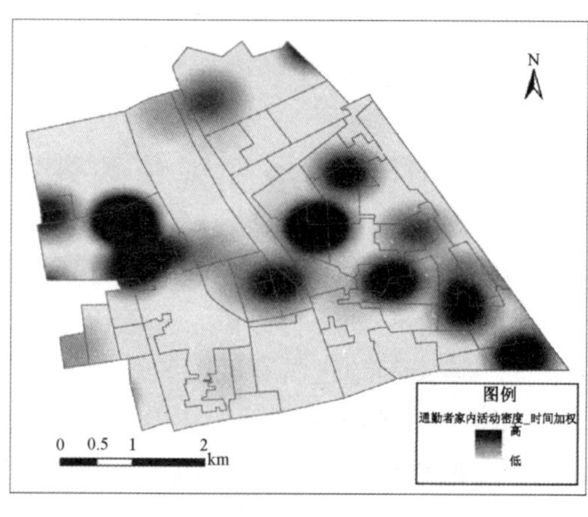

(d) 按时间加权的通勤者家内活动密度

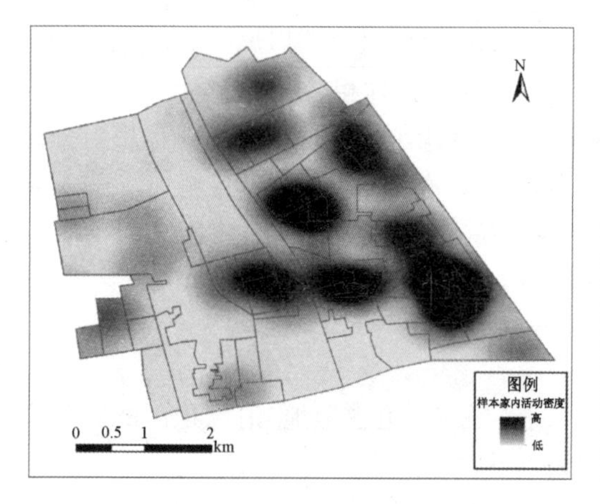

(e) 样本家内活动密度

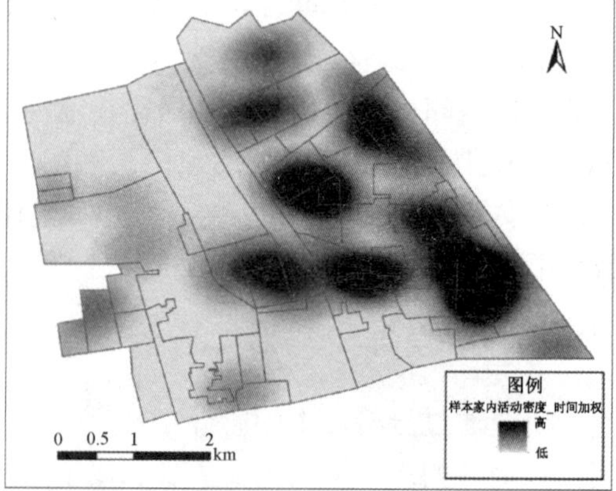

(f) 按时间加权的样本家内活动密度

图 7-9　上地-清河地区的居住空间

(3) 通勤者的工作空间基本反映了该地区的工作空间。从样本整体的工作空间看，基本与通勤者的工作空间相同，反映了该地区主要是通勤者的工作空间。

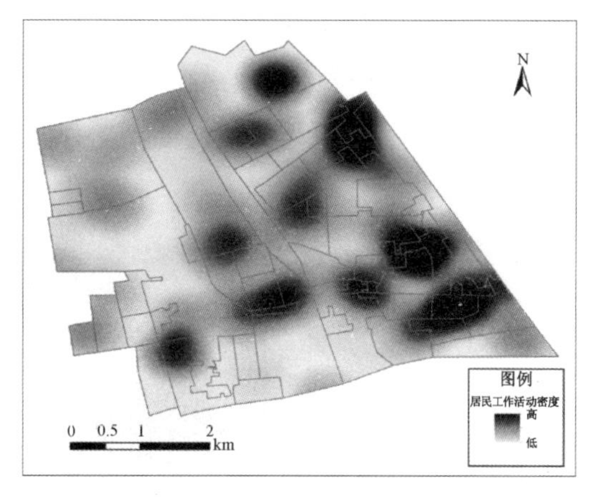

(a) 居民工作活动密度

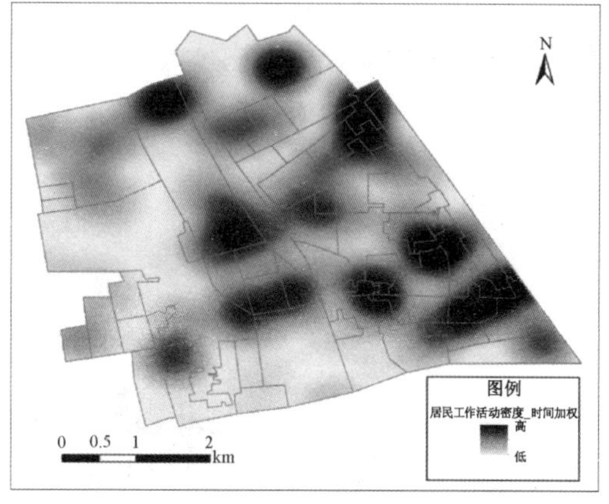

(b) 按时间加权的居民工作活动密度

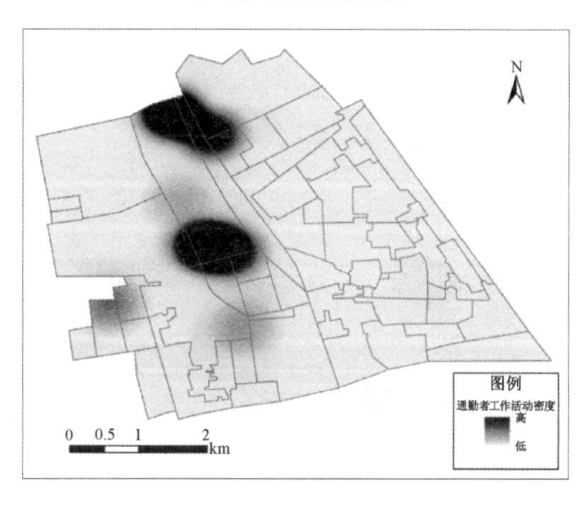

(c) 通勤者工作活动密度

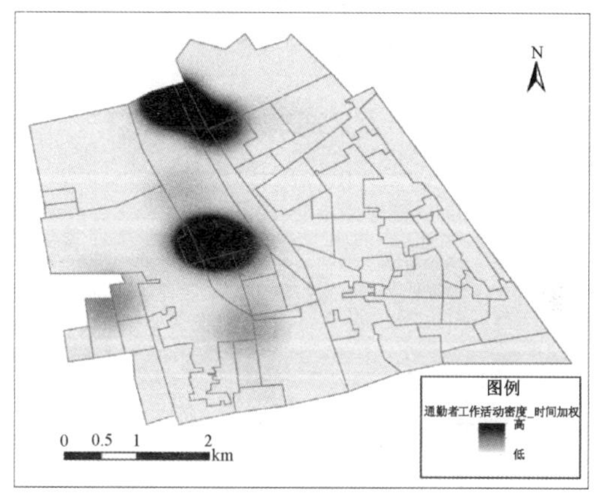

(d) 按时间加权的通勤者工作活动密度

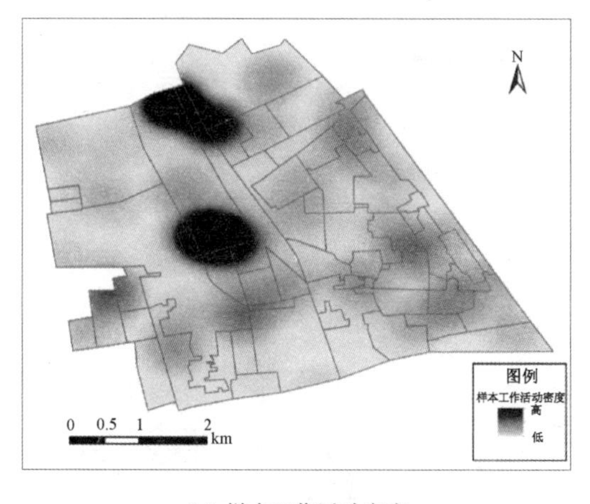

(e) 样本工作活动密度

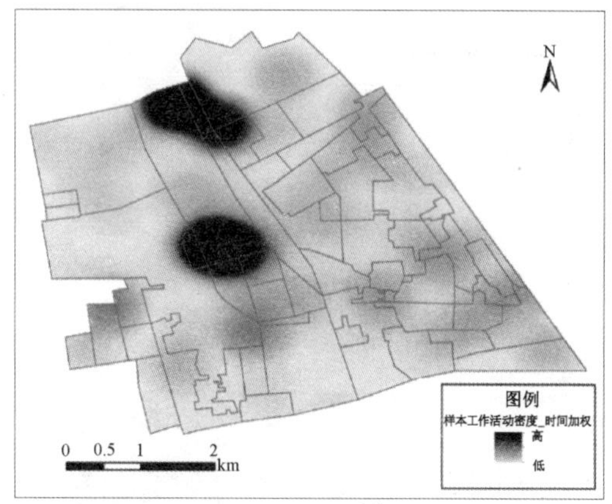

(f) 按时间加权的样本工作活动密度

图 7-10 上地-清河地区的工作空间

7.2.3 购物空间与商业设施

研究通过分析样本的购物活动在空间上的分布，透视上地-清河地区的购物空间，并在 ArcScene 中对样本按时间加权后的购物活动和地区商业设施的分布情况进行对比，以透视该地区的商业设施利用情况(图 7-11，图 7-12)。该地区的购物空间主要表现出以下特征。

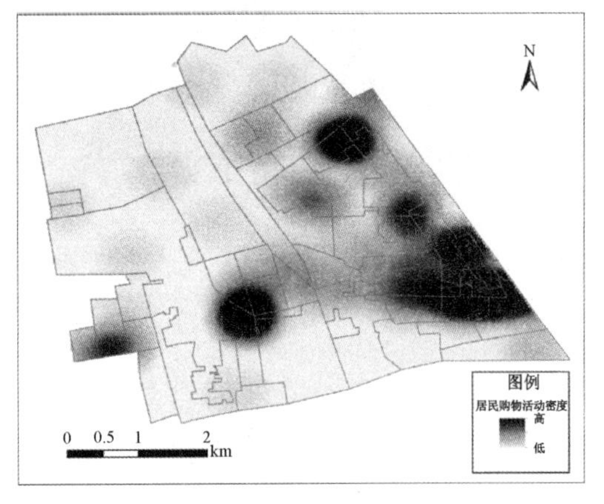

(a) 居民购物活动密度

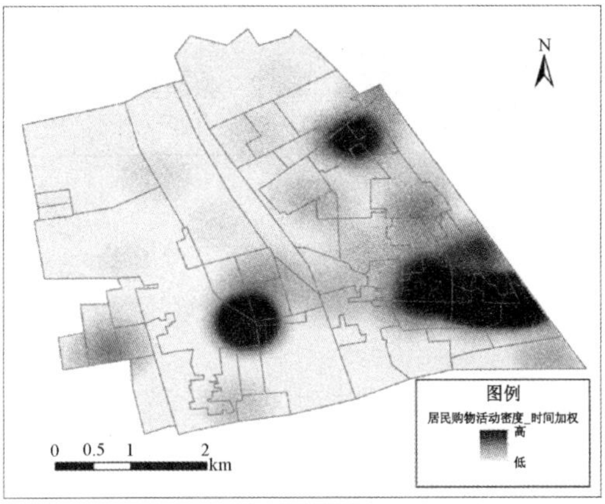

(b) 按时间加权的居民购物活动密度

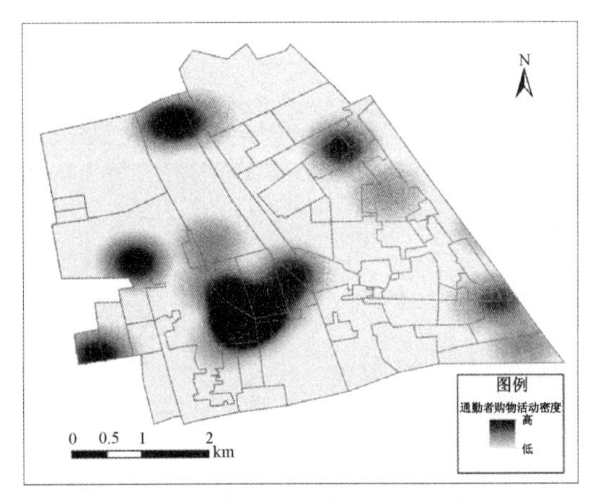

(c) 通勤者购物活动密度

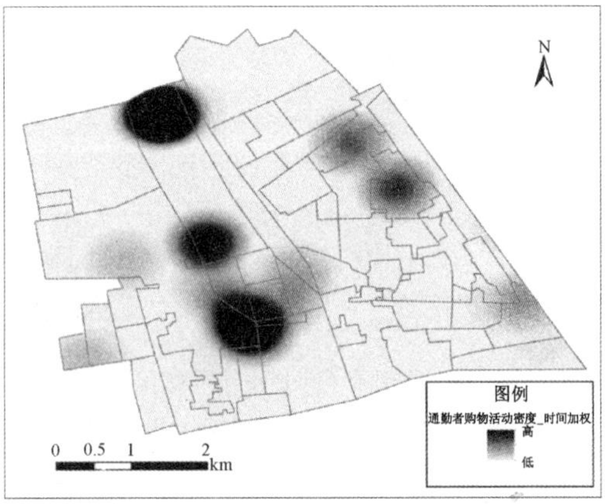

(d) 按时间加权的通勤者购物活动密度

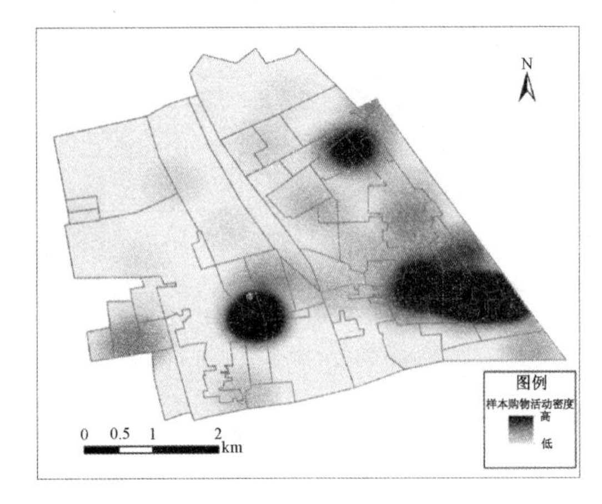

(e) 样本购物活动密度

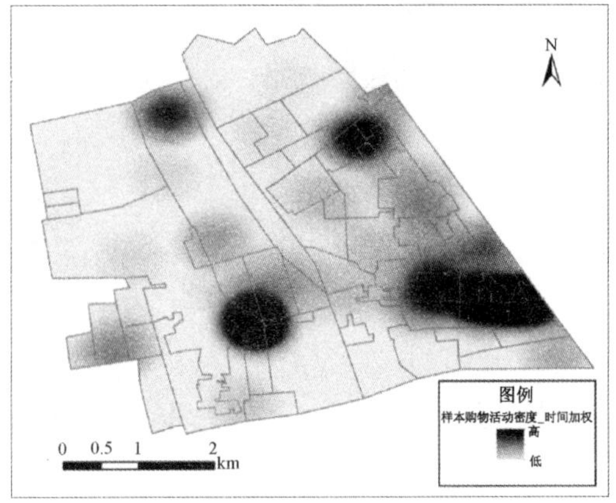

(f) 按时间加权的样本购物活动密度

图 7-11 上地-清河地区的购物空间

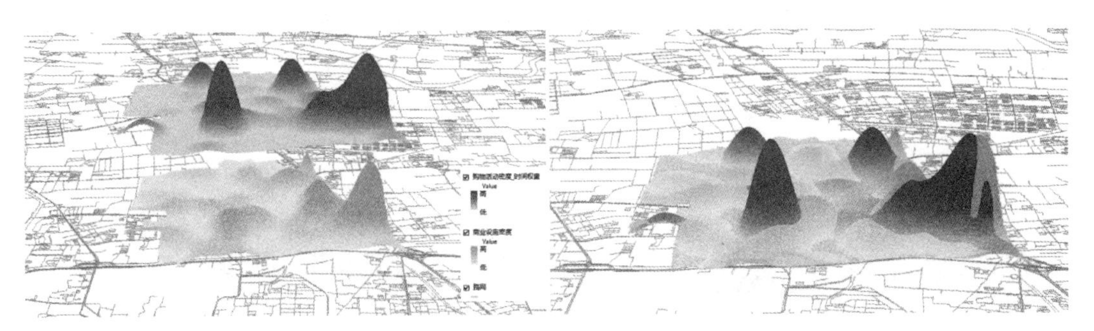

图 7-12　购物活动与零售业设施密度

（彩图见书末）

(1) 居民的购物空间基本集中在地区的大型商业设施附近。从居民的购物活动分布看，基本在该地区的几个大型商业设施附近集中分布。而且按时间对购物活动进行加权后，居民的购物活动表现出更加集中的趋势。

(2) 通勤者的购物空间更接近工作空间。通勤者的购物空间与居民具有很大的差异，基本集中在工作地附近以及上地华联附近，少量通勤者会到清河地区东北的商业中心蓝岛金隅百货附近进行购物，却很少到距离就业地较远的东南部商业中心购物，尽管那里的商业设施密度更高。

(3) 按时间加权后购物活动更加集中，说明在大型商业设施内的购物花费更多的时间。其中居民的购物地更加集中在地区的大型商业设施附近，而通勤者的购物地则进一步向工作地集中。

(4) 居民的购物空间基本反映了该地区的购物空间。从样本总体的购物空间看，其基本与居民的购物空间一致。

(5) 上地地区的商业设施有所不足。研究在 ArcScene 中对按时间加权的购物活动和商业设施的分布进行了标准化，其中红黄色渐变图层表示购物活动，绿色渐变图层表示商业设施，将两个图层叠加到一起后，若露出的部分为红色或黄色，则表示购物强度大于设施强度，在一定程度上反映了设施是否能够满足居民日常的购物需求。但也由于设施密度只考虑设施数量而不考虑规模，结果具有一定的偏差。从样本购物的活动分布与商业设施的关系看，上地地区的商业设施有所不足，尤其在工作地和上地华联附近，购物需求非常巨大，设施密度相对不足。而清河地区的东南角为购物活动和设施密度强度均较大的地区，基本上是整个地区的商业中心。

7.2.4　休闲空间与休闲娱乐设施

研究通过分析样本的休闲活动在空间上的分布，透视上地-清河地区的休闲空间，并在 ArcScene 中对样本按时间加权后的餐饮休闲活动和地区餐饮娱乐设施的分布情况进行对比，以透视该地区的娱乐设施利用情况（图 7-13，图 7-14）。

(1) 居民的餐饮娱乐活动集中在东南部商业区附近。与购物活动相比，居民的餐饮娱乐活动更加向东南角的商业中心集中，按时间加权后差异不大。

(2) 通勤者的餐饮娱乐活动集中在工作地附近。与购物活动的情况类似，通勤者的餐饮娱乐活动同样集中在工作地附近。

(3) 居民和通勤者的休闲空间共同构成了该地区的休闲空间。与其他类型的空间基本由居民或通勤者单方反映的情况不同，该地区样本的休闲娱乐活动同时反映了居民和通勤者的休闲娱乐情况，即居民和通勤者的休闲空间共同构成了该地区的休闲空间。

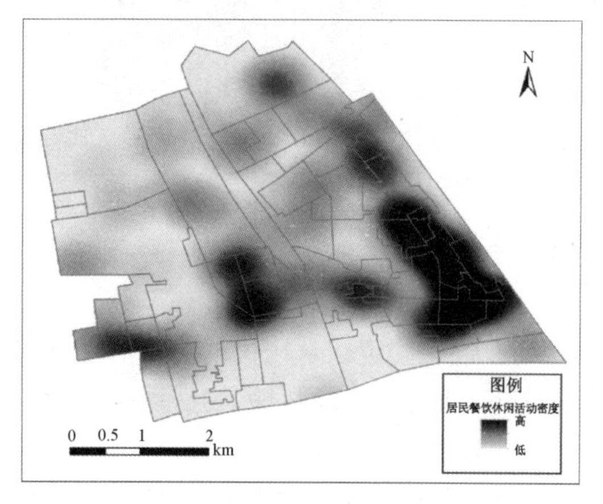

(a) 居民餐饮休闲活动密度

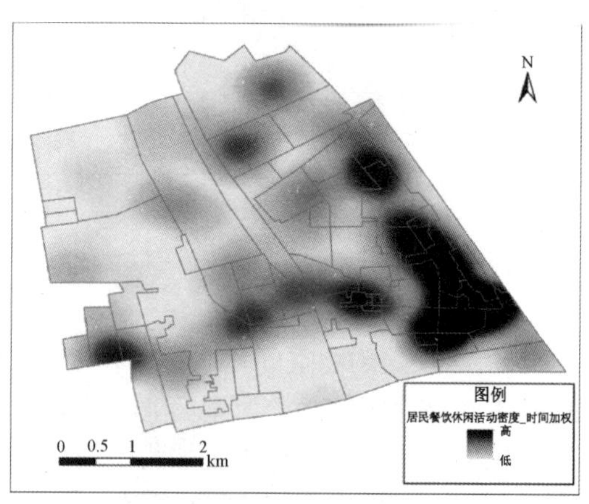

(b) 按时间加权的居民餐饮休闲活动密度

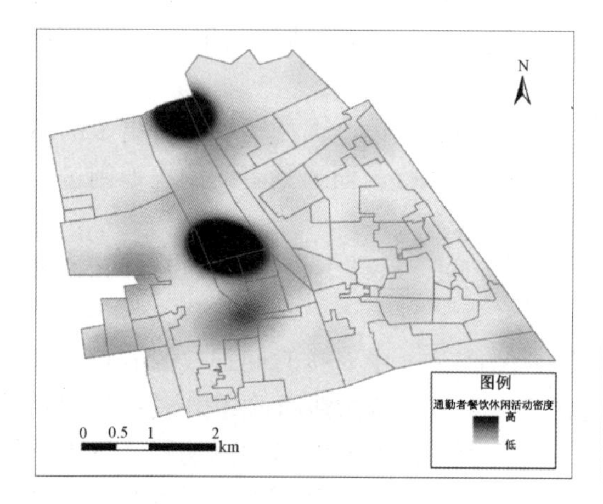

(c) 通勤者餐饮休闲活动密度

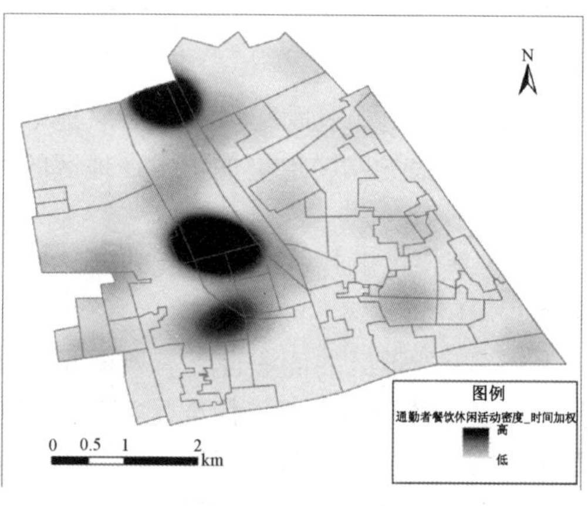

(d) 按时间加权的通勤者餐饮休闲活动密度

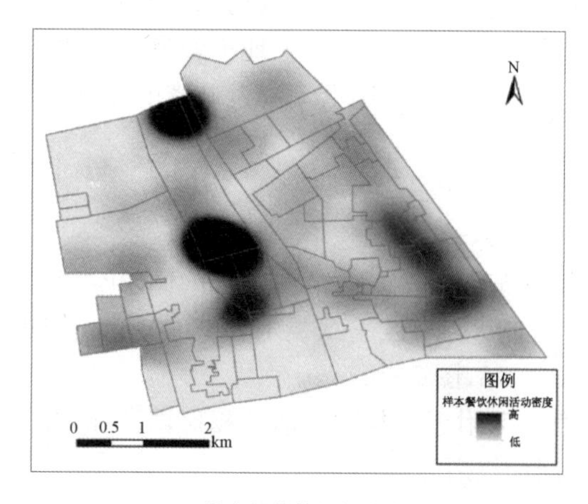

(e) 样本餐饮休闲活动密度

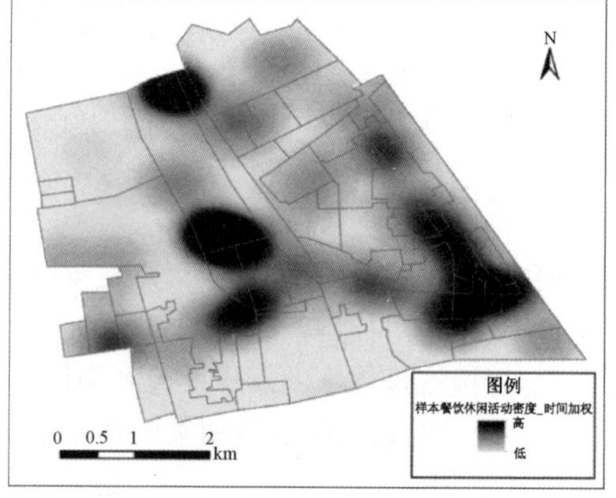

(f) 按时间加权的样本餐饮休闲活动密度

图 7-13　上地-清河地区的休闲空间

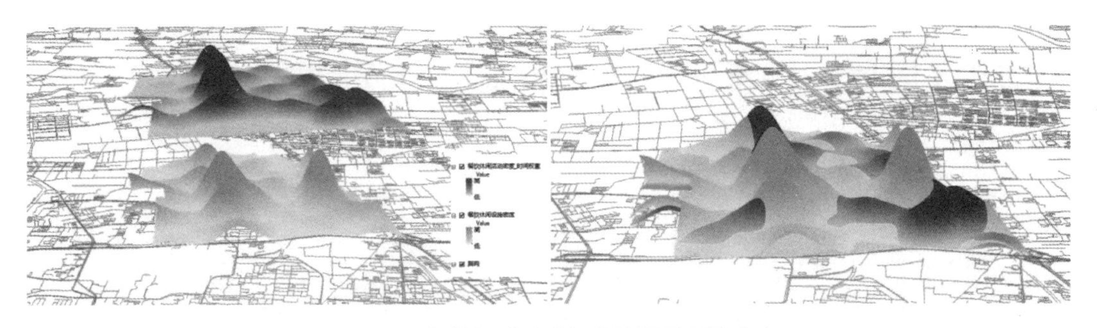

图 7-14　餐饮娱乐活动与餐饮娱乐设施密度

（彩图见书末）

（4）该地区的餐饮娱乐设施基本能满足人们需求，上地地区的餐饮娱乐设施相对充足。与零售业设施主要集中在清河地区不同，上地地区有相当数量的餐饮娱乐设施分布，为居民和通勤者均带来了便利。从样本的餐饮娱乐活动与娱乐设施的关系看，该地区的餐饮娱乐设施基本能满足人们的日常需求。

7.3　小结

本章主要聚焦郊区生活空间，以上地-清河地区为例，分别从物质环境、社会人口构成、日常行为的角度透视郊区生活空间；并将行为视角与物质空间视角相结合，考察地区商业及娱乐设施的利用情况。

1）对于郊区空间的研究需要加强综合性的视角

随着郊区化进程的不断加速，郊区空间中的要素越来越丰富，包括产业、居住、商业公共服务、交通等各类要素不断向郊区集聚，在郊区形成了能够满足居民或在此就业的通勤者部分日常生活的空间。不同学科对于郊区的研究基于不同的视角反映了郊区空间的不同侧面，而随着郊区空间越来越复杂，将这些视角相结合才能更好地理解郊区生活空间。

行为视角从人们日常生活的角度出发，对于理解郊区生活空间具有重要意义，而行为视角与其他学科视角的结合能够进一步加强对于郊区生活空间的理解。如本研究通过将基于行为的郊区空间与基于物质环境的郊区空间相结合，了解了设施的利用情况，为当地设施布局的优化提供了研究依据。而将行为视角与社会空间视角相结合，则能够更好地理解社会空间分异。

2）对于不同的群体而言，郊区空间具有不同意义

尽管郊区空间正在逐渐成为人们日常生活的空间，但对于不同的群体而言，郊区生活空间在其日常生活空间中的意义存在很大差异。以上地-清河地区为例，通过对于居民和通勤者各类行为空间的对比研究发现，两个群体之间存在很大的差异。对于居民而言，该地区主要是居住空间、购物空间和休闲娱乐空间；而对于通勤者而言，该地区是工作空间和休闲娱乐空间。

随着郊区各类设施的不断完善，郊区生活空间将在人们的日常生活空间中扮演越来越重要的角色，但在完善功能的同时，也需要对不同的群体进行考虑。如尽管清河地区东南部的商业设施比较发达，但该地区的通勤者却很少去购物。基于郊区空间的研究可以发现这种现象，而对于这种现象的解释则需要更多的基于人的研究视角。

8 郊区居民一周行为的时空特征与日间差异

20世纪90年代以来，国内学者们就通勤、购物、休闲等内容对居民日常行为的时空规律及其决策机制进行了研究，然而这些研究多关注居民一日内时空行为规律或工作日与休息日之间的差异，而对更长时间尺度的居民时空行为特征及决策则鲜有学者涉足，这主要是受到数据获取难易程度和学者研究意识的限制（张文忠，李业锦，2006；张艳，柴彦威，2009；王德，马力，2009；周素红，刘玉兰，2010）。在传统的时空间行为研究中，大多采用活动日志或出行日志问卷调查获取数据，获取长期时空行为数据的成本较高，样本选择、调查跟踪、问卷回收乃至整个调查过程实施的难度也就更大（柴彦威等，2009）。另一方面，从学者的研究意识看，人们往往认为居民的时空行为在工作日与周末间存在明显差异，工作日与休息日各一天的日志调查基本能够反映居民日常行为的时空规律与决策，而较少关注周一至周五、周六与周日之间的差异。

国际上对于居民时空行为数据获取的跟踪时间尺度一直存在诸多争论。地理学与交通领域的时空行为理论与实证研究存在一个普遍假设，即居民的日常行为模式主要是常规的、惯常的，其活动与出行在短期内非常稳定，并且具有高度的重复性（Hanson and Huff，1988）。尽管这个假设曾经得到过实证研究的证实，并且也有学者认为，过于混杂的时空行为规律难以应用于相关政策制定（Kitamura and Van der Hoorn，1987；Bul-iung et al，2008）。但是，随着长期活动-移动日志调查在越来越多的国家和地区的实现，学者们开始关注居民的日间行为差异，该假设也受到了越来越多的挑战。

对于中国城市，随着城市范围与人口规模不断扩大，城市的空间结构变得越来越为复杂，交通系统也越来越完善，居民的需求及其时空间行为也呈现出多样化与个性化等特点。就北京市而言，城市交通系统与服务设施的完善、居民收入水平的增加使居民能够选择多样化的活动与出行方式；而交通拥堵、超长通勤等城市问题又促使居民通过各种途径提高出行效率，规避不必要的时间与金钱损失；弹性通勤、机动车尾号限行等政策也对居民行为造成了深刻影响。这些因素都使得居民的时空间行为变得更加复杂、更加多变。国内学者若想更加全面、更加完整地了解居民的时空行为规律及其决策机理，日间差异就成为一个重要的研究视角。

本章采用三维可视化、描述性统计与方差分析的方法，研究北京市郊区居民行为的一周模式及其日间差异。这一方面充实了国内相对不足的一周时空行为规律研究，另一方面也为基于两日以上数据的日常时空行为研究提供了中国案例，并从日间的节律性和差异性的视角出发，折射中国城市郊区居民行为的复杂性。

8.1 日常活动的一周时间节奏

日常生活节奏研究从把握居民日常活动在一天内各时间段上的展开情况来进行，本研究将生活节奏研究的时间尺度拓展至一周，利用 2012 年活动与出行调查的数据，分析样本一周活动与出行的时间节奏(图 8-1)。从各类活动的整体特征看，工作日睡眠、工作活动以及晚上的休闲娱乐活动占据较大比例，休息日工作活动的比例显著下降，家庭事务、休闲娱乐、社交等活动占据的时间比例上升。

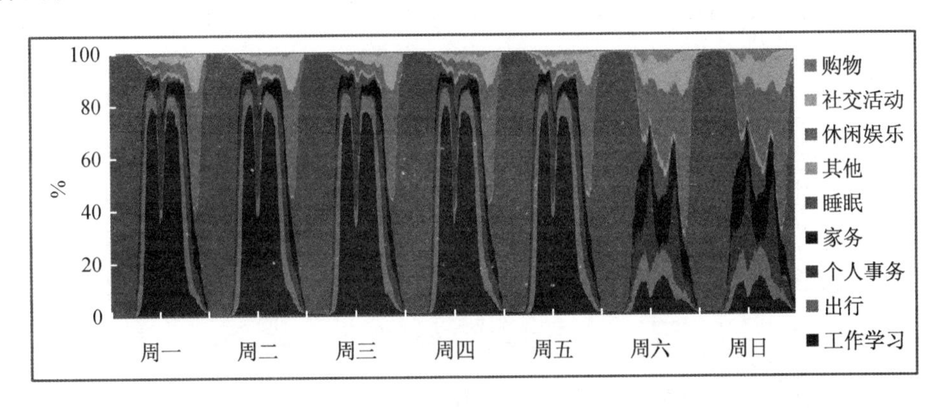

图 8-1 上地-清河地区样本一周时间节奏

1) 生理性活动稳定，睡眠单峰，个人事务早午晚三峰

作为生理必需活动的睡眠在一周中呈现较为稳定的状态，大部分居民在早晨六时至八时苏醒，晚上十时至十二时入睡，休息日部分居民的苏醒和入睡时间延后。午睡比例整体较低，通常在下午一时左右，休息日午睡的小高峰延后至下午二时左右，持续时间有所增加(图 8-2)。个人事务具体包括用餐、个人护理、看病就医，同样属于生理性活动，在一日之内存在明显的早、午、晚三个高峰，分别在早七时、十二时和晚六至七时之间。与工作日相比，休息日个人事务早高峰的比例有所下降，早午高峰的界限不明显(图 8-3)。

2) 工作与出行节奏相关，工作日双峰，休息日无峰

工作活动与出行的节奏高度相关，均表现为工作日的双峰和休息日无显著高峰(图 8-4，图 8-5)。工作日工作活动的高峰分别在上午八时至十二时和下午一时至五时，而以通勤出行为主的出行高峰则出现在上午的工作活动之前七时至九时和下午的工作活动之

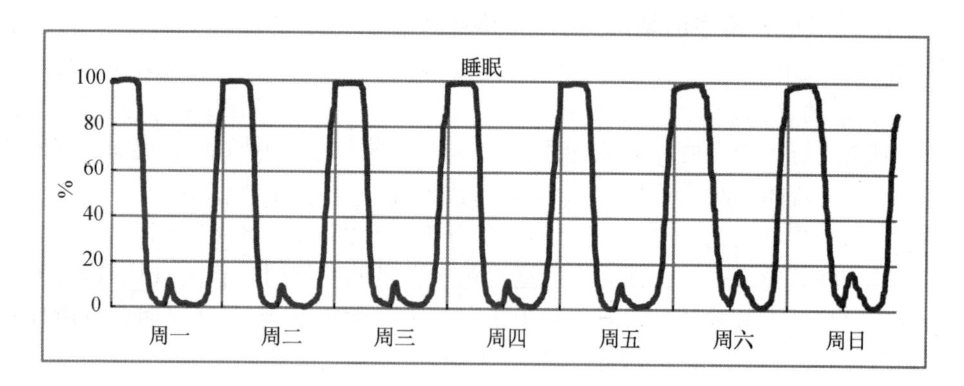

图 8-2　睡眠的一周时间节奏

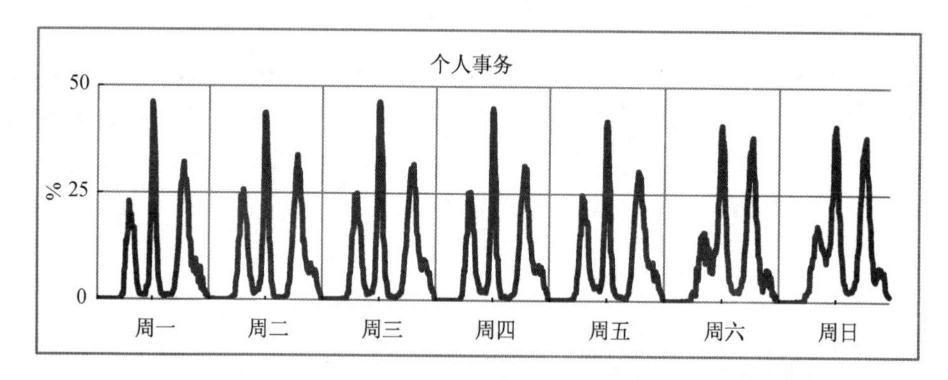

图 8-3　个人事务的一周时间节奏

后五时至八时，其中早高峰期间的出行更加集中，晚高峰持续时间较长。周末工作活动发生的比例显著下降，出行则表现为在早八时至晚八时之间相对均匀的分布。

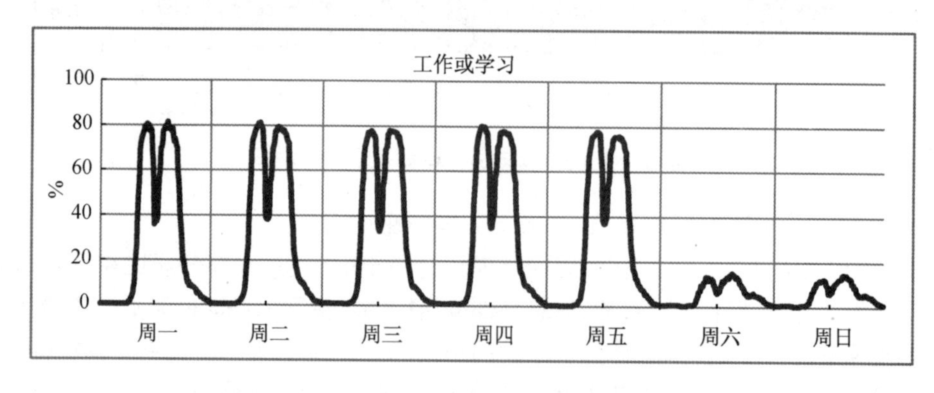

图 8-4　工作或学习的一周时间节奏

3）工作日家庭事务集中在晚上，购物零星分布，休息日出现上下午双峰

家庭事务和购物均属于满足家庭或个人需求的维护性活动，在工作日受到工作活动的制约，此类活动发生概率较小，或集中于晚上，而在休息日，家庭事务和购物活动发生的比例显著上升，并呈现出上下午双峰的态势。家庭事务具体包括家务活动、接送家人、照顾老人或小孩，工作日的高峰出现在晚上八时左右，休息日出现上午八时至十二时的早高

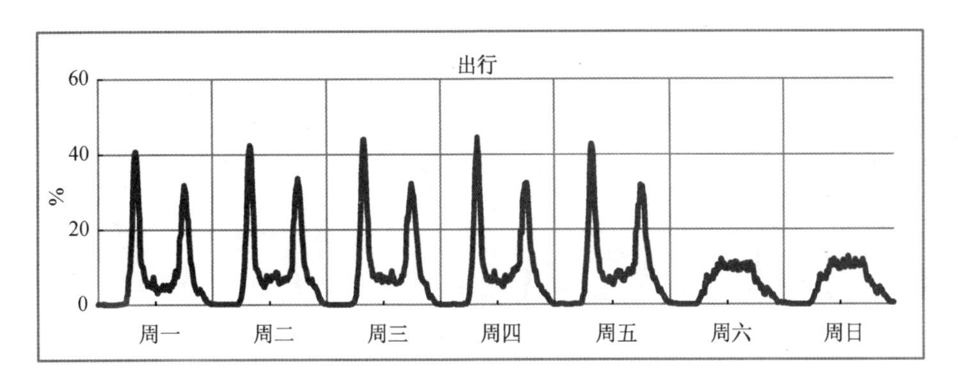

图 8-5　出行的一周时间节奏

峰，晚高峰提前至下午五时左右，之后一直持续至深夜。而周末的两天之间相比较，周六家务活动的早高峰更加明显(图 8-6)。购物活动在工作日呈零星分布，周四、周五发生购物活动的比例开始有所上升，直至周末呈现出上下午的双高峰态势(图 8-7)。

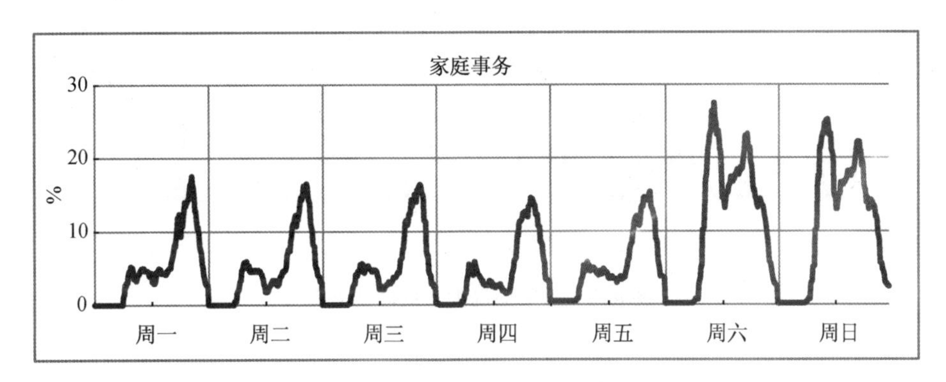

图 8-6　家庭事务的一周时间节奏

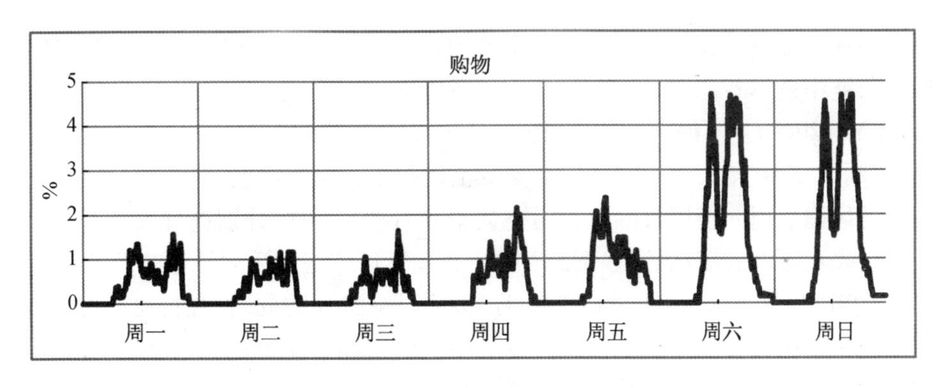

图 8-7　购物的一周时间节奏

4) 休闲与社交活动节奏相似，集中在晚上，休息日比例上升

休闲娱乐与社交活动属于相对比较自由的活动，二者的时间节奏相似，工作日均集中在晚上，高峰在晚九时左右，休息日比例有所上升，尤其是白天进行休闲和社交活动的比例明显增加，高峰依旧在晚上八时至九时(图 8-8，图 8-9)。

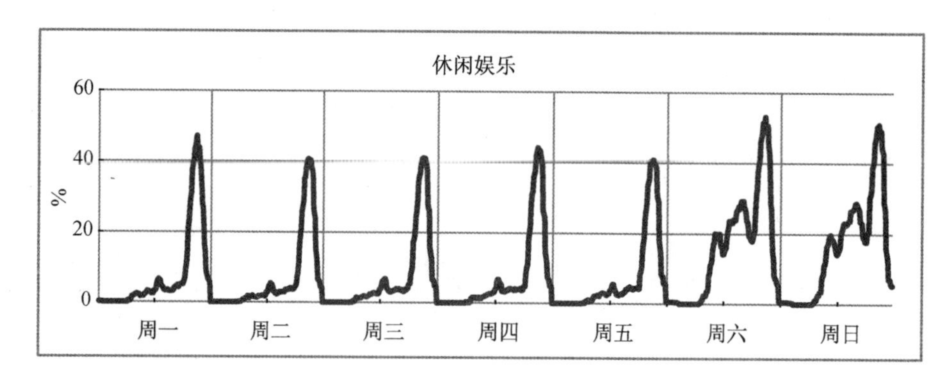

图 8-8　休闲娱乐的一周时间节奏

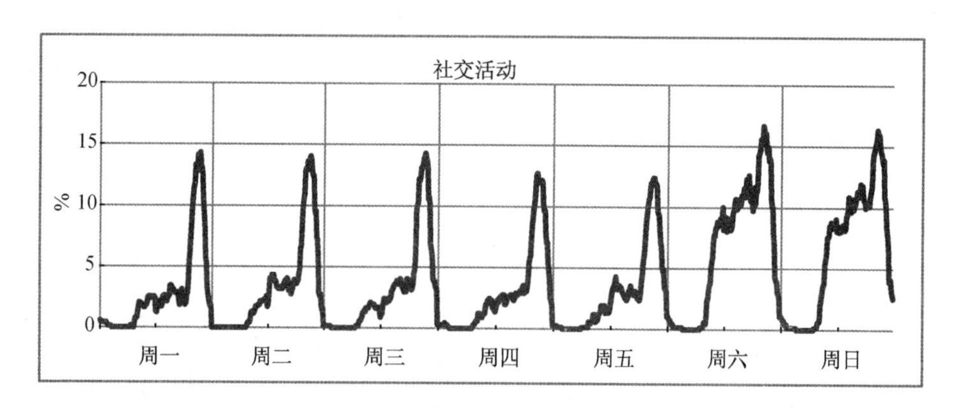

图 8-9　社交活动的一周时间节奏

8.2　基于 GPS 数据的一周时空路径

时间地理学提供了在时空间整合的系统中进行居民活动模式分析的有效框架，该框架在后续研究中被不断完善，并在三维 GIS 环境中得以实现(Miller，2004；Kwan，2004；Shaw and Yu，2009)。本研究采用时间地理学的研究框架，基于 GIS 二次开发，以时间轴作为纵轴，利用 2010 年天通苑和亦庄样本的活动与出行调查数据，对活动日志与 GPS 轨迹相关联的居民从周一至周日的行为时空数据在 ArcScene 中分别进行三维可视化，并利用不同颜色表示不同的活动类型(图 8-10)。相比于传统基于活动日志的时空路径，基于 GPS 数据的时空路径在表达居民日常活动-移动时空特征的同时，还能够以较高的时空精度详细地刻画居民移动的实际轨迹。本文中的时空路径刻画的是居民一周的日路径，纵轴时间的范围是 0—24 时。

以周一的居民时空路径为例，早上零时至五时大部分居民均进行在家活动，从五时起有少量居民开始出行，六时至八时为早通勤的高峰期，大多数居民在这段时期内有出行。八时左右，居民们纷纷到达各自的就业地开始进行工作活动，中午十二时左右有少量居民有出行以及其他非工作活动，大多数居民工作至下午五时，之后开始从工作地返回居住地，晚通勤持续时间相对较长，并且有部分居民在外进行了购物、休闲等活动后回到家中，二十一时之后大多数居民都回到了家中，直至深夜。

从一周的时空路径中可以看出，居民的时空路径在工作日与休息日是两种完全不同的模式。周一至周五的时空路径，清晰地体现出“在家—通勤—工作—通勤—在家”的整个过程，整日活动主要围绕“工作”活动展开，具有早上六时至八时、下午五时至九时的早晚两个通勤高峰，中间夹杂着中午午休时间或晚上下班后的少量购物、娱乐等活动。从周末的时空路径看，相当数量居民的周末活动围绕“在家”进行展开，居民们并没有形成统一的时间节奏，工作、购物、休闲、个人事务等活动分布在一天内的各个时段，居民的出行相对分散，出行距离差异较大。不少居民在家附近进行各类非工作活动，也有少量居民进行了较远距离的出行，以进行购物、休闲活动。

除了工作日与休息日居民时空行为模式的显著差异外，工作日的五天之间，休息日的两天之间居民活动的时空特征也存在一定差异，如周一的通勤开始得较早，周五的通勤结束得较晚，而进一步的结论则需要利用统计数据进行验证与分析。

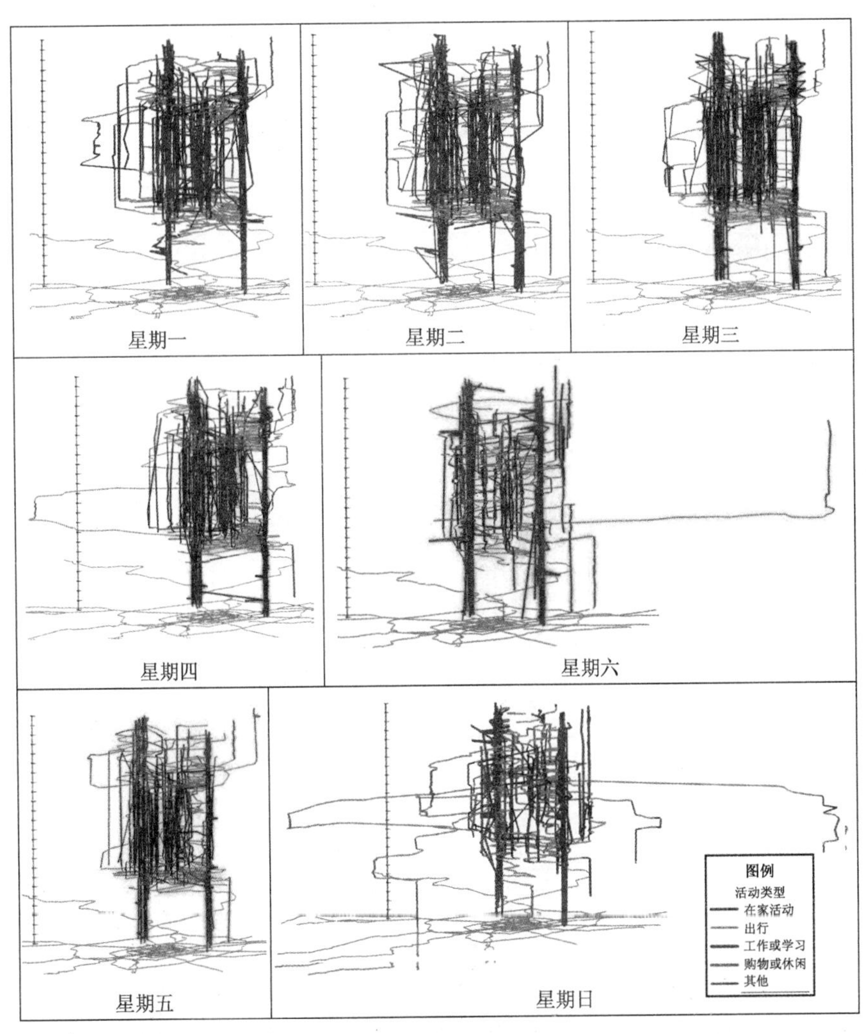

图 8-10　基于 GPS 数据的天通苑与亦庄样本一周时空路径

（彩图见书末）

8.3 一周的时间分配及其日间差异

利用2010年和2012年居民一周的活动日志，分别对天通苑和亦庄、上地-清河地区样本活动和出行的时间分配进行统计。由于每天出行、工作、购物等各类活动的发生率不同，为了增加活动时间平均值之间的可比性，在统计每天各类活动与出行发生率的基础上，计算活动发生居民的活动平均时间与标准差，并对各类活动的时间进行一周七天之间、工作日之间以及休息日之间的方差分析(表8-1—表8-4)。考虑到2010年与2012年两次调查的活动分类、样本量与数据质量的不同，研究以2012年调查数据的分析结果为主，2010年为参考。活动或出行的发生率为发生某类活动或出行的样本数与当日有效样本数的比值；活动或出行的平均时间为居民中发生某类活动或出行的持续总时间与发生该类活动或出行人数的比值。

表8-1 天通苑与亦庄样本的一周时间利用

	有效样本数	家外活动			工作或学习			出行		
		发生率/%	平均时间/时	标准差	发生率/%	平均时间/时	标准差	发生率/%	平均时间/时	标准差
周一	80	97.50	8.79	3.51	91.25	8.99	2.42	97.50	2.47	1.06
周二	86	100.00	8.94	3.23	89.53	8.40	2.57	100.00	2.60	1.24
周三	84	96.43	8.76	3.00	91.67	8.64	2.61	96.43	2.73	1.56
周四	90	97.78	8.56	3.50	88.89	8.75	2.75	97.78	2.71	1.52
周五	78	92.31	8.71	4.09	91.03	8.63	2.64	92.31	2.38	1.05
周六	78	73.08	4.09	5.86	23.08	7.80	3.59	73.08	2.11	1.58
周日	83	71.08	4.13	6.14	19.28	6.73	4.45	71.08	2.48	2.15
一周方差分析		F=25.281,Sig=0.000			F=58.398,Sig=0.000			F=6.738,Sig=0.000		
工作日方差分析		F=0.429,Sig=0.778			F=0.686,Sig=0.602			F=1.625,Sig=0.167		
休息日方差分析		F=0.184,Sig=0.669			F=1.174,Sig=0.280			F=0.534,Sig=0.466		

表8-2 上地-清河地区样本的一周时间利用

	有效样本数	家外活动			工作或学习			出行		
		发生率/%	平均时间/时	标准差	发生率/%	平均时间/时	标准差	发生率/%	平均时间/时	标准差
周一	669	93.12	8.82	3.36	87.74	7.84	2.30	91.93	2.11	1.19
周二	691	94.21	8.94	3.27	88.57	7.94	2.36	92.91	2.21	1.39
周三	672	93.75	8.75	3.27	86.46	7.92	2.30	93.60	2.14	1.32
周四	649	95.69	8.82	3.43	87.83	7.99	2.47	95.22	2.17	1.47
周五	671	92.70	9.14	3.66	86.14	7.89	2.49	93.00	2.32	1.41

续表 8-2

	有效样本数	家外活动			工作或学习			出行		
		发生率/%	平均时间/时	标准差	发生率/%	平均时间/时	标准差	发生率/%	平均时间/时	标准差
周六	669	66.07	5.49	4.44	29.75	5.37	3.35	64.57	2.30	1.66
周日	657	57.38	5.66	4.85	24.05	5.56	3.12	60.27	2.04	1.45
一周方差分析		F=88.937,Sig=0.000			F=51.874,Sig=0.000			F=2.511,Sig=0.020		
工作日方差分析		F=1.242,Sig=0.291			F=0.332,Sig=0.857			F=2.177,Sig=0.069		
休息日方差分析		F=0.289,Sig=0.591			F—0.299,Sig=0.585			F=5.523,Sig=0.019		

表 8-3　天通苑与亦庄样本一周非工作活动时间统计

	有效样本数	个人事务		外出就餐		购物		休闲娱乐		社会访问	
		发生率/%	平均时间	发生率/%	平均时间	发生率/%	平均时间	发生率/%	平均时间	发生率/%	平均时间
周一	80	7.50	0.40	11.25	2.27	3.75	2.01	5.00	2.00	3.75	2.80
周二	86	9.30	1.32	11.63	1.11	9.30	1.23	11.63	2.56	9.30	3.31
周三	84	3.57	1.03	9.52	1.19	10.71	2.00	8.33	3.70	3.57	3.68
周四	90	5.56	1.34	17.78	1.42	12.22	1.46	11.11	1.84	5.56	0.99
周五	78	2.56	0.32	12.82	2.15	3.85	3.28	11.54	2.81	6.41	3.81
周六	78	14.10	1.60	12.82	1.57	23.08	2.58	16.67	3.71	15.38	4.26
周日	83	9.64	2.03	15.66	1.95	32.53	2.85	24.10	5.01	7.23	6.18
一周方差分析		F=1.338,Sig=0.238		F=0.828,Sig=0.548		F=8.208,Sig=0.000		F=4.414,Sig=0.000		F=2.161,Sig=0.045	
工作日方差分析		F=0.870,Sig=0.482		F=0.980,Sig=0.418		F=0.662,Sig=0.618		F=0.818,Sig=0.514		F=1.320,Sig=0.262	
休息日方差分析		F=0.734,Sig=0.393		F=0.628,Sig=0.429		F=1.534,Sig=0.217		F=1.867,Sig=0.174		F=0.421,Sig=0.518	

表 8-4　上地-清河地区样本的一周非工作活动时间统计

	有效样本数	个人事务		外出就餐		购物		休闲娱乐		社会访问	
		发生率/%	平均时间	发生率/%	平均时间	发生率/%	平均时间	发生率/%	平均时间	发生率/%	平均时间
周一	669	88.79	2.34	40.51	2.98	9.27	1.16	60.54	2.99	26.61	2.63
周二	691	88.57	2.28	42.98	2.74	7.96	1.08	56.30	2.84	28.65	2.70
周三	672	90.03	2.39	42.56	2.75	7.89	0.92	57.74	2.92	28.72	2.59
周四	649	88.29	2.26	39.91	2.68	9.71	1.16	57.47	3.02	27.12	2.51

续表 8-4

	有效样本数	个人事务		外出就餐		购物		休闲娱乐		社会访问	
		发生率/%	平均时间	发生率/%	平均时间	发生率/%	平均时间	发生率/%	平均时间	发生率/%	平均时间
周五	671	86.14	2.38	39.34	3.16	10.13	1.51	56.18	3.02	26.68	2.69
周六	669	90.58	2.58	57.55	4.17	21.97	1.49	70.70	4.96	41.70	3.85
周日	657	91.48	2.58	60.27	4.24	20.40	1.59	74.43	4.90	40.79	3.67
一周方差分析		F=5.910,Sig=0.000		F=20.099,Sig=0.000		F=3.775,Sig=0.001		F=82.843,Sig=0.000		F=15.111,Sig=0.000	
工作日方差分析		F=1.231,Sig=0.295		F=1.814,Sig=0.124		F=2.113,Sig=0.079		F=0.698,Sig=0.593		F=0.299,Sig=0.878	
休息日方差分析		F=0.005,Sig=0.942		F=0.080,Sig=0.777		F=0.514,Sig=0.474		F=0.117,Sig=0.733		F=0.654,Sig=0.419	

1）一周七天内时间分配差异显著

对居民各类活动时间分配方差分析的结果表明，一周七天中，居民家外活动、工作或学习、出行、个人事务、家庭事务、购物、休闲娱乐、社交活动的时间分配存在显著差异，F统计量均通过显著性检验。这些差异主要体现为工作日与休息日之间的差异，工作日更多的时间用来工作，而休息日更多的时间用于进行非工作活动。

家外活动方面，工作日居民家外活动的发生率在90%以上，而休息日则在60%左右，家外活动的平均时间也由工作日的9小时左右下降至不到6小时，从标准差看，工作日不同居民家外活动时长差异更大。工作活动的发生率由工作日的85%至90%下降至25%左右，平均时长也由8小时左右下降至5个多小时，其中休息日不同居民工作时长的差异更大。出行方面，休息日出行率显著下降，而平均出行时长与工作日差异不大。各类非工作活动在休息日发生率和平均时长都有不同程度的提高，其中休闲娱乐活动的变化最为明显，F值为82.843，发生率由60%以下上升至70%以上，平均时间也有显著增加。而个人事务则几乎每天的发生率都在90%左右，周末平均时间的增加比例也不如其他非工作活动。

可见，工作日中，居民的各类活动受到工作活动的制约，需要进行必要的通勤，其他活动的发生率也相对较小；休息日中，尽管也有一定比例的居民仍然需要工作和通勤，但其对其他活动的制约显著降低，居民可以选择不出行而整日在家，完成工作日未完成的个人或家庭事务，也可以选择进行购物、休闲娱乐、社交等活动，因此不同居民之间各类活动的时间差异较大。

2）周一至周五时间分配存在一定差异，出行与购物差异显著

除了工作日与休息日之间的差异外，工作日五天之间的时间分配也存在一定的差异。家外活动方面，居民周一至周五家外活动时间的差异在统计上不显著，但2010年和2012年的数据均显示出周四、周五两天家外活动时间的标准差较大，也就是不同居民之间的差异较大。出行方面，方差分析的结果表明周一至周五居民的出行时间存在一定差异，表现

为周五出行时间的增加。周一至周五工作时间的差异不显著，但与家外活动趋势类似，周四、周五居民间差异较大。非工作活动方面，周一至周五购物时间的差异显著，主要表现为周五购物活动的发生概率和时间明显上升，个人事务、家庭事务、休闲娱乐和社交活动周一至周五的差异不显著，但这些活动在周五的持续时间都有不同程度的上升。

可见，在周一至周五，居民的时间分配存在一定差异，但这些差异不如工作日与休息日之间的差异显著，其中出行与购物时间的差异显著，周四和周五居民之间差异较大，反映了在接近周末时居民下班后的选择相对多样。

3）周六与周日出行时间差异显著

周六与周日的时间分配也存在一定的差异，其中出行时间的差异显著，表现为周六出行的发生率更高。其他活动方面，周六的家外活动和工作活动发生率更高，非工作活动的差异不显著。

4）一周时间分配变化趋势

居民的一周时间分配具有一定的规律和节奏。从一周活动发生率的变化趋势看（图8-11a，图8-12a），由于工作活动是家外活动最重要的组成部分，二者一周的趋势类似，均是在工作日相对稳定，周五开始有所下降，到了周末有了明显的下降，其中周六的发生率高于周日。而非工作活动在工作日有少量波动，到休息日显著上升，其中周日个人事务、家庭事务和休闲娱乐的发生率高于周六。

从一周活动时间分配的趋势看（图8-11b，图8-12b），基本可以分为三种趋势：① 家外活动和工作活动属于持续时间较长、周末显著下降型，其中工作活动在工作日时较为稳定，而家外活动的持续时间在周五达到高峰；② 家庭事务、休闲娱乐和社交活动属于周末显著上升型，此类活动在工作日有所波动，持续时间在2—3小时，周五开始呈现上升趋势，休息日两天的持续时间上升显著；③ 购物和个人事务的持续时间相对较短，在一周中相对稳定，在周末有一定程度的上升。

可见，居民一周活动时间分配的趋势为：周一至周四各类活动的发生率和持续时间相对稳定，周五非工作活动的发生率和持续时间开始上升，到周六、周日显著上升。这反映了居民一周的活动由紧至松的过程，周一至周四各活动的时间分配相对稳定，而周五是工作日向休息日的过渡，各类指标开始向休息日靠拢，休息日中居民的时间分配相对轻松自由，尤其是周日。

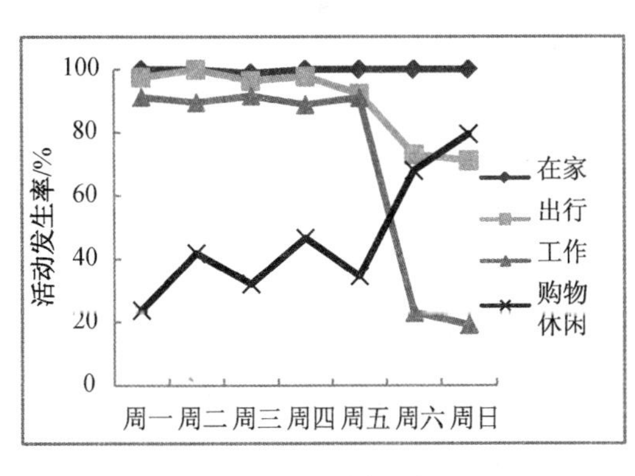

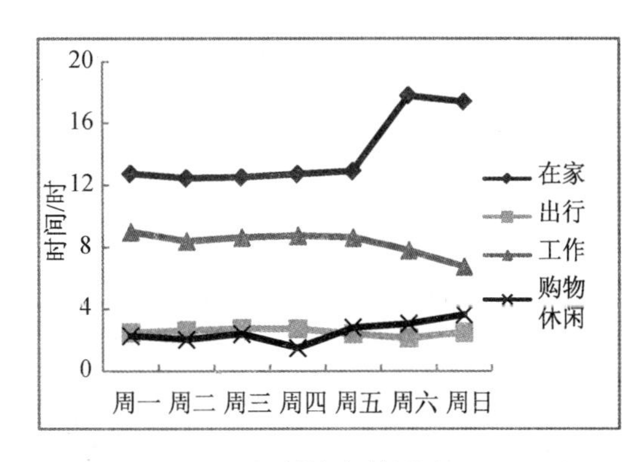

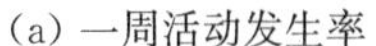

（a）一周活动发生率　　（b）一周活动时间分配

图8-11　天通苑与亦庄样本一周活动情况

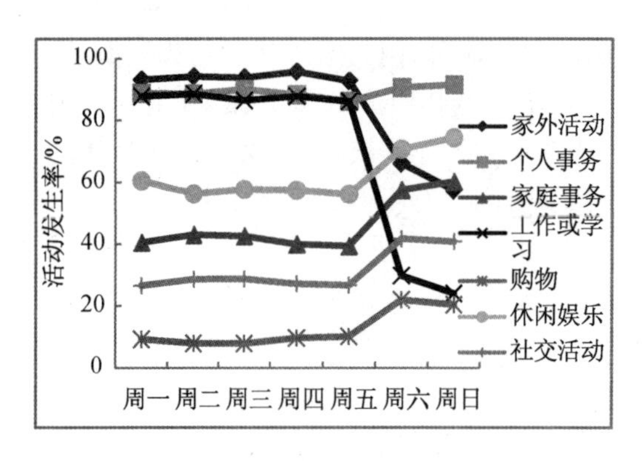

(a) 一周活动发生率

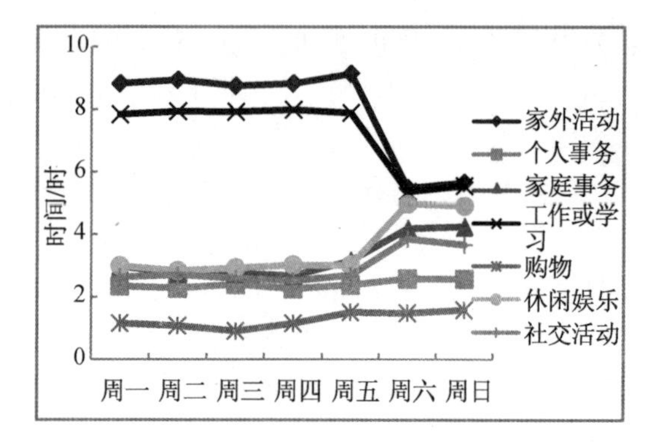

(b) 一周活动时间分配

图 8-12 上地-清河地区样本一周活动情况

8.4 一周的出行及其日间差异

由时间分配的分析可见周一至周五与周六、周日之间出行均存在一定的差异，因此研究对 2012 年调查的上地-清河样本不同交通方式的出行率和出行频度进行统计，并对出行频度进行方差分析（表 8-5，图 8-13）。出行的交通方式被分为非机动出行（步行、自行车、电动车）、公交出行（公交车、单位班车、校车）、小汽车出行（私家车、单位小汽车、出租车、黑车）、地铁出行四类，出行的发生率为发生某种交通方式出行的样本数与当日有效样本数的比值；出行的频度为居民中出行者的总出行次数与出行者总人数的比值。

表 8-5 上地-清河地区样本的一周非工作活动时间统计

	有效样本数	出行		非机动出行		公交出行		小汽车出行		地铁出行	
		发生率/%	频度	发生率/%	频度	发生率/%	频度	发生率/%	频度	发生率/%	频度
周一	669	91.93	3.17	42.90	2.24	42.75	1.90	31.09	2.21	25.26	1.73
周二	691	92.91	3.19	40.52	2.38	43.27	1.94	31.84	2.07	25.47	1.81
周三	672	93.60	3.19	40.63	2.36	42.26	1.98	33.48	2.11	25.60	1.81
周四	649	95.22	3.11	41.76	2.37	40.06	1.97	34.05	2.10	24.65	1.83
周五	671	93.00	3.36	41.58	2.44	42.32	2.03	35.17	2.28	23.70	1.81
周六	669	64.57	3.09	25.41	2.02	21.67	1.99	34.38	2.51	10.31	1.52
周日	657	60.27	2.82	24.20	1.94	20.55	1.90	30.44	2.28	7.91	1.56
一周方差分析		F=3.981，Sig=0.001		F=3.511，Sig= 0.002		F=0.524，Sig=0.791		F=3.232，Sig= 0.004		F=4.149，Sig=0.000	
工作日方差分析		F=1.675，Sig=0.153		F=0.721，Sig=0.578		F=0.604，Sig=0.660		F=1.134，Sig= 0.339		F=0.680，Sig=0.606	
休息日方差分析		F=4.901，Sig=0.027		F=0.308，Sig=0.579		F=0.737，Sig=0.391		F=2.979，Sig= 0.085		F=0.134，Sig=0.715	

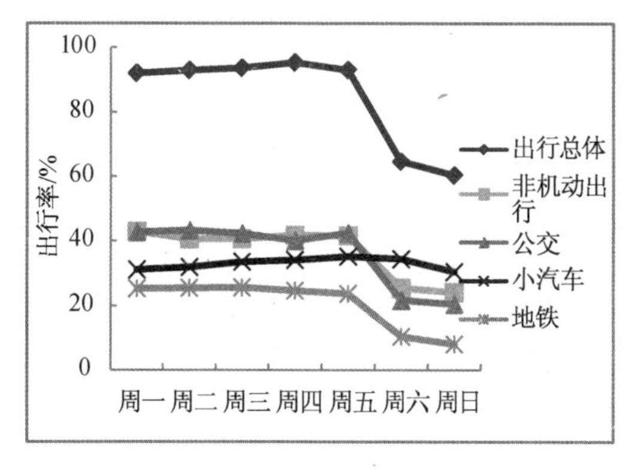

(a) 一周出行率

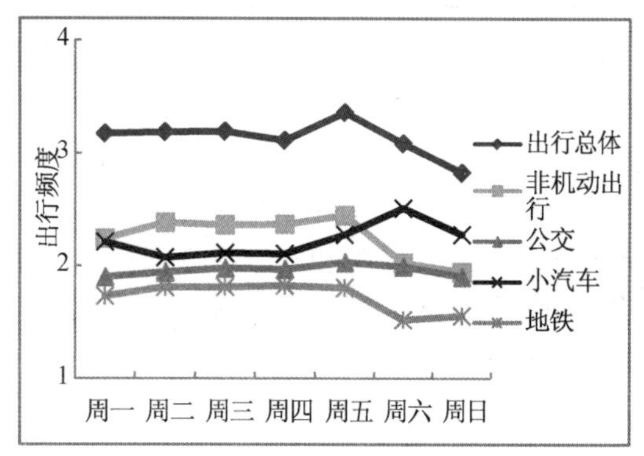

(b) 一周出行频度

图 8-13 上地-清河地区样本一周出行情况

1) 工作日出行率高于休息日,周五出行最频繁

在出行整体情况方面,与前文对于家外活动和出行时间的分析结果一致,工作日的出行率显著高于休息日。而在出行频度方面,周五的出行频度最高,为 3.36 次,周日的出行率与出行频度均为最低,分别为 60.27%和 2.82 次。结合前文对于活动时间的分析可知,工作日人们不得不外出上班,因此出行率较高,在 90%以上。而周五下班后,购物等非工作活动有所增加,在原有以通勤为主的出行基础上,人们还需进行由各种非工作活动导致的出行,因此周五的出行最为频繁。而在周末,有相当一部分居民选择整日在家,出行率有所下降,出行目的以非工作活动为主。同时,由于周六工作等家外活动的发生率高于周日,因此周六的出行率和出行频度均高于周日。

2) 工作日倾向于非机动和公共交通出行,休息日小汽车出行增加

不同交通方式出行在一周内有不同的趋势。非机动出行与城铁出行的趋势具有高度的一致性,表现为休息日在出行率和出行频度方面同时显著下降,且与其他出行交通方式相比,城铁的出行率在休息日下降最为显著;休息日公交车的出行率显著下降,但出行频度与工作日类似,即休息日乘坐公交车的居民数量有所减少,但每个居民的乘坐次数并没有减少;而小汽车出行并不像其他出行交通方式在周末有显著减少,其出行率和出行频度的高峰出现在周五,分别为 35.17%和 2.28 次,其次是周六,分别为 34.38%和 2.51 次,而且即使在出行率最低的周日,小汽车出行也没有明显减少,可见工作日部分居民受到交通拥堵和限行政策等限制不得不采取非机动和公共交通的出行方式,而在休息日,以非工作活动为主要目的的出行中,小汽车出行的比例有所增加。

8.5 小结

本章利用 2010 年和 2012 年调查获取的一周 GPS 轨迹数据和一周活动日志数据,利用描述性统计、方差分析以及三维可视化研究了郊区居民一周行为的时空特征、一周活动与出行的日间差异性。研究反映了居民行为的复杂性,行为的日间差异不仅表现在工作日与休息日的差异,还表现为周一至周五之间、周六与周日之间的差异,这种差异在出行方面表现得尤为明显。

1）郊区居民的行为具有日间差异性和复杂性

居民行为的复杂性不仅表现在不同居民时空间行为特征不同，还表现在居民自身的时空间行为具有日间差异性。研究通过采用三维可视化、描述性统计与方差分析的方法，从时间节奏、时空路径与时间分配方面研究了居民一周时空行为的日间差异。研究发现：① 居民时空间行为在工作日与休息日之间的差异较为显著，表现在各类工作、非工作活动与出行的时间分配和发生率方面；工作日的活动与出行围绕工作活动展开，但休息日也有一定比例的工作活动与出行发生。② 一周之内工作日之间的时空间行为也存在着一定的差异，这些差异不如工作日与休息日之间的差异显著，主要表现为周五各类非工作活动的发生率与持续时间的上升，其中出行与购物活动时间分配的日间差异显著。周四和周五居民之间差异较大，反映了在接近周末时居民下班后的选择相对多样。③ 周六与周日的时间分配也存在一定的差异，其中出行时间的差异显著，表现为周六出行的发生率更高。④ 一周的时间节奏与活动的时间分配表现出由紧至松的过程，周一至周四各活动的时间分配相对稳定，而周五是工作日向休息日的过渡，各类指标开始向休息日靠拢，休息日中居民的时间分配相对轻松自由，尤其是周日。

2）行为的复杂性在出行方面尤为显著

相对于各类活动，出行的一周节奏有所不同，其日间差异更加显著。研究发现：① 工作日出行率高于休息日，周五出行最频繁，出行的一周时间分配表现为周一至周四相对稳定，周五出行时间增加，周六至周日出行率和出行时间有明显回落，因此出行的时间分配不仅在工作日与休息日之间差异明显，在周一至周五、周六与周日之间差异同样显著。② 出行的交通方式同样存在显著的日间差异，郊区居民在工作日更加倾向于非机动和公共交通出行，而在休息日，以非工作活动为主要目的的出行中，小汽车出行的比例有所增加。

9 郊区居民的通勤与通勤模式

通勤是居民就业地与居住地分离而产生的出行行为，是城市地理、城市规划、城市交通、城市经济、城市社会等学科研究中的热点问题（Horner，2004）。国外已有大量关于通勤模式、不同群体的通勤差异、职住关系与通勤行为、城市空间与通勤行为、过量通勤等方面的研究（Peng，1997；Shen，2000；Horner，2002；Lee and McDonald，2003；Schwanen and Mokhtarian，2005；Cao and Mokhtarian，2005）。国内也有学者对北京、广州、上海、大连等城市的居民通勤格局与行为进行探讨（Wang and Chai，2009；周素红，闫小培，2006；孙斌栋等，2008）。这些研究多基于活动日志或出行日志等问卷调查数据，对于通勤距离常以家与工作地的直线距离或基于 GIS 工具计算的最短路网距离进行衡量。

职住关系与通勤行为也一直是郊区与郊区化研究的重要视角，已有的对于北京市居民通勤行为的分析也证明了郊区化过程中职住分离程度的加剧（Horner，2004；宋金平等，2007；张艳，柴彦威，2009；冯健，叶宝源；2013）。本章关注郊区居民的通勤行为，分别从通勤格局、通勤方向、职住距离、通勤时间、通勤交通方式、通勤具体路径几个方面研究郊区居民的职住关系与通勤特征；结合前文对于出行日间差异研究的结论，聚焦通勤行为在时间、空间、方式、路径四个维度可能存在的日间差异，利用 2010 年的调查数据，对通勤的日间差异进行测度和分析；提出一周通勤的理论模式，在日间差异测度的基础上基于理论模式进行三维可视化和案例分析，透视郊区空间与郊区居民的行为特征。

9.1 职住关系与通勤特征

将轨迹数据与日志数据进行关联，对于日志中填写的活动信息，通过地点类型提取出样本家和工作地的位置，从而进行通勤格局、通勤方向、职住距离的研究；而日志中的出行对应一系列的轨迹点，提取其中的通勤出行以进行通勤时间、交通方式以及实际通勤路径的研究。本节从多个方面研究郊区居民的职住关系与通勤特征，其中，对于2010年数据的分析侧重天通苑和亦庄两类不同区位不同类型居住区的对比，而对于2012年数据的分析则侧重于对上地-清河地区居民和通勤者的对比。

9.1.1 通勤格局与通勤方向

在ArcGIS中将每个居民的居住地与就业地用直线进行连接，得到每个样本的职住连线以及整体的通勤格局(图9-1)。为了更好地反映不同居住区的职住关系，分别对天通苑、亦庄和上地-清河地区居民的就业地，以及上地-清河地区通勤者的居住地进行核密度分析，得到样本的职住分布情况；分析各居住区的职住连线的线性方向平均值(Linear Directional Mean)，得到样本的平均通勤方向(图9-2)。

1) 天通苑职住分离显著，居民主要向城区方向通勤

从居民的通勤格局看，天通苑居民主要向城区方向通勤，主要就业地为北京北部二环至五环间，奥运村地区、西北部中关村地区以及东北部燕莎地区是主要的就业区域。由于其以居住职能为主，很少有人在居住区附近就业。并且其位于北京北部偏西的区位，造成主要通勤方向为南偏西。

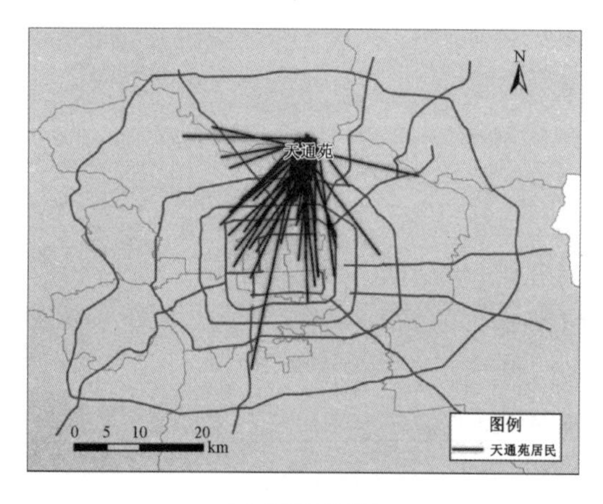

(a) 天通苑居民

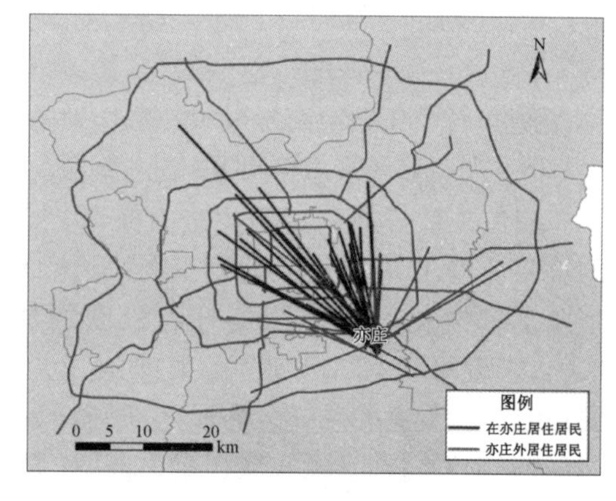

(b) 亦庄居民

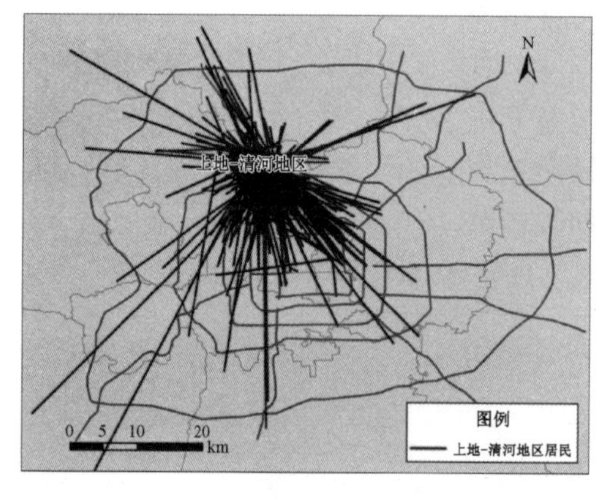

(c) 上地-清河地区居民

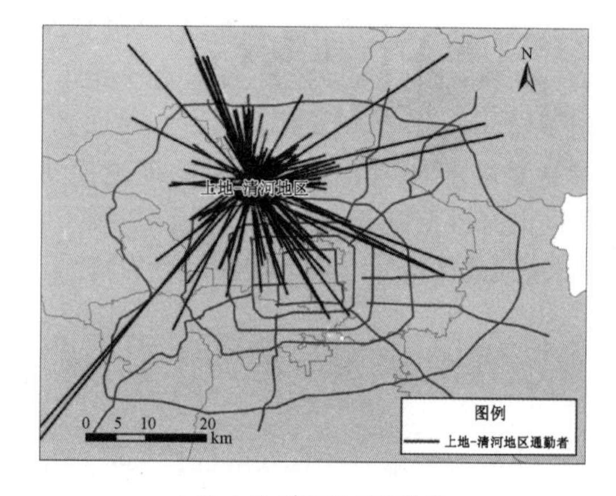

(d) 上地-清河地区通勤者

图9-1 样本居民通勤空间格局

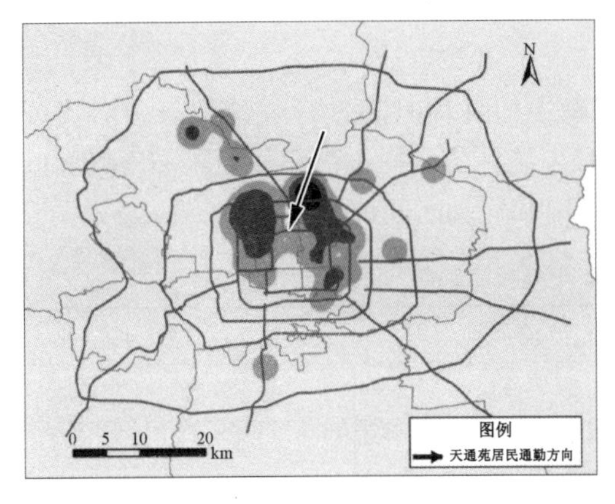

(a) 天通苑居民

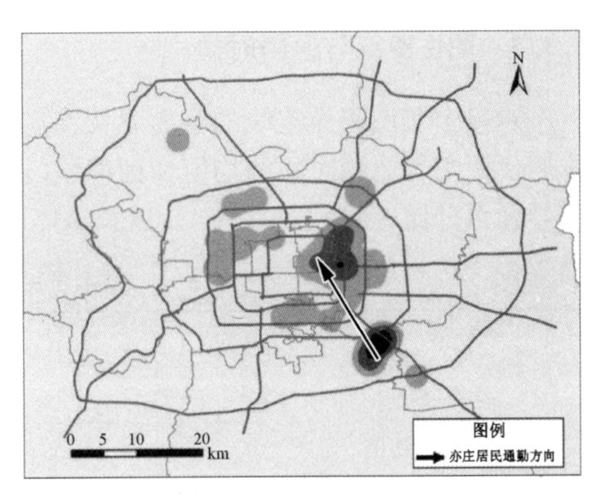

(b) 亦庄居民

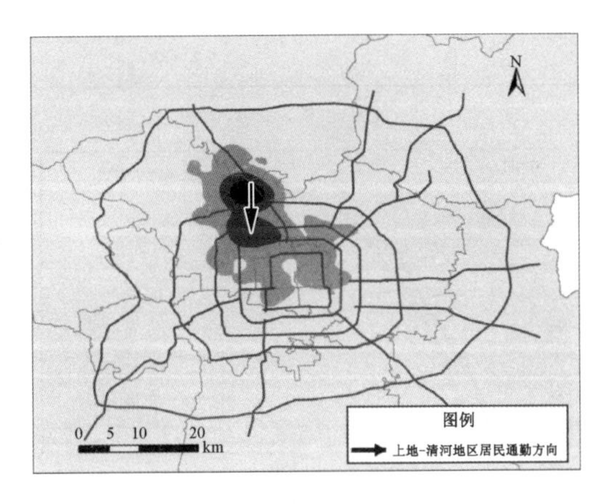

(c) 上地-清河地区居民

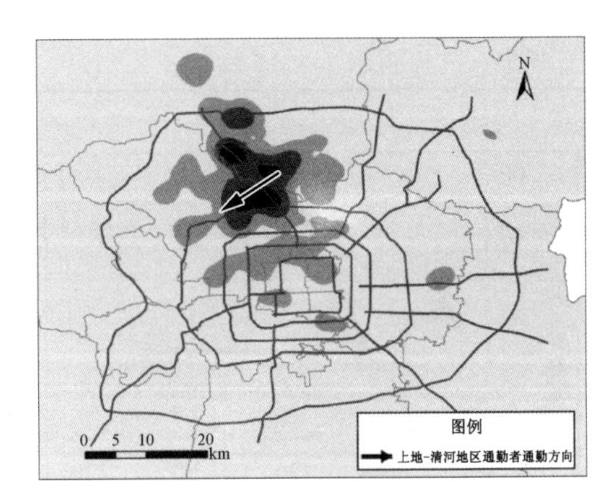

(d) 上地-清河地区通勤者

图 9-2　样本居民职住分布与通勤方向

2) 亦庄地区有就业，职住空间错位显著

从亦庄样本的通勤格局可发现，尽管北京经济技术开发区内有一定的就业，但居住在亦庄地区的居民往往在四环内就业，CBD 地区是主要的就业区域；而在亦庄就业的居民则主要居住在四环外，职住空间错位十分显著。该地区整体的通勤方向是北部偏西。

3) 上地-清河地区居民主要向南通勤，本区与中关村地区为主要就业地

对于居住在上地-清河地区的居民，居住地附近与中关村地区是最主要的就业区域，也有部分居民在四环内长安街以北地区以及上地-清河地区西北就业，因此南、东南和西北为居民主要的通勤方向，但平均方向为向南，且该地区居民的职住分离程度相对较弱。

4) 上地-清河地区通勤者主要向西南通勤，主要居住于本区和回龙观地区

在上地-清河地区就业的通勤者，有相当一部分就居住在该地区，另外很大比例的居民居住在该地区附近，尤其是北部的回龙观、沙河地区以及东北部的东小口、西三旗地区，另外也有少量居民居住在北二环至北四环之间。通勤方向表现为从东北和南部向上地-清河地区的通勤，平均方向为西南向。

9.1.2 职住距离与通勤时间

对每个居民职住连线的距离以及在实际通勤中的日均时间进行统计①，计算各类样本职住距离与通勤时间的均值和标准差(表 9-1)。统计各类样本的职住距离和通勤时间的累计百分比(图 9-3，图 9-4)，以及个体职住距离和通勤时间的对应关系(图 9-5)。

表 9-1　样本居民的职住距离与通勤时间

变量		天通苑	亦庄	上地-清河地区居民	上地-清河地区通勤者
样本量		49	49	414	222
职住直线距离/km	均值	13.72	16.08	7.43	9.39
	标准差	4.80	6.81	7.36	9.99
通勤时间/min	均值	63.37	60.91	49.49	53.51
	标准差	19.94	21.70	27.56	23.02

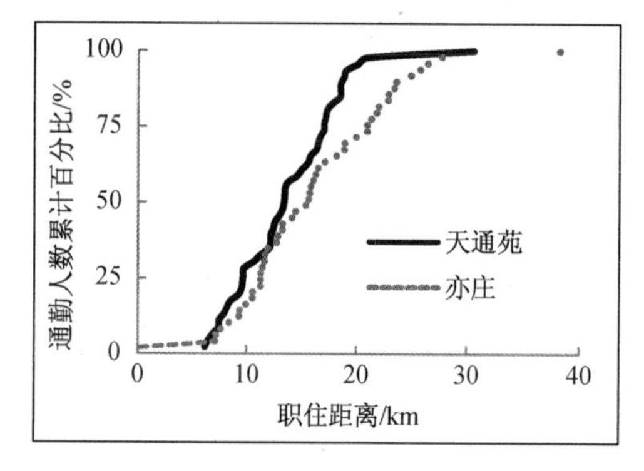

(a) 2010 年天通苑与亦庄样本

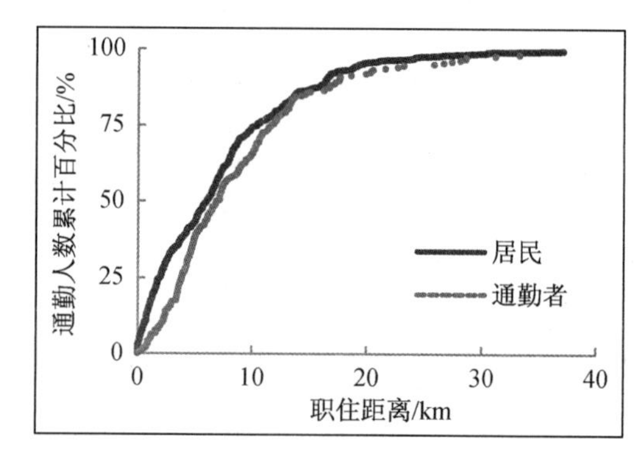

(b) 2012 年上地-清河地区样本

图 9-3　样本居民职住距离累计变化

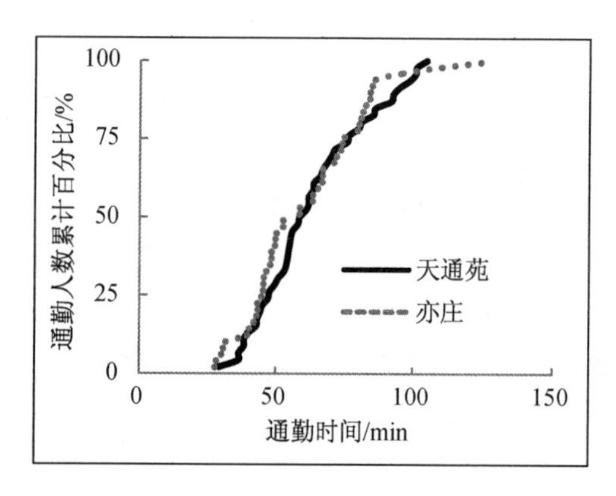

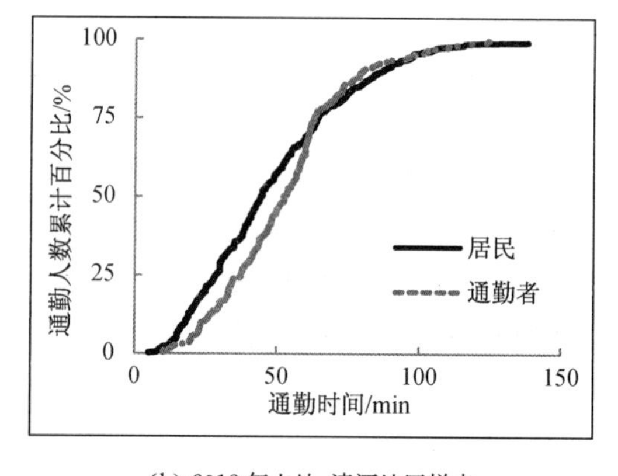

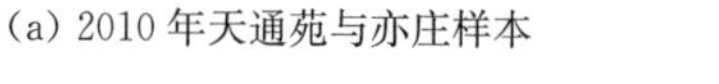

(a) 2010 年天通苑与亦庄样本

(b) 2012 年上地-清河地区样本

图 9-4　样本居民通勤时间累计变化

---

① 通勤过程中其他活动持续的时间不计入通勤时间中。

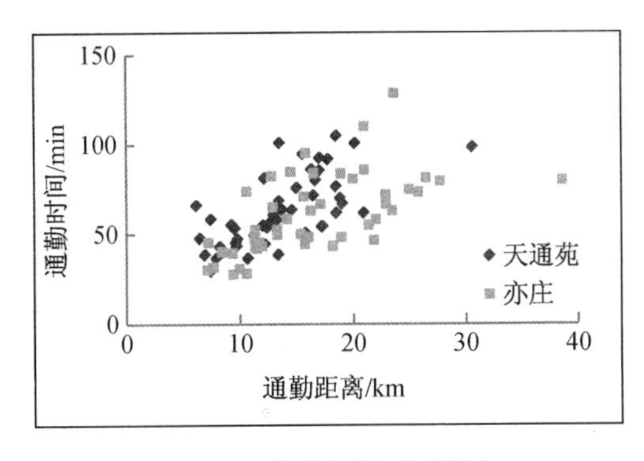

(a) 2010 年天通苑与亦庄样本

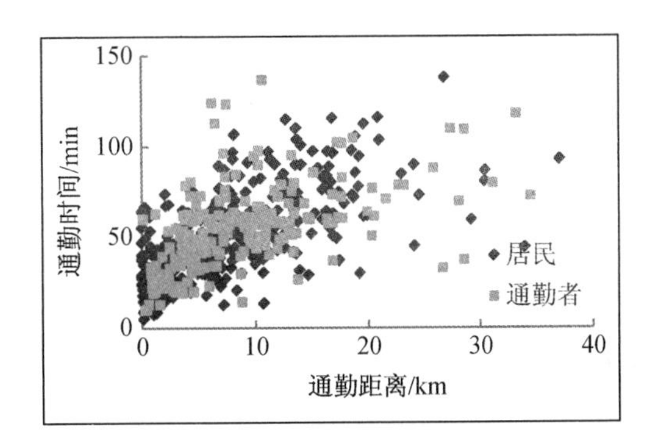

(b) 2012 年上地-清河地区样本

图 9-5 样本居民职住距离与通勤时间关系

1) 职住距离

从职住距离及其累计百分比看，天通苑和亦庄样本的职住分离较严重，上地-清河地区居民的职住均衡程度好于通勤者。

2010 年调查样本居民的平均职住距离是 14.90 千米，大部分居民每天需要进行长距离通勤，职住距离在 10 千米以下的居民只有不到四分之一。其中，亦庄居民的平均职住距离是 16.08 千米，大于天通苑居民的 13.72 千米，主要由于北京市北部的就业机会更多，尽管亦庄位于南部，仍有相当一部分居民在北部工作。且亦庄不同居民间职住距离差异较大，主要是由于亦庄本地有居有业，部分居民的职住距离较短。有四分之一居民的职住距离在 20 千米以上。

2012 年上地-清河地区调查样本的职住均衡程度相对较好，主要由于该地区靠近北京市中关村-学院路等就业中心以及回龙观等居住中心，平均职住距离是 8.11 千米，职住距离在 10 千米以下的居民达到 60%左右，只有 10%左右的居民通勤距离在 20 千米以上。与该地区的居民相比，到上地-清河地区就业的通勤者职住距离更大，且居民间差异也更大。

2) 通勤时间及其与职住距离关系

居民的通勤时间基本上与职住距离正向相关，职住距离与通勤时间的比值反映了通勤的效率。

2010 年调查样本居民平均通勤时间为 62.14 分钟，几乎所有居民的通勤时间都在半小时以上。尽管天通苑与亦庄居民的职住距离存在一定差异，但两个社区通勤时间的差异不大，且天通苑居民的通勤时间略长。而从职住距离与通勤时间的关系可看出，相同的职住距离天通苑居民需要较长的通勤时间，这可能有两个主要原因：一是相对于天通苑居民，亦庄居民通勤出行的机动化程度更高；二是天通苑地区附近的交通状况相对较差。

2012 年调查上地-清河地区居民和通勤者的平均通勤时间分别为 49.49 分钟和 53.51 分钟，70%以上的样本通勤时间在 20 至 60 分钟之间。其中通勤者通勤时间的标准差较小，表示他们的通勤时间更加集中。而该地区样本职住距离与通勤时间的比值较小，反映出其通勤效率相对较低，尤其是居民的比值低于通勤者的比值，可能是由于上地-清河地区向主要就业地中关村-学院路地区出行途经的主要道路交通拥堵情况相对较严重。

9.1.3 交通方式与通勤路径

GPS 轨迹数据能够相对真实地反映居民在出行中的实际路径，本研究将每次出行所对应的轨迹点进行连线，并将不同的交通方式用不同颜色进行表达，尝试去观察不同居住区样本通勤所经过的主要路段。由于在可视化过程中，过多的样本相互之间会产生覆盖，本研究主要利用2010年的调查样本。

基于轨迹与活动日志关联的基础数据库，提取出天通苑和亦庄样本居民的通勤出行699次。对居民通勤的交通方式进行统计(表9-2)，样本居民最主要的通勤交通工具是私家车，其次是地铁和公共汽车，由于郊区社区居民的通勤距离较远，步行或骑自行车通勤的情况较为少见。天通苑的地铁可达性较好，超过一半的通勤依托地铁进行，私家车通勤约占四分之一，公交、自行车、单位班车通勤也占有一定比例。由于在2010年调查进行之时亦庄L2号线尚未通车，地铁可达性较差。而亦庄的私家车拥有率较高，近50%的通勤依托私家车，公交通勤约占四分之一。

表9-2 样本居民通勤方式

通勤方式	天通苑		亦庄		合计	
	计数	百分比(%)	计数	百分比(%)	计数	百分比(%)
步行	1	0.29	4	1.12	5	0.72
自行车	24	7.04	2	0.56	26	3.72
出租车	10	2.93	20	5.59	30	4.29
单位班车	19	5.57	35	9.78	54	7.73
地铁	173	50.73	34	9.50	207	29.61
公交	30	8.80	85	23.74	115	16.45
私家车	84	24.63	178	49.72	262	37.48
总计	341	100.00	358	100.00	699	100.00

依托GPS轨迹提取居民的实际通勤路径，并按照通勤的交通方式分类表示(图9-6)。居民在可以自由选择通勤路径时主要依托城市快速路，大多数天通苑居民向市区通勤需经过立汤路，其也是天通苑地区交通拥堵最为严重的路段。亦庄居民通勤主要依托京津唐高速通往四环、五环等快速路，部分居民也会选择博大路、三台山路等。

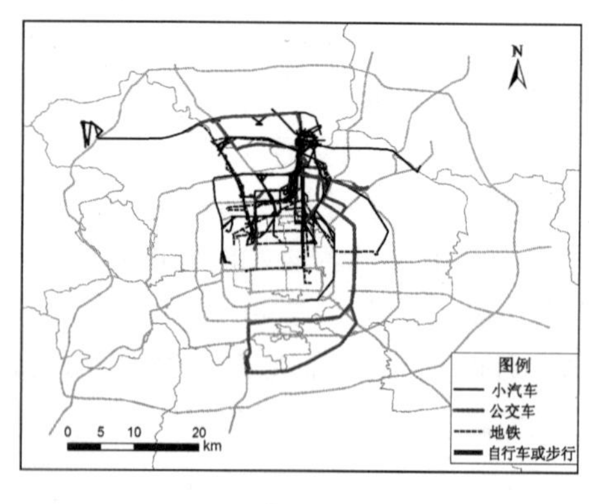

(a) 天通苑居民通勤路径

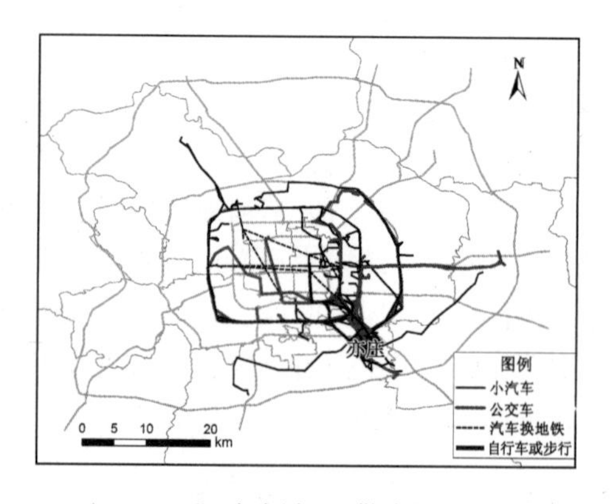

(b) 亦庄居民通勤路径

图9-6 按通勤方式区分的实际通勤路径

9.2　通勤的日间差异

已有的对于通勤的研究多聚焦于职住分离程度以及通勤的时间、空间、交通方式等特征，而较少关注通勤的日间差异性，一方面由于相对于购物、休闲娱乐等活动，通勤在一周内相对稳定，另一方面多日的通勤数据获取难度相对较大。事实上，由于国际上交通规划的重心已由注重设施建设转向注重居民的出行需求管理，居民出行行为的日间差异，尤其是个体的行为差异研究受到学者们的关注，以为更加高效、合理的交通规划与政策制定提供理论与实证研究依据（Huff and Hanson，1986；Pas，1987；Jones and Clarke，1988；Kitamura，et al，2006）。在社会经济转型的过程中，中国城市居民的工作与通勤都出现了可变性的倾向，因此对个体通勤日间差异性进行分析，并在此基础上对居民一周行为模式的分析可以反映城市空间的特征。

北京市居民的通勤行为存在一定的复杂性。从通勤格局看，一方面在城市转型的过程中，尽管单位制度已解体，但其对于职住关系的影响依然存在，另一方面在北京快速郊区化的过程中，大量郊区巨型社区的建设在一定程度上导致了职住分离，在二者共同作用下，北京市居民的通勤格局较为复杂（Wang and Chai，2009；Wang et al，2011；张艳，柴彦威，2009；刘志林等，2009）。从通勤的交通方式看，北京市私家车保有量较大，相当一部分居民具备开私家车进行通勤的条件，而北京市的公交系统较为发达，地铁及公交线路不断完善，政府给予了大量资金补贴，再加上限号出行、车辆限购等政策的影响，导致北京市居民通勤交通方式较为多样化。从通勤时间看，北京市实施错峰通勤政策，居民的通勤时间具有一定弹性，且部分居民的工作性质决定了其上下班时间的不固定性。从通勤路径看，由于居民可以选择不同的交通方式进行通勤，即使其出发地和目的地是固定的，其每天的通勤路径可能不同，并且，当居民可以自由选择通勤路径时（如采取私家车、出租车等通勤方式），受到北京市路况不确定性的影响，居民可能在相关信息（如路况信息）的引导下选择不同的通勤路径。

可见，北京市居民在不同的工作日可能采取不同的交通方式，在不同的时间、通过不同的路径进行通勤，从而造成通勤时长、通勤距离具有一定的日间差异。国内学者过去对于通勤行为的研究受到数据的限制，多采取短期问卷调查数据，对城市的通勤格局、居民的通勤行为进行描述或对居民的通勤决策进行分析；并将通勤视为一种惯常的、具有高度重复和固定性的出行行为，较少探讨居民在不同工作日通勤行为的差异性与复杂性，而这对于城市地理、城市规划、交通规划以及相关政策的制定极为重要。

本节关注居民在不同工作日中通勤的日间差异性，分别从时间、空间、交通方式、路径四个维度对居民通勤的日间差异性进行界定与测度，分析居民个体在不同工作日通勤行为的多变性。

9.2.1　通勤日间差异的四个维度及其相互关系

1）时间

通勤时间的日间差异性体现为不同工作日中，居民通勤的起止时间及持续时长存在的差异。通勤的起止时间受到工作性质、单位规定以及居民个人习惯等因素的影响，通勤持续时长受到居民职住空间关系、通勤交通方式等因素的影响。

2）空间

通勤的空间同样存在日间差异，居民通勤的起始地与目的地在空间上存在可变性，具体体现为居住地点与工作地点的空间差异性。住房制度改革以来，中国城市家庭从计划经济时期以租赁公房为主转变成了多样化的住房来源和产权，并且出现了较高比例的拥有多套住宅的情况，这些居民的居住地具有可变性（易成栋，黄友琴，2011）。大多数居民的工作地是固定的，但一些居民的工作性质决定了他们的工作地点具有较强的可变性，且随着远程办公现象的出现，部分居民的工作地点逐渐弹性化。

3）交通方式

通勤交通方式的日间差异性体现为不同工作日中居民通勤交通方式的不同。居民的通勤方式受到小汽车及驾照拥有情况、家与工作地附近交通设施可达性以及个人习惯等因素的影响。

4）路径

居民在实际通勤的过程中所选择路线也具有日间差异性，具体体现为不同工作日中通勤路径的不同。通勤路径的选择受到城市交通路网情况、居民出行交通方式、实时路况以及个人习惯的影响。

5）通勤日间差异维度间的关系

本研究所关注的通勤日间差异的四个维度之间不是相互独立的，它们相互作用，从不同维度共同形成了居民通勤的日间差异。从日常行为来看，通勤起止时间的变化可能导致居民选择不同的通勤方式或通勤路径；通勤起止点位置的变化将改变通勤时长及通勤路径，也可能导致居民选择不同的通勤方式；当居民选择了不同的通勤方式时，他的通勤时长及路径将有所不同；而通勤路径的变化也可能导致通勤时长的变化。由此而产生的四种通勤日间差异之间的关系如图 9-7 所示，由此可推测居民的通勤具有较强的空间固定性，而通勤时间和路径的日间差异性较强。

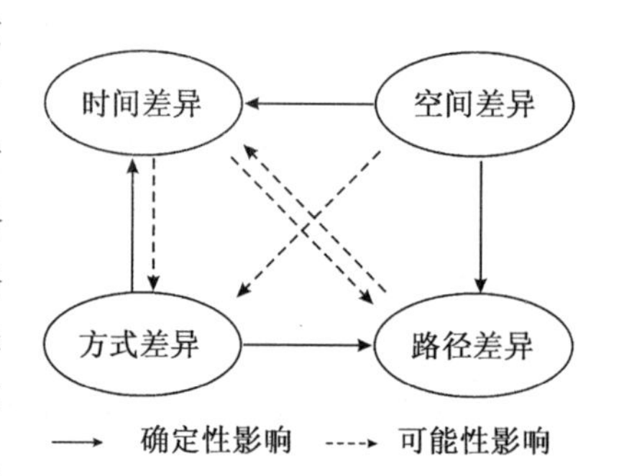

图 9-7　四种通勤差异之间的关系

9.2.2　通勤日间差异的测度

研究利用 2010 年天通苑和亦庄的调查数据，在前文对四种通勤日间差异性定义的基础上，结合行为时空数据库，提出样本居民四种通勤日间差异性测度的方法，对每个居民一周通勤行为在时间、空间、方式、路径四个方面是具有差异性或固定性进行区分，并将结果按不同社区进行统计，从通勤日间差异的视角分析居住区样本的通勤特征（表 9-3）。

1）时间差异性

时间差异性通过居民通勤活动的起止时间及持续时间的差异进行测度，当某一居民一周内任意两个工作日的工作活动起止时间或通勤持续时间的差异大于半小时，则认为该居民的通勤具有时间差异性。调查样本中超过 90％居民的通勤具有时间差异性。在通勤时间差异性的 87 个样本中，有 3 个样本的工作属于倒班制，不同工作日之间的通勤

表 9-3　样本居民通勤的日间差异性

项目	天通苑(N=47)		亦庄(N=49)		合计(N=96)	
	计数	百分比(%)	计数	百分比(%)	计数	百分比(%)
时间差异	43	91.49	44	89.80	87	90.63
空间差异	10	21.28	19	38.78	29	30.21
方式差异	29	61.70	23	46.94	52	54.17
路径差异	35	74.47	43	87.76	78	81.25

起止时间和持续时间差异较大。大部分居民上下班的时间不固定，主要是受到居民就业性质、北京市错峰通勤政策、单位规章制度以及个人时间习惯的影响。由于北京市就业人员加班现象较为普遍，下班时间的差异性往往大于上班时间。也有部分居民上下班的时间固定，但可能采取不同的通勤方式，且北京市的交通状况有较大的可变性，造成不同工作日中通勤时长存在一定差异。从社区差异看，由于通勤时间差异性主要受到非空间因素的影响，天通苑和亦庄居民通勤的时间差异性差异不大。

2）空间差异性

空间差异性通过居民通勤活动起止点的空间位置进行测度，当某一居民一周内居住地或工作地的空间位置发生变化，则认为该居民的通勤具有空间差异性。调查样本中30%居民的通勤具有空间差异性，在这29个样本中，5个居民居住地的位置发生了变化，24个居民就业地的位置发生了变化。在居住地位置发生变化的样本中，3个居民拥有多套住宅，1个居民有时借住在亲戚家，1个居民的单位提供住宿，当他不愿或不能回家居住时他可以选择住在单位。在工作地位置发生变化的样本中，1个居民是出租车司机，无固定工作地点，2个居民由于工作性质有较多的外出业务，5个居民具有固定的两个或多个工作地点，16个居民在调查期间有偶尔的一次外出办公。显然，通勤的空间差异性相对较弱，从社区差异看，亦庄居民通勤的空间差异性更强。

3）方式差异性

方式差异性通过居民通勤交通方式的可变性进行测度，若某一居民一周内在不同的通勤活动中选择了不同的交通方式，则认为该居民的通勤具有方式差异性。调查样本中超过50%居民的通勤具有方式差异性。对方式固定的44个样本居民的通勤交通方式进行统计(表9-4)，以私家车通勤的居民为主，地铁和公交车通勤的居民也占有一定比例。将通勤方式固定样本的各种交通方式的比例与样本总体居民进行对比，发现私家车通勤居民的方式固定性最强，而地铁、公交等其他通勤方式的固定性相对较差，出租车几乎只作为弹性通勤方式的一种选择，而很少作为固定的通勤方式。从通勤方式差异性的社区差异看，天通苑居民通勤的方式差异性更强，与亦庄私家车通勤比例较高而天通苑地铁通勤比例较高的现象相符。

4）路径差异性

路径差异性通过居民通勤所选择的具体交通路线进行测度，若某一居民一周内的通勤路径有所变化，则认为该居民的通勤具有路径差异性。不同的交通方式往往导致不同的通勤路径，样本中81.25%居民的通勤具有路径差异性，而18个路径固定样本的通勤

表 9-4　按通勤方式区分的方式固定与路径固定样本

通勤方式	方式固定样本(N=44)		路径固定样本(N=18)		路径固定比
	计数	百分比(%)	计数	百分比(%)	
私家车	25	56.82	6	33.33	0.24
地铁	7	15.91	5	27.78	0.71
公交车	5	11.36	2	11.11	0.40
单位班车	3	6.82	2	11.11	0.67
自行车	2	4.55	2	11.11	1.00
公交换地铁	2	4.55	1	5.56	0.50

方式也是固定的。路径固定的样本中，私家车通勤样本占三分之一，地铁也占有一定比例。路径固定样本占方式固定样本的比例在一定程度上反映了居民利用某种交通方式时选择固定路径的可能性，从该指标看，私家车的路径固定比最低，其次是公交车，反映了居民在选择这两种交通方式时通勤路径的差异性较高，而地铁和单位班车通勤的路径差异性相对较低。自行车通勤的情况较为特殊，虽然骑自行车通勤时居民几乎可以完全自由地选择通勤路径，然而由于自行车通勤的距离往往较短，居民的路径并没有过多的差异性。

9.3　基于通勤日间差异的一周通勤模式

本节基于四个维度日间差异之间的相互作用关系，提出七种基于日间差异的理论通勤模式，分析七种理论通勤模式的样本分布，利用 GIS 三维可视化技术对不同通勤模式居民的活动-移动时空特征进行刻画，并结合访谈数据进行个案分析，从而透视北京市郊区居民的通勤特征及复杂模式。

9.3.1　基于通勤日间差异性的理论通勤模式

根据四种通勤差异性的定义，可通过对居民通勤的时间、空间、方式、路径日间固定与存在差异进行二元区分，对其一周通勤行为的模式进行划分。将四个维度的固定性与差异性的区分相结合，形成 16 种基于日间差异性的理论通勤模式。然而，由于四种通勤日间差异的相互作用，其中部分模式并不存在，包括空间存在差异而时间和路径固定的模式，方式存在差异而时间和路径固定的模式共 9 种，剩余 7 种存在的理论通勤模式如表 9-5 所示。

表 9-5　基于通勤差异性的理论通勤模式

模式	时间	空间	方式	路径
模式 1	固定	固定	固定	固定
模式 2	固定	固定	固定	差异
模式 3	差异	固定	固定	固定

续表 9-5

模式	时间	空间	方式	路径
模式 4	差异	固定	固定	差异
模式 5	差异	固定	差异	差异
模式 6	差异	差异	固定	差异
模式 7	差异	差异	差异	差异

9.3.2 一周通勤模式及其可视化

在对每个居民一周通勤行为四个方面是固定性或具有差异性进行区分的基础上，结合前文中不同通勤模式的界定，对居民们通勤行为模式的类型进行归类，并利用二次开发在 ArcScene 中进行不同模式居民一周轨迹的三维可视化，并将每种模式样本量的数量按照社区进行统计(图 9-8)。

其中，模式 1 表示样本的通勤在时间、空间、方式、路径四个维度上都具有固定性，从可视化结果可以发现这类样本的一周时空路径非常规律，一周工作日中各天的时空轨迹都比较相似。模式 2 表示样本的通勤在路径上具有日间差异，此类样本的时空路径从整体上看也比较规律，但每一天的通勤轨迹有所不同，这种差异性在表示空间的 x-y 二维平面中更加明显。模式 3 表示样本在通勤时间上具有日间差异，如每天的下班或到家时间可能不同，这种差异性在表示时间维度的 z 轴上更加明显。模式 4 表示样本在通勤时间和轨迹上有所不同，而通勤地点和交通方式相对固定，这种差异性表现在三维空间的各个维度中，时空轨迹开始变得杂乱。模式 5 表示样本的通勤地点固定，而通勤的时间、方式、路径都均有日间差异性，这意味着每一天的通勤轨迹只有起止点的位置是固定的。模式 6 表示在一周的通勤中只有交通方式是固定的，不同工作日的时空轨迹表现出很大的差异。模式 7 表示样本的通勤在各个维度上均表现出日间差异，此类样本的一周时空轨迹非常杂乱，并且相对较难观察出一周的节律性。

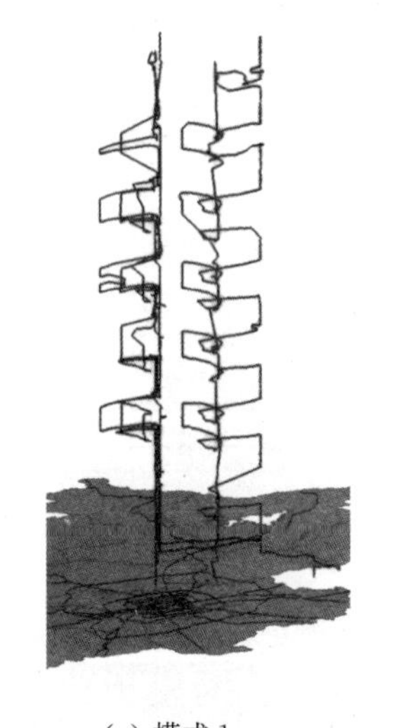
(a) 模式 1
$N_T=4$　$N_Y=2$

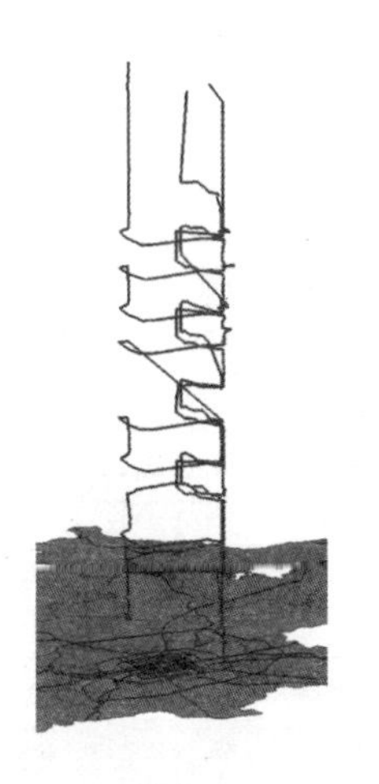
(b) 模式 2
$N_T=0$　$N_Y=3$

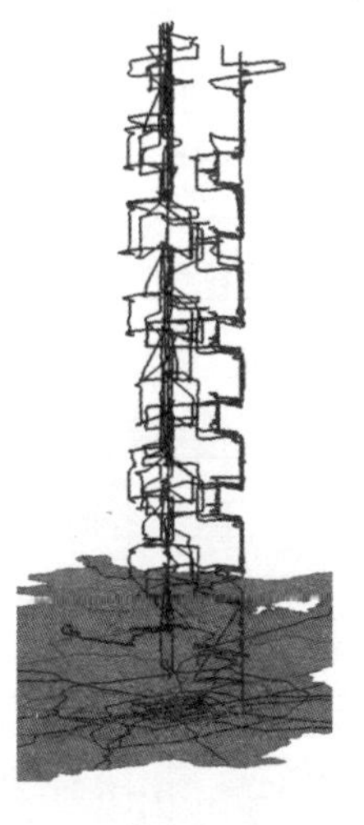
(c) 模式 3
$N_T=8$　$N_Y=4$

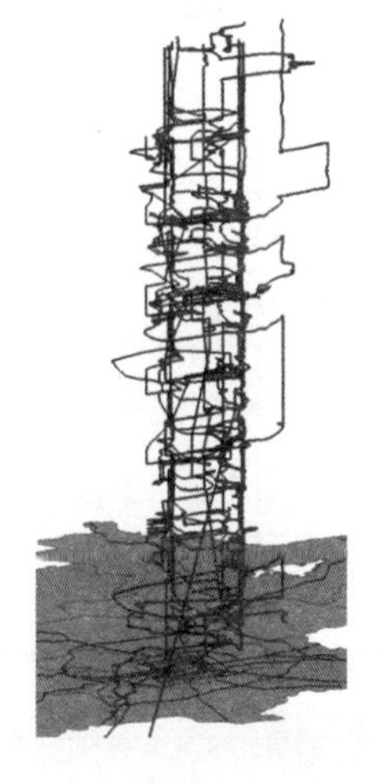
(d) 模式 4
$N_T=5$　$N_Y=8$

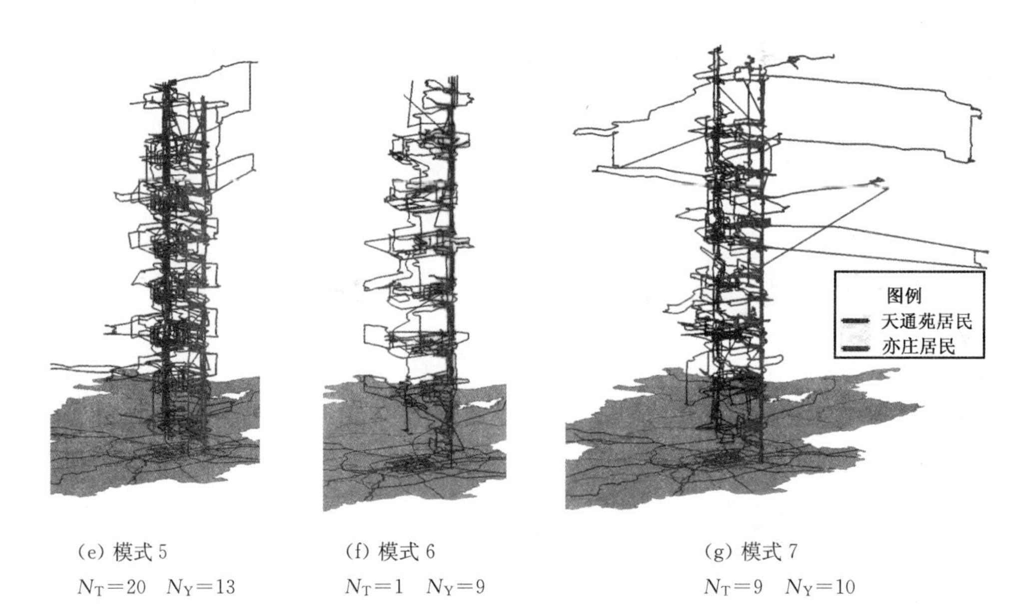

(e) 模式 5
$N_T=20$ $N_Y=13$

(f) 模式 6
$N_T=1$ $N_Y=9$

(g) 模式 7
$N_T=9$ $N_Y=10$

图 9-8 样本居民一周通勤模式的可视化

(彩图见书末)

从各种通勤模式的样本数量看，模式 5(空间固定，时间、方式、路径弹性)是居民最主要的通勤模式，反映了通勤空间较强的固定性。其次是模式 7，模式 4，模式 3，模式 6，由于通勤时间的固定性较弱，模式 1 与模式 2 样本量较少①。从社区差异看，天通苑模式 1，模式 3，模式 5 样本量较多，亦庄模式 2，模式 4，模式 6 样本量较多。对不同通勤模式居民的平均通勤时间和平均职住距离进行统计(表 9-6)，模式 1 与模式 2 通勤时间固定的两类模式居民的平均通勤时间与职住距离都较长，而模式 3 与模式 4 通勤时间具有差异性而方式固定的两类模式居民的平均通勤时间较短，其中路径固定的模式 3 平均职住距离最小。

表 9-6 不同通勤模式居民通勤特征统计

模式	样本数	平均通勤时间/min	平均职住距离/km
模式 1	6	69.10	15.81
模式 2	3	69.06	18.71
模式 3	12	50.86	12.28
模式 4	13	51.61	15.43
模式 5	33	65.74	15.16
模式 6	11	61.31	15.85
模式 7	18	66.89	14.28
总计	96	62.10	14.94

① 模式 2 只有 3 个样本，一方面受到总体样本量的限制，另一方面也反映了当时间、空间、方式都固定时，通勤的具体路线也倾向于固定。

9.3.3 典型样本的案例分析与可视化

为了更好地理解居民的一周通勤模式，以及7天的GPS轨迹数据和三维可视化对于理解居民行为模式的重要作用，研究选取具有不同通勤模式的4个样本进行三维可视化，将其每一天的通勤轨迹投影至二维平面上①，并与访谈资料结合进行分析(图9-9)。这4个典型样本分别是亦庄样本Y_{42}、Y_{30}、Y_{31}和天通苑的样本T_{51}，而前文提到的通勤日间差异的四个维度均在可视化和分析过程中有所体现。

Y_{42}是一个模式1的典型样本，即其通勤在时间、空间、方式、路径方面都是固定的。该样本是一名30岁的已婚男性，与妻子共同住在通州区，在亦庄地区就业，职住距离约为21千米。尽管他拥有私家车及驾照，但他每天乘坐单位班车进行通勤。据其在访谈中反映，主要由于通勤距离过长导致他每天需要早起，而乘坐单位班车可以在车上进行休息，因此他选择单位班车作为主要通勤方式而不是私家车。而单位班车每天的发车、到达时间都比较固定，早通勤需要2小时，晚通勤需要1.5小时，且每天的起止位置和路线都是固定的，因此该样本每天的通勤都非常固定。

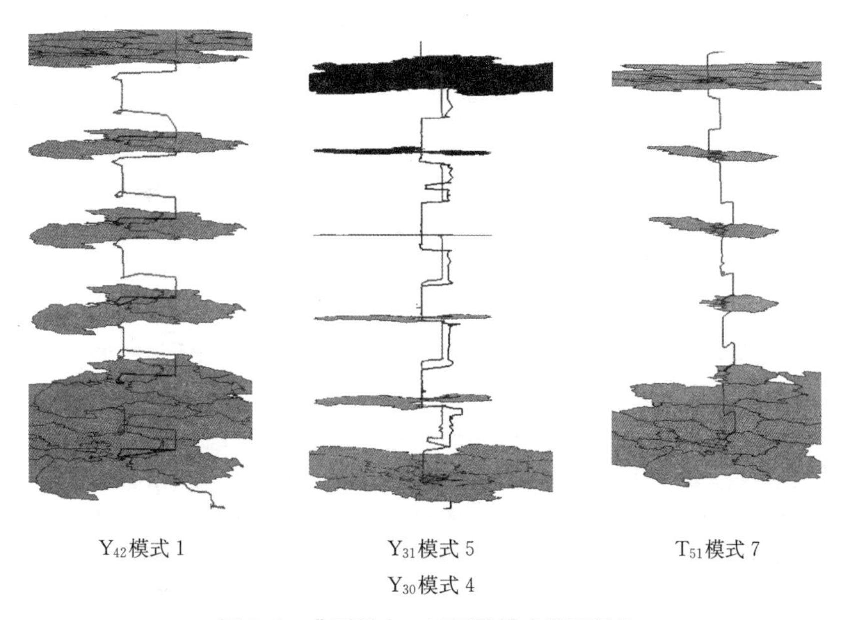

Y_{42}模式1　　Y_{31}模式5　　T_{51}模式7

Y_{30}模式4

图9-9　典型样本一周通勤模式的可视化

(彩图见书末)

Y_{30}和Y_{31}是一对居住在亦庄地区的夫妻，其中Y_{30}是30岁的男性，是模式4的典型样本；Y_{31}是26岁的女性，是模式5的典型样本。夫妻双方均在朝阳区工作，职住距离分别为11.9千米和11.3千米，他们的工作地相距4千米，并且工作地附近都有地铁站。双方的工作时间均具有一定的弹性，尤其是作为丈夫的Y_{30}，他每天的上班时间相对较晚但加班情况比较常见，有时甚至需要加班至深夜；而妻子Y_{31}一般在上午9至10时上班，而

---

① 其中绿色和蓝色的三维轨迹表示样本一周的时空轨迹，红色的二维轨迹表示样本每天的早晚通勤在二维平面上的投影。

在下午5至8时下班。夫妻双方均有驾照，而家庭中唯一的一辆私家车通常由妻子使用。当丈夫的上班时间与妻子差不多时，他们会一起开车先到达妻子的工作地，然后丈夫再换乘地铁到自己的工作地。而当他们由于上班时间差异较大不一起通勤时，丈夫会搭乘出租车到工作地。当结束了一天的工作之后，先下班的妻子一般会在工作地附近进行购物或休闲活动，直到丈夫下班，到其工作地会合然后一同开车回家。而当丈夫需要加班到比较晚时，妻子会先行独自开车回家，丈夫下班后一般会搭乘出租车。因此，这两个样本的通勤地点固定，通勤时间和通勤路径具有日间差异，妻子 Y_{31} 每天乘私家车进行通勤，其交通方式是固定的，通勤模式属于模式4；丈夫 Y_{30} 的交通方式具有日间差异，属于模式5。根据可视化结果可发现，此对样本在调查的一周之内周一、周四、周五一同进行早通勤，周一、周二、周四一同进行晚通勤。

T_{51} 是模式7的典型样本，他是一名28岁的男性，职业为软件工程师，月收入较高，与妻子一同住在天通苑地区。他每天早上的上班时间比较固定，但由于有时需要加班，每天的下班时间具有差异。他的通勤距离是9.5千米，家中无私家车，通常乘坐公交车或地铁进行通勤，有时会选择骑自行车。在参与调查的一周中，该样本与其妻子在周四一同回了位于海淀区的另外一处住处，该居住地距离其工作地约6千米，而在周五，样本选择了骑自行车进行通勤，直到周六早晨，样本才回到位于天通苑的居住地。因此，该样本的通勤在时间、空间、方式和路径上均具有日间差异。

9.4 小结

通勤不仅反映了郊区居民日常出行的基本特征，还反映了郊区与整个城市空间的关系，因此研究分别从通勤格局、通勤方向、职住距离、通勤时间、通勤交通方式、通勤具体路径几个方面研究郊区居民的职住关系与通勤特征，揭示了北京市郊区空间的复杂性。然而，对于通勤特征汇总的研究只能从一个侧面理解郊区居民的行为以及郊区空间的特征，研究结合前文对于日间差异研究的结论，聚焦通勤行为在时间、空间、方式、路径四个维度可能存在的日间差异，并利用2010年的调查数据，对通勤的日间差异进行测度和分析；提出一周通勤的理论模式，在日间差异测度的基础上基于理论模式进行三维可视化和案例分析，进一步反映郊区空间与郊区居民的行为特征。

1）北京市的郊区空间具有复杂性

研究的案例地区包括天通苑、亦庄和上地-清河地区，它们均位于北京郊区，然而由于在区位、职能、住房类型、交通条件等方面存在一定的差异，居民的社会经济属性有所不同，样本的时空间行为也存在较大差异，反映了北京的郊区空间具有很强的异质性。

在职住关系和通勤行为的研究中，对这三个地区的样本均进行了分析，其中还对上地-清河地区的样本进行了居民和通勤者的划分，而通勤行为的差异从侧面反映了三个地区的差异性。① 在区位方面，尽管三个地区都位于五环至六环之间，但与北京市其他就业中心和居住区的空间位置影响了居民的职住距离和通勤方向。亦庄位于东南，尽管本区有一定的就业岗位，但由于北京市南城发展落后于北部地区，距离北京市主要的就业中心距离均较远，因此其职住距离最远，职住分离非常显著，主要通勤方向为北偏西。天通苑位于东北，尽管其附近无大型就业中心，但其与北京北部各就业中心的距离近于亦庄，因此其职住分离比较显著，主要通勤方向为南偏西。上地-清河地区位于北部偏西，距离上地地区、中关村地区、学院路地区等主要就业中心较近，因此居民的职住平衡较好；而对于到该地区就业的通勤者，其距离回龙观等居住中心也较近，所以通勤者的平均职住分离程度略强于本地区居民，但远不如天通苑与亦庄地区。② 在职能方面，天通苑属于巨型居住区，区内及附近地区均无大型就业中心；亦庄属于政府大力扶植的新城，区内虽然有就业，但职住空间错位现象显著；上地-清河地区既有居住职能又有就业职能，本地的职住均衡程度好于天通苑与亦庄。③ 在住房类型方面，天通苑是北京市经济适用房的重点建设社区之一，区内有大量的政策性住房，即有大量被动迁居到此地的居民，进一步增强了职住分离程度；亦庄地区的住房以商品房为主；上地-清河地区的住房类型相对比较多样，包括商品房、回迁房、经济适用房，还有一定数量的单位住房，不同住房类型居民的通勤行为同样可能存在差异，但整体职住均衡程度较好。④ 在交通条件方面，天通苑和上地-清河地区的公交、地铁可达性均较好，而亦庄地区在调查进行时公交站点相对稀疏，且未通地铁，但该地区的私家车拥有量较高。因此天通苑居民的通勤中地铁占相当多的一部分，而亦庄居民的通勤则以私家车为主，通勤效率也相对较高。同时，由于天通苑和上地-清河地区附近在通勤高峰时交通拥堵相对比较严重，因此在职住距离一定时需要相对较长的通勤时间。

2）通勤行为的日间差异表现在多个维度

本研究聚焦通勤出行，从时间、空间、交通方式、路径四个维度对 2010 年天通苑和亦庄样本居民通勤的日间差异性进行分析。研究发现，通勤的日间差异性在北京市确实存在，并且各个维度都表现出一定的日间差异性。其中通勤时间的日间差异性最强，其次是通勤路径，而通勤空间及通勤起止点相对固定，日间差异性最弱。

3）北京市郊区居民通勤的日间差异具有独特的机制

与基于传统方法的通勤特征分析相比，本研究中对于通勤日间差异的分析反映了北京市居民通勤行为的复杂性与差异性，而这种复杂性具有多方面的原因。① 在制度层面，我国正处于社会经济快速转型的过程中，居民的行为也在不断发生变化。住房市场化的不彻底性造成职住分离与职住接近的现象同时存在，居民的通勤格局较为复杂；就业制度的自由化使居民能够更加自主地选择就业地、就业性质、职业类型等，北京市的产业升级也增强了居民就业的多样性，增强了居民工作活动的弹性与可变性。② 在规划层面，北京市复杂的交通系统为居民提供了多样化的交通出行选择，居民将尽可能地选择高效的通勤方式和通勤路径，以规避北京市普遍存在的交通拥堵等问题；郊区大量的巨型居住社区导致居民职住关系极度不平衡，产生了大量的通勤，在使通勤格局变得更复杂的同时，也使居民的通勤行为更加多变。③ 在政策层面，北京市的错峰通勤制度使居民的通勤时间具有一定弹性；尾号限行政策使居住或就业在五环内的居民即使有车也不能每天都开，造成通勤方式具有一定的日间差异性；部分单位的通勤车政策为居民提供了更多的通勤方式选择；近期实施的车辆限购政策也限制了目前无私家车居民的通勤方式向固定性较高的私家车通勤的转变。④ 在历史与文化层面，我国曾是世界自行车王国，自行车在传统的通勤中占绝对主导的地位，相关设施也较为齐全，尽管近年来自行车通勤的比例逐年下降，但仍有部分居民倾向骑自行车或电动自行车进行通勤；此外，中国人的工作与吃饭、娱乐等日常活动关系密切，就业具有较强的复杂性与可变性。

4）规划与政策建议

研究为不同案例地区的空间优化策略提供了依据。① 对于天通苑地区，主要的问题是有居无业现象严重，因此需在区域内及周边地区加强就业岗位的引入，增强职住均衡程度。② 对于亦庄，尽管该地区既有就业岗位又有居住，但职住空间错位非常严重，因此首先需要加强北京经济技术开发区内企业的本地居住配套；其次需要加强南城地区就业中心的开发，引导本地居民就近通勤；并且需要完善交通基础设施，增强公车与地铁的可达性，促进非机动的出行方式。③ 对于上地-清河地区，其职住均衡程度相对较好，但也存在一定的职住空间分离现象，并且由于主要通勤方向为南，连接附近就业中心的主要道路交通拥堵较为严重。因此可以考虑在提高本地通勤比例的同时，增加西部、北部等地区的就业岗位，引导居民向其他方向进行通勤。

对于居民时空间行为日间差异和通勤日间差异的研究反映了居民的行为具有一定的节律性，同时也具有不确定性和可变性，为相关政策的制定和城市管理提供了依据。从时间、空间、方式、路径对通勤日间差异的研究发现，在居民的日常通勤中，时间的不确定性和可变性最强。相关政策应引导居民行为向更加合理、高效、健康的方向转变，而居民的行为在时间方面显示出更强的可调节性，因此时间政策的制定需要引起相关部门的重视。例如利用弹性时间政策引导居民进行错峰通勤，可以在一定程度上缓解交通问题。

10 郊区居民的整日活动空间

行为主义方法中的活动空间作为城市社会空间研究的重要测度，受到国内外学者的关注，广泛应用于城市社会分异、社会公平、个人生活质量、可达性等研究中(Golledge and Stimson, 1997; Schönfelder and Axhausen, 2003)。传统的活动空间测度主要基于活动日志、出行日志等问卷数据，常见的方法包括标准置信椭圆法、多边形法、基于路网的最短路径分析法、核密度分析法等(Newsome et al, 1998; Schönfelder and Axhausen, 2003; Fan and Khattak, 2007)。这些方法由于受到问卷数据活动点相对有限的限制，往往需要较长调查期限的数据，用以测度居民的日常活动空间。并且，由于无法获取居民具体的出行路线，传统方法对于活动空间的测度侧重停留时间较久的活动地点，忽略了居民出行穿过的区域，而这些区域可能对居民的日常活动产生重要影响。

随着移动定位技术的不断发展与广泛应用，基于GPS、手机等定位技术的移动数据为居民活动空间的测度提供了新的契机，使个体活动空间的测度更易实现，也更加精确。相对于传统的问卷数据，利用GPS数据测度居民的活动空间具有明显优势。首先，GPS数据具有较高的时空精度，能够更加精确地测度活动空间；其次，GPS数据能够反映居民的出行路径，刻画的活动空间更加贴近实际情况，并且通过GPS定位点的多少能够反映时间要素的影响；再次，GPS定位点较多，从技术角度上更利于实现活动空间的生成；最后GPS与网络相结合可进行较长阶段的数据获取，利于进行不同天之间活动空间的差异性研究。

本章首先对个体活动空间的刻画方法进行探讨，分别利用标准置信椭圆法、最小凸多边形法、缓冲区分析法、核密度分析法四种不同的方法，生成个体的一周活动空间，并探讨每类活动空间的特征，以及基于GPS数据生成的活动空间的特性。进而在个体活动空间刻画的基础上，考察城市建成环境对居民各类非工作活动的影响，利用多元线性回归模型分析不同地理背景下的城市建成环境要素对购物、休闲、就餐活动的影响，并将居住区和不同方法测度的活动空间作为地理背景进行比较。

10.1　个体活动空间的刻画

在常见的刻画个体活动空间的方法中，椭圆法应用最为广泛，具有多种生成方法，如涵盖一定置信度活动点的标准置信椭圆，以家和工作地为焦点涵盖所有活动点的椭圆等；多边形法一般利用涵盖所有活动点的最小凸多边形刻画活动空间；基于路网的最短路径分析法基于已知的活动点进行网络分析，推断可能的出行路线，从而对出行路线进行缓冲分析，刻画活动空间；核密度分析法在已有活动点的基础上进行空间插值，侧重表达活动在空间中的分布特征。

本节基于 GPS 轨迹与活动日志相结合的居民一周活动与出行数据，利用标准置信椭圆法、最小凸多边形法、缓冲区分析法、核密度分析法四种不同的方法，以及不同的汇总时间尺度、不同的缓冲区半径，对每个样本生成不同类型的一周活动空间。并通过对各类活动空间的生成过程、基本形态、面积进行统计和相关分析，探讨每类活动空间的特征，以及基于 GPS 数据生成的活动空间的特性。

10.1.1　个体活动空间的刻画方法

1）标准置信椭圆法

椭圆是最常见的刻画活动空间的图形之一，而根据如何确定椭圆的两个焦点以及是否覆盖全部活动点又可分为不同的方法（Newsome et al，1998；Schönfelder and Axhausen，2003；Sherman et al，2005）。如纽瑟姆利用出行数据将居民的家和工作地作为椭圆的两个焦点，并通过覆盖最远到达的区域来生成椭圆（Newsome et al，1998）。本研究采用标准置信椭圆法，该方法首先通过位置点在 x 轴和 y 轴上的均值计算椭圆中心，进而分别计算位置点在 x 轴和 y 轴上的标准差确定椭圆的长短轴，通常用来估计位置点在空间上分布的范围和方向。与传统的问卷数据相比，利用 GPS 的位置点生成标准置信椭圆刻画活动空间同时考虑了活动的空间范围和出行经过的空间范围，并且具有更高的时空精度。

利用 ArcGIS 10.0 空间统计工具提供的标准置信椭圆功能实现标准置信椭圆的生成，考虑到 GPS 数据存在的数据噪声，采取 95％置信度的椭圆进行个体活动空间的刻画，即生成的椭圆覆盖了近 95％的 GPS 空间位置点。研究还利用一日和一周两种不同的时间尺度进行汇总和椭圆的生成，分别得到七个一日活动椭圆和一个七日活动椭圆，最终分别用七个一日活动椭圆的叠加和七日活动椭圆来表示个体一周的活动空间（图 10-1）。

2）最小凸多边形法

最小凸多边形指包含所有位置点，并且所有内角均不超过 180 度的最小多边形，近期也被用于刻画人类活动和出行（Buliung and Kanaroglou，2006；Fan and Khattak，2008；Wong

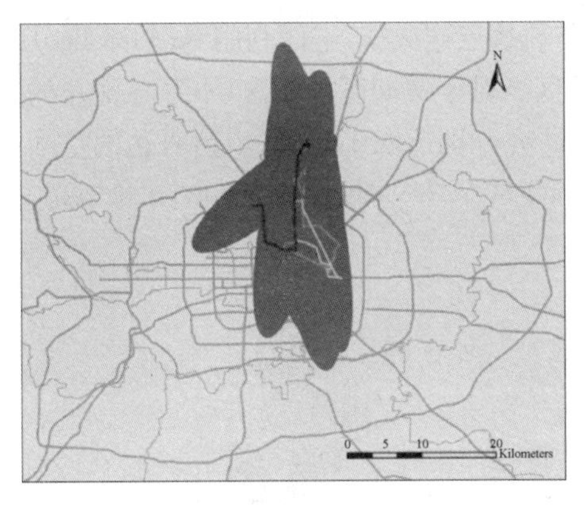

(a) 一日椭圆的叠加

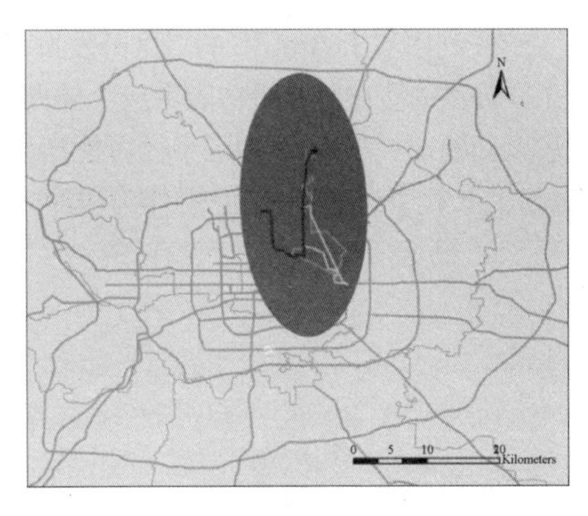

(b) 七日椭圆

图 10-1　基于标准置信椭圆法生成的个体活动空间

and Shaw,2011)。该方法的基础观点是经常访问的区域以及这些区域之间的地域对于个体具有重要影响。黄和萧提出了基于问卷获取的活动地点数据利用这种方法存在的一个问题,即人们在不同活动地点之间的出行并不是直线,因此生成的最小凸多边形不能代表真实的到达区域(Wong and Shaw,2011)。而 GPS 轨迹数据包含的出行位置信息在一定程度上为这种方法存在的问题提供了解决方案。

利用基于 ArcGIS 的二次开发工具包 Hawth's Analysis Tools 生成最小凸多边形[①],同样利用一日和一周两种汇总时间尺度,分别用七个一日活动凸多边形的叠加和七日凸多边形来表示个体一周的活动空间(图 10-2)。

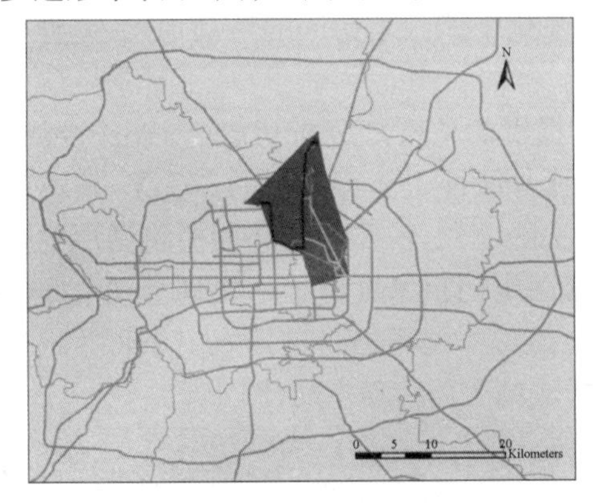

(a) 一日凸多边形的叠加

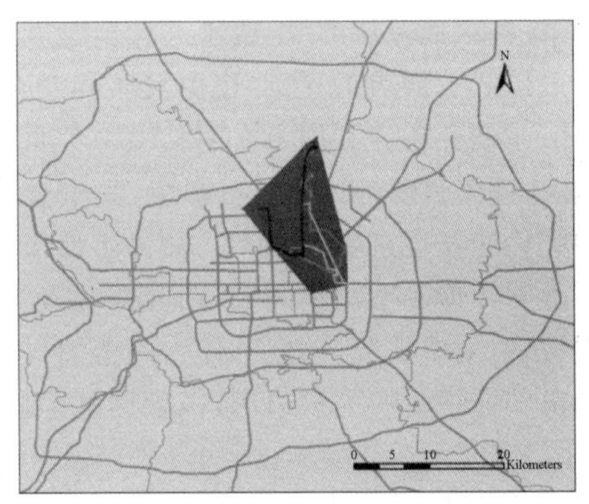

(b) 七日凸多边形

图 10-2　基于最小凸多边形法生成的个体活动空间

3) 缓冲区分析法

对于基于问卷获取的活动日志数据,学者们尝试利用最短路径网络分析法来模拟实际的出行路径,以刻画个体的活动空间(Schönfelder and Axhausen,2003)。而对于 GPS 轨迹数据,则只需要对轨迹点进行连接生成个体路径,进而通过缓冲区分析生成活动空间。

---

① 由 Hawthorne L. Beyer 开发的基于 ArcGIS 平台二次开发的空间分析工具,http://www.spatialecology.com。

首先利用基于 ArcGIS 的二次开发按时间顺序将轨迹点连成线，进而利用 ArcGIS 10.0 分析工具提供的缓冲区分析功能生成个体路径的缓冲区。对于缓冲区分析法，不存在汇总的时间尺度问题，但考虑到缓冲区半径可能产生的影响，研究分别选取 1 千米(步行可达的空间范围)和 3 千米(认知的空间范围)作为缓冲区分析半径，生成个体一周的活动空间(图 10-3)。

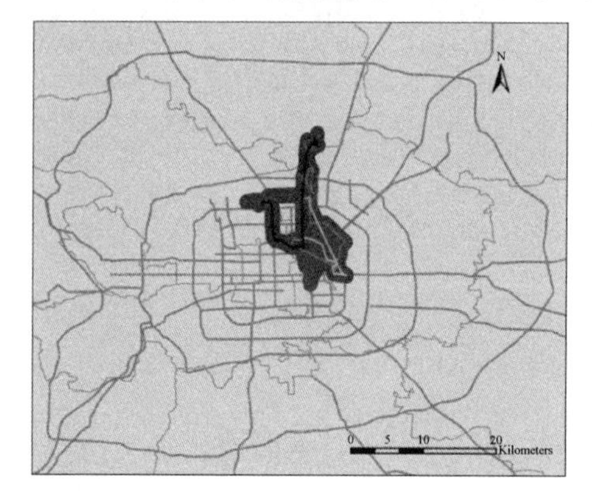

(a) 1 千米缓冲区

(b) 3 千米缓冲区

图 10-3　基于缓冲区分析法生成的个体活动空间

4) 核密度分析法

核密度分析法将一系列点转换为能够表达点密度的连续的面，也被应用于活动空间的表达(Schönfelder and Axhausen，2003；Kwan et al，2009)。与基于问卷的活动日志数据相比，由于 GPS 定位的时间间隔相对固定，使得 GPS 轨迹点的密度带有一定的时间累计效应，因此基于 GPS 轨迹进行核密度分析能够强化个体频繁访问的活动地点，使得核密度的趋势面更加真实，也更具实际意义。

本研究首先利用 ArcGIS 10.0 空间分析工具提供的核密度分析功能(Kernel density)计算核密度趋势面栅格图层，其中搜索半径选择与缓冲区分析相同的 1 千米，输出的单元格边长也选择 1 千米。而为了便于与其他方法的比较，需要在趋势面栅格图层的基础上对个体的活动空间进行刻画和测度，研究通过一定的核密度门槛值实现活动空间的提取，针对本研究，选取 0 作为门槛值(即核密度值超过 0 的栅格将被提取出来)，并将提取出的栅格转换为多边形，来表达基于核密度分析法的个体活动空间(图 10-4)。

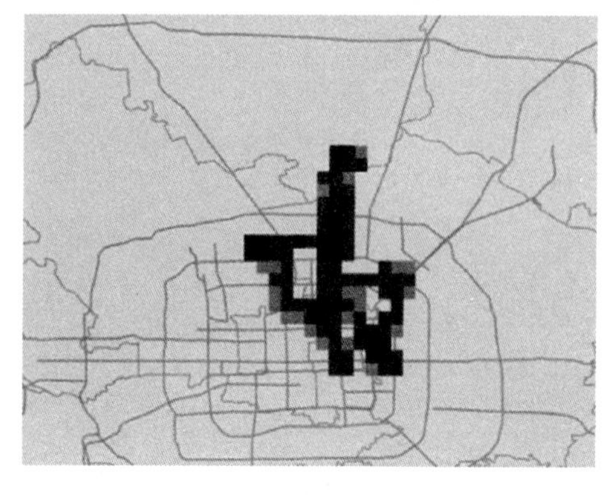

(a) 核密度分析趋势面

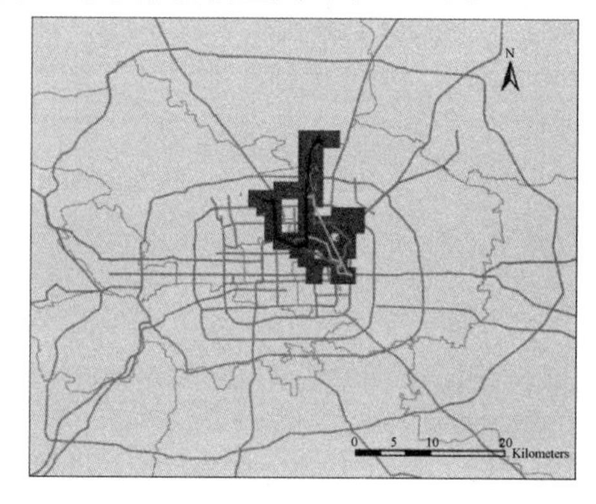

(b) 提取的活动空间

图 10-4　基于核密度分析法生成的个体活动空间

10.1.2 个体活动空间刻画方法的比较

根据研究所论述的四种个体活动空间刻画方法(置信椭圆法、最小凸多边形法、缓冲区分析法、核密度分析法)以及选择不同的汇总时间尺度和缓冲区半径,共得到七类个体活动空间,它们分别是一日置信椭圆叠加、七日置信椭圆、一日最小凸多边形叠加、七日最小凸多边形、1千米缓冲区、3千米缓冲区和核密度分析。

基于2010年对天通苑和上地居民的调查数据,研究利用每个样本一周的GPS轨迹生成七类活动空间,对样本七类活动空间的面积进行统计以及相关分析(表10-1,表10-2)。

表10-1 基于不同方法的样本活动空间面积统计(单位:平方千米)

	一日置信椭圆叠加	七日置信椭圆	一日最小凸多边形叠加	七日最小凸多边形	1千米缓冲区	3千米缓冲区	核密度分析
均值	759.47	564.19	257.20	307.78	158.15	362.76	127.92
最小值	51.61	30.75	18.60	18.97	29.71	90.99	18.00
最大值	6282.18	4167.08	1917.60	2190.83	564.19	1296.07	902.00
标准差	1048.86	715.72	333.82	394.04	101.74	234.41	113.62

表10-2 基于不同方法的样本活动空间面积相关分析

	一日置信椭圆叠加	七日置信椭圆	一日最小凸多边形叠加	七日最小凸多边形	1千米缓冲区	3千米缓冲区	核密度分析
一日置信椭圆叠加		0.883**	0.972**	0.122	0.874**	0.914**	0.574**
七日置信椭圆			0.891**	0.067	0.848**	0.875**	0.579**
一日最小凸多边形叠加				0.087	0.910**	0.947**	0.609**
七日最小凸多边形					0.065	0.075	0.048
1千米缓冲区						0.986**	0.705**
3千米缓冲区							0.690**
N	100	100	100	100	100	100	100

注:**对应0.01的显著性水平。

1)不同方法生成的活动空间具有较大差异,但又互相相关

从活动空间的空间形态和面积统计都可以看出,基于不同方法得到的活动空间具有很大差异,其中基于置信椭圆法和最小凸多边形法生成的活动空间面积较大,居民间的差异也较大;而基于缓冲区和核密度分析法得到的活动空间面积较小,居民间差异相对较小。而从不同方法的相关分析可以看出,除了七日最小凸多边形以外,其他的各类活动空间均具有较强的相关性。尤其是1千米缓冲区和3千米缓冲区,置信椭圆叠加、最小凸多边形叠加和3千米缓冲区之间的相关系数非常高。可见,不同的方法侧重表现活动空间的不同方面,但它们都在一定程度上反映了人的活动情况。

2）基于置信椭圆法生成的活动空间面积过大，椭圆的其他参数也可作为测度指标

从对于活动空间面积的统计可以发现，基于置信椭圆法生成的活动空间面积较大，尤其活动空间面积的最大值非常大，如一日置信椭圆叠加方法生成的活动空间的最大值达到 6 282.18 平方千米，其中包含了相当一部分样本未曾到达的区域。根据置信椭圆的生成过程和面积统计可以推断，当样本在某个较远距离的地点发生活动时，将对基于置信椭圆方法生成的活动空间面积产生较大影响。而在另外一方面，置信椭圆的分布方向、长短轴之比等其他参数同样可以作为行为的测度指标。

3）最小凸多边形法效果不理想

最小凸多边形法的不理想主要表现在两个方面：一方面，从空间形态看，由于只包含活动点形成的多边形的内部范围，距离活动点很近的外侧空间将被排除，而事实上这部分空间也是对居民具有重要意义的；另一方面，由于该方法生成的活动空间不存在置信度，而是包含所有的位置点，对于远距离的活动地点将会更加敏感，这也在一定程度上解释了基于七日最小凸多边形生成的活动空间与其他方法生成的活动空间相关性较差，可能是由于一旦在一周中的某一天有远距离的活动，一周活动空间都将变得非常大。因此，该方法更加适用于惯常行为的数据。

4）缓冲区分析法最接近实际到达的范围，缓冲区半径的选择十分关键

相对于其他方法，基于 GPS 数据的缓冲区分析非常接近样本实际的活动空间，但从 1 千米和 3 千米缓冲区面积的差异可以发现，缓冲半径对于基于缓冲区分析的活动空间具有显著影响，因此在进行缓冲区分析时，选择合理的分析半径至关重要。

5）核密度分析能够反映活动空间内部的异质性，关键变量的选择十分重要

核密度分析法与其他方法最大的差异就在于能够反映活动空间内部的异质性，即能够突出显示访问最为频繁的空间，因此可以通过设置门槛值进行活动空间的提取，将访问频率大于一定门槛值的空间提取出来。而当门槛值选择为 0 时，基于该方法提取出的活动空间将与缓冲区分析方法非常相似。可见对于此方法，搜索半径、栅格半径和空间提取的门槛值都非常重要。

6）基于 GPS 数据的活动空间生成具有明显优势，但数据缺失和数据噪声将对不同方法产生不同的影响

相对于传统的问卷数据，利用 GPS 数据测度居民的活动空间具有明显优势。首先，GPS 数据具有较高的时空精度，能够更加精确地测度活动空间；其次，GPS 数据能够反映居民的出行路径，刻画的活动空间更加贴近实际情况，并且 GPS 数据能够通过点的多少体现时间要素；再次，GPS 定位点较多，从技术角度上更利于实现活动空间的生成；最后，GPS 与网络相结合可进行较长阶段的数据获取，利于进行不同天之间活动空间的差异性研究。

与此同时，由于 GPS 数据存在的数据缺失和数据噪声，将对活动空间的生成产生不利影响，而这种不利影响在不同的方法之间存在差异。如对于最小凸多边形法和缓冲区分析法，数据噪声点，尤其是远距离漂移点将造成活动空间的扩大，将一部分不真实的空间包含进来。而对于缓冲区分析法和核密度分析法，数据缺失将产生较大的影响，当出行的数据缺失时，将可能造成个人路径及缓冲区通过个体实际上并未到达的空间，而大量的数据缺失也将对核密度分析产生较大的影响。

10.2 活动空间与郊区生活空间的比较

城市空间与活动-移动行为的相互关系是城市规划和交通研究中的热点(Handy,2005;Zhang,2005;Cao et al,2009)。随着新城市主义与精明增长策略受到广泛关注,国外已有大量研究关注建成环境对于人的日常活动与出行的影响。然而,已有研究主要关注居住区及其附近的建成环境,这主要是因为作为社会经济背景的人口普查数据较为方便获取。然而,由于地理背景不确定性问题的存在,把居住区作为影响人们日常活动与出行的地理背景的研究范式受到挑战(Kwan,2014)。一方面,居住区的测度本身就未形成统一的方法,可通过行政区边界、居民认知的边界、距离居民居住地一定距离的空间等多种方法进行测度;另一方面,居住区并不能准确地代表影响居民活动与出行的真实地理背景,工作地、学校等附近的空间对于居民同样具有重要作用。

本节利用 2010 年调查数据和多元线性回归模型,考察城市建成环境对居民各类非工作活动的影响,并在居住区和基于不同方法的活动空间测度的基础上,对于居住区和活动空间内建成环境的影响进行对比,即考察居住区附近的建成环境与活动空间中的建成环境对居民非工作活动的影响。

10.2.1 模型与变量

本研究对郊区生活空间的界定主要指郊区居民居住区及其附近的空间。对于居住区的空间的测度方法有行政区边界、居民认知边界、真实距离等多种方法,考虑到样本居住区天通苑与亦庄的规模以及设施情况,本研究采取居民居住地附近以 3 千米为半径的圆形区域对居住区进行简化的测度。在居住区的测度与不同类型活动空间的测度的基础上,研究建成环境对非工作活动时间分配的影响。

在 2010 年的调查中,活动类型被分为在家、工作、购物、休闲娱乐、外出就餐、接送和其他活动七类,考虑到工作地和通勤行为对于活动空间具有较强的塑造性影响,若考察活动空间中的建成环境与工作活动的关系可能存在共线性的问题,因此研究主要关注建成环境对购物、休闲娱乐和外出就餐三类非工作活动的影响。

研究选取时间分配的分析模型,该模型的基础观点为单位时间的分配可被视为一个选择进行某类活动或是回家的决策过程(Pindyck and Rubinfeld,1998;Zhang,2005)。模型公式为

$$T_m\left(\frac{T_m}{T_1}\right)=\beta_{m_0}+\beta_{m_1}X_1+\beta_{m_2}X_2+\cdots$$

其中:T_m 表示非工作活动 m 所占用的时间;T_1 表示在家的时间;X 为解释变量;β 为回归系数。

根据模型公式,研究的因变量为某类非工作活动时间占在家时间比例的对数值 $\ln\left(\frac{T_m}{T_1}\right)$,具体包括购物、休闲娱乐和外出就餐三类活动。核心的自变量为居住区和不同活动空间中的建成环境情况,其中建成环境情况针对不同的活动,基于 POI 设施分布数据,对各类居住区和活动空间中相关的商业、休闲娱乐设施和饭店的数量进行统计。除居

住区外，考虑到一日最小凸多边形、3千米缓冲区两类活动空间方法分别与一日置信椭圆叠加和1千米缓冲区具有较强的相关性，选取一日置信椭圆叠加、七日置信椭圆、七日最小凸多边形、1千米缓冲区和核密度分析五类活动空间进行对比。即针对三类活动的六类空间进行回归分析，一共建立了18个多元线性回归模型。此外，在模型中，对性别、年龄、收入、就业状况、户口、家庭人数、小汽车拥有这些可能对非工作活动产生影响的个人社会经济属性进行控制。

10.2.2 商业设施对购物活动的影响

居住区与五类活动空间中商业设施对购物活动影响的模型结果如表10-3所示，模型的因变量是购物活动的时间分配，核心自变量是居住区与五类活动空间中商业设施的数量。从拟合结果的R^2值看，居住区模型的拟合效果最好，校正R^2值为0.152，各类活动空间模型的校正R^2值均在0.11左右，其中这种相对不高的R^2值在时间分配的模型中较为常见(Zhang,2005)。

表10-3 购物活动的回归模型结果

	居住区	一日置信椭圆叠加	七日置信椭圆	七日最小凸多边形	1千米缓冲区	核密度分析
商业设施	−0.209**	0.066	0.059	−0.034	0.048	0.077
男性	−0.174*	−0.186*	−0.190*	−0.181*	−0.184*	−0.187*
年龄	0.189*	0.189*	0.188*	0.193*	0.187*	0.190*
收入	−0.103	−0.088	−0.085	−0.068	−0.082	−0.081
全职工作	0.005	0.007	0.008	−0.006	0.000	0.003
北京户口	0.087	0.052	0.051	0.074	0.060	0.055
家庭人数	−0.360***	−0.350***	−0.352***	−0.350***	−0.346***	−0.341***
小汽车拥有	−0.134	−0.090	−0.090	−0.103	−0.089	−0.090
R^2	0.233	0.196	0.195	0.193	0.194	0.197
校正R^2	0.152	0.111	0.110	0.108	0.109	0.113

注：***对应0.01的显著性水平，**对应0.05的显著性水平，*对应0.1的显著性水平。

居住区附近的商业设施与居民的购物时间分配具有显著的负相关关系(回归系数为−0.209)，即当控制住其他社会经济变量后，居住区附近的商业设施越多，居民在购物上花费相对较少的时间。该结果与对于社区商业设施的一般认知相反，一般认为居住区附近商业设施较多将会导致居民购物时间的增加。可能是由于在北京的郊区居住区中商业设施相对较少，本地商业设施的不完善导致居民需要在距离居住区较远的地方进行购物，导致购物时间的增加。另外，研究的样本主要分布在天通苑和亦庄两个区域，使得同一个社区样本之间居住区附近商业设施数量差别不大，对模型的拟合结果产生了影响。各类活动空间中商业设施和购物活动时间分配的关系不显著。

在社会经济属性方面，性别和家庭人数与购物时间分配具有显著的负相关关系，年龄和购物时间分配具有显著的正相关关系，与国外的类似研究结果基本一致(Kitamura et al,1997;Zhang,2005)。其中女性和老年人由于承担更多的家庭责任以及个人兴趣，在购物上花费更长的时间。而人数较多的家庭由于家庭责任由更多的人承担，每个人需要承担的部分相对减少，该变量表现出较高的显著度和较高的负回归系数。

模型的拟合效果反映出对于购物活动，居住区范围作为地理背景的解释程度(居住区附近商业设施的缺乏)好于活动空间范围作为地理背景。

10.2.3 娱乐设施对休闲娱乐活动的影响

居住区与五类活动空间中休闲娱乐设施对休闲娱乐活动影响的模型结果如表 10-4 所示，模型的因变量是休闲娱乐活动的时间分配，核心自变量是居住区与五类活动空间中休闲娱乐设施的数量。从拟合结果的 R^2 值看，所有模型的拟合效果都不佳，R^2 值在 0.015 至 0.025 之间，而各类空间中的休闲娱乐设施数量对休闲娱乐活动的影响均不显著。

表 10-4 休闲娱乐活动的回归模型结果

	居住区	一日置信椭圆叠加	七日置信椭圆	七日最小凸多边形	1 千米缓冲区	核密度分析
休闲娱乐设施	−0.036	0.027	0.105	0.060	0.017	0.074
男性	0.053	0.048	0.043	0.053	0.048	0.049
年龄	−0.193*	−0.196*	−0.194*	−0.196*	−0.194*	−0.185*
收入	−0.148	−0.154	−0.164	−0.164	−0.152	−0.156
全职工作	0.052	0.053	0.064	0.056	0.051	0.060
北京户口	−0.058	−0.065	−0.087	−0.074	−0.061	−0.068
家庭人数	−0.185*	−0.181*	−0.186*	−0.182*	−0.180*	−0.174*
小汽车拥有	0.093	0.094	0.107	0.100	0.093	0.100
R^2	0.098	0.097	0.106	0.100	0.097	0.101
校正 R^2	0.016	0.015	0.025	0.018	0.014	0.020

注：* * * 对应 0.01 的显著性水平，* * 对应 0.05 的显著性水平，* 对应 0.1 的显著性水平。

在社会经济属性方面，年龄和家庭人数与休闲娱乐活动的时间分配具有负向的相关关系。即年轻人利用更多的时间进行休闲娱乐，而人数较多的家庭中的个人由于需要陪伴家人或承担家庭责任，休闲娱乐的时间相对较少。

模型的拟合效果反映出对于休闲娱乐活动，居住区范围作为地理背景与活动空间范围作为地理背景的解释程度差别不大。

10.2.4 餐饮设施对外出就餐的影响

居住区与五类活动空间中饭店数量对外出就餐影响的模型结果如表 10-5 所示，模型的因变量是外出就餐的时间分配，核心自变量是居住区与五类活动空间中饭店的数量。

从拟合结果的 R^2 值看，活动空间模型的拟合度好于居住区。其中一日置信椭圆叠加和七日置信椭圆内的饭店数量影响不显著，而七日最小凸多边形、1 千米缓冲区和核密度分析活动空间中的饭店数量对于居民外出就餐的时间具有显著的正向的影响。由于居民可能在工作地附近和回家的路上进行外出就餐，因此家附近的饭店数量的影响不如样本的活动空间，尤其是更多地反映出行路径附近饭店数量情况的 1 千米缓冲区和核密度分析模型的拟合效果更佳，饭店数量的回归系数更高，反映了出行路径附近的饭店数量对外出就餐影响更显著。而该回归模型的结果支持了本研究活动空间作为重要地理背景的观点。

表 10-5　外出就餐的回归模型结果

	居住区	一日置信椭圆叠加	七日置信椭圆	七日最小凸多边形	1 千米缓冲区	核密度分析
饭店	0.079	0.147	0.146	0.165*	0.295***	0.329***
男性	−0.076	−0.062	−0.073	−0.053	−0.054	−0.056
年龄	−0.197*	−0.202**	−0.203**	−0.204*	−0.192*	−0.168*
收入	−0.081	−0.106	−0.101	−0.119	−0.108	−0.098
全职工作	−0.156	−0.134	−0.132	−0.135	−0.136	−0.119
北京户口	0.157	0.132	0.126	0.124	0.137	0.116
家庭人数	−0.146	−0.155	−0.158	−0.154	−0.136	−0.121
小汽车拥有	0.336***	0.362***	0.361***	0.367***	0.401***	0.388***
R^2	0.195	0.209	0.208	0.214	0.272	0.292
校正 R^2	0.122	0.137	0.136	0.142	0.206	0.228

注：***对应 0.01 的显著性水平，**对应 0.05 的显著性水平，*对应 0.1 的显著性水平。

在社会经济属性方面，年龄对外出就餐时间具有显著的负向关系，小汽车拥有情况与外出就餐时间具有显著的正向相关关系，基本符合一般认知，即年轻人花费更多的时间外出就餐，而有小汽车的人由于机动性较强，更加便于进行外出就餐活动。

模型的拟合效果反映出对于外出就餐，活动空间范围作为地理背景的解释程度显著优于居住区范围作为地理背景。

10.3　小结

本章首先利用不同的方法及参数对个体的一周活动空间进行刻画，并探讨各类方法的特征，以及 GPS 数据的特性。之后在不同的活动空间刻画方法的基础上，对各类活动空间和郊区居住空间进行对比，考察不同活动空间内的建成环境特征对居民非工作活动时间利用的影响。

1）个体活动空间的刻画对郊区空间研究具有重要意义，不同方法各有特点

对于个体活动空间的刻画将个体一日或一周中的活动作为一个整体，并在空间上进行刻画。对于郊区空间研究，通过对个体整体活动情况的刻画和测度不仅可以更好地理

解郊区空间，还可以透视郊区空间与城市空间其他组成部分的关系。

对于个体活动空间的刻画存在多种方法，不同方法生成的活动空间具有较大差异，但又互相相关。其中基于置信椭圆法生成的活动空间面积过大，而椭圆的焦点、延伸方向、长短轴之比等也可作为对于行为的测度指标。最小凸多边形法由于包含的空间较为片面，且对远距离活动点较为敏感，更加适用于惯常活动的数据，在本研究中的刻画效果不理想。缓冲区分析法最接近实际到达的范围，但缓冲区半径的选择十分关键而又具有一定的主观性。核密度分析法能够反映活动空间内部的异质性，搜索半径、栅格选取门槛值等关键变量的选择十分重要。而相比于传统的问卷数据，基于 GPS 数据的活动空间生成具有明显优势，但数据缺失和数据噪声将对不同方法产生影响。

2）对于不同活动，郊区居民的活动空间与郊区生活空间作为地理背景的解释程度存在差异

由于地理背景不确定性问题的存在，在城市空间对居民行为影响的研究中，地理背景的刻画就显得十分重要。研究基于 2010 年天通苑和亦庄的调查数据，在基于前文提到的各类方法生成活动空间的基础上，将活动空间作为影响居民非工作活动的地理背景，与传统研究中最常用的居住区空间进行对比，考察居民的活动空间和郊区生活空间作为地理背景的有效性。

研究发现，对于不同活动，活动空间和居住区空间作为地理背景的解释程度存在差异。以天通苑和亦庄样本为例，对于购物活动，居住区范围作为地理背景的解释程度较好；对于外出就餐活动，活动空间尤其是缓冲区刻画的活动空间作为地理背景的解释程度显著优于居住区范围；而对于休闲娱乐活动，各类活动空间和居住区范围的解释程度均较差。可见，在进行城市空间对居民行为的影响的研究时首先需要确定合适的地理背景。而随着中国城市空间与郊区空间的不断发展变化，这种地理背景的确定会越来越复杂。

11 基于居民活动空间的城郊关系

在郊区人口增加、用地扩张、蔓延式开发的大背景下，涌现出了大量通过人口、居住、工业、商业、办公业等要素的流向和分布趋势进行的郊区与郊区化研究（冯健，2003）。也有部分学者从微观视角出发关注居民行为，如研究居民的迁居与购物行为透视居住郊区化及商业郊区化的过程与机制，通过通勤行为探讨郊区化背景下的职住关系（柴彦威等，2002；宋金平等，2007；张艳等，2009）。而对于居民而言，迁入郊区后的理想状态是在郊区维持日常生活，即从居住郊区化逐渐走向日常生活的郊区化（柴彦威，1995；张艳，柴彦威，2013）。因此，从居民日常活动空间的视角研究郊区居民对于城市空间的适应和反作用，以及中心城区与郊区之间的关系具有重要意义。

国内已有活动空间研究往往基于传统问卷调查数据利用密度插值法从汇总的角度进行分析（颜亚宁，2009；许晓霞等，2010），由于忽略了居民的个体差异性，只能对活动空间的特征进行描述，无法深入挖掘居民活动空间的影响机制。本章在前文个体整日活动空间刻画的基础上，选择标准置信椭圆法生成样本个体的整日活动空间，在个案分析的基础上，利用GIS空间分析研究居民工作日和休息日的日常活动空间及其对北京中心城区以及郊区生活空间的利用情况，从非汇总角度对郊区居民的活动空间进行测度和分析。并在居民工作日和休息日活动空间特征分析的基础上，研究居民活动利用情况的影响因素，从而透视中国大城市中心城区与郊区空间之间的关系。

11.1 城区空间、郊区生活空间与个体的活动空间

11.1.1 城区空间、郊区生活空间与个体活动空间的刻画

在前文基于2010年数据采用各类方法对个体活动空间进行刻画的基础上，结合本研究的研究问题和数据特征确定个体活动空间的测度方法。本研究需要刻画出个体活动的空间范围，以便利用模型进行影响因素的分析，密度插值法侧重对活动分布特征的表达，而不强调具体的活动空间范围；利用GPS数据可省去最短路径分析法的网络分析部分，仅需要构建缓冲区进行分析，但缓冲区半径的确定具有较强的主观性，因此排除以上两种方法。多边形法仅强调几个顶点内的活动范围，而离实际活动点距离很近的空间也可能由于在外侧而被排除，因此选择椭圆法对活动空间进行刻画。

对于样本一天的GPS轨迹，生成95%置信度的标准置信椭圆，进行个体活动空间的刻画。对个体一日活动空间进行叠置分析，以不同日活动空间的并集来刻画个体的日常活动空间。鉴于在工作日和休息日，居民的活动空间可能存在较大差异，本研究分别对工作日的五天和休息日的两天活动空间进行叠置分析，得到居民工作日的活动空间和休息日的活动空间。

为了考察样本对北京城区空间以及郊区生活空间的利用情况，研究还进行了居民活动空间与城区空间和案例地区郊区生活空间的叠置分析。以四环内的空间代表北京城区空间[①]，为了便于进行天通苑和亦庄的比较，对其空间范围进行了标准化，考虑天通苑与亦庄的社区空间范围以及居民的可达范围，分别以天通苑和亦庄的核心区为圆心，作半径为3千米的圆，来代表天通苑和亦庄的郊区生活空间[②]（图11-1）。利用样本活动空间与城区空间、郊区生活空间交集的面积及其在样本活动空间中所占比例来衡量居民对于空间的利用以及城郊关系。

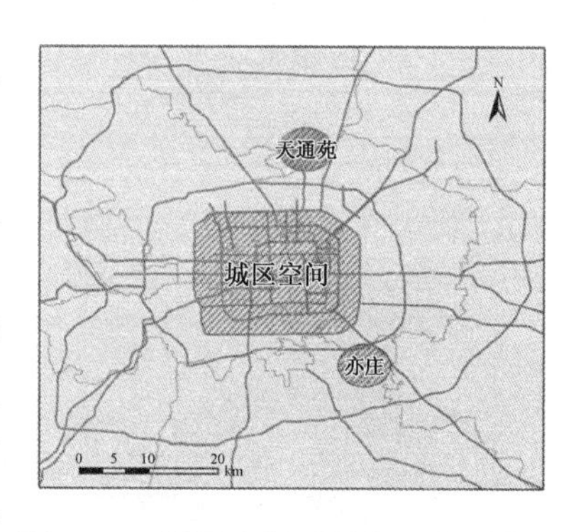

图11-1 城区空间以及郊区生活空间

11.1.2 居民活动空间的个案分析

选择居住在天通苑的样本T_{07}作为案例介绍个体活动空间刻画以及空间分析的全过程[③]。根据样本被调查期间一周的活动轨迹及活动空间（图11-2a—图11-2g），样本工作日的活动情况较为简单和固定，在空间上的移动基本遵循家-工作地-家的规律，尽管每天

---

① 本研究划定的四环内空间面积为320平方千米。

② 本研究划定的天通苑和亦庄的空间面积均约为30平方千米。

③ 该样本居住于天通苑北二区，是一名52岁的女性，就业于海淀区中央财经大学附近的某事业单位，每天开私家车进行通勤，偶尔乘坐地铁。

通勤可能选择不同的交通方式和出行路线，但活动空间变化不大①。样本周六和周日分别有一次外出购物活动，其休息日的活动空间与工作日有较大差异。对每天的活动空间叠加后得到工作日和休息日的活动空间②(图 11-2h，图 11-2i)。

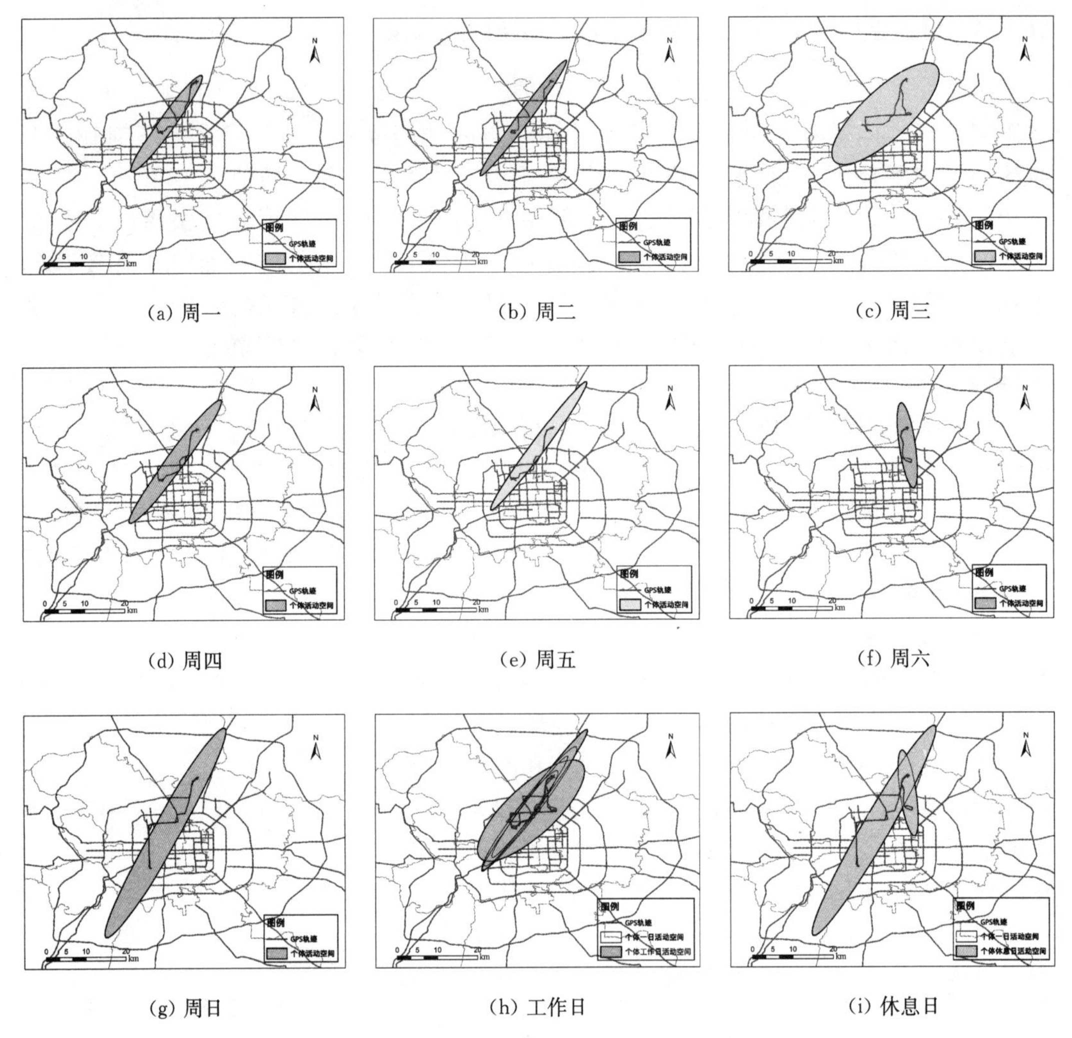

图 11-2 个体一日活动空间及多日活动空间叠置分析

将样本工作日和休息日的活动空间分别与前文定义的城区空间和居住区空间进行叠置分析，得到样本工作日和休息日活动空间在城区内和居住区内的范围③(图 11-3)。

---

① 样本周三下班后在朝阳区惠新东桥附近进行了一次购物活动，造成其当天的活动空间变大。

② 其工作日的活动空间范围约为 284 平方千米，休息日的活动空间范围约为 282 平方千米。

③ 样本工作日活动空间在城区内范围约为 121 平方千米，占其工作日活动空间的 42.52%；休息日活动空间在城区内范围约为 111 平方千米，占其休息日活动空间的 39.57%。其工作日和休息日活动空间在居住区内的范围分别为 25 平方千米和 26 平方千米，占其工作日和休息日活动空间的 8.67%和 9.27%。

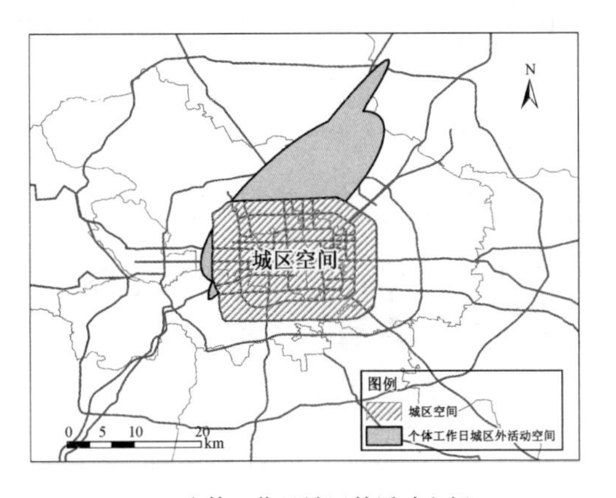

(a) 个体工作日城区外活动空间

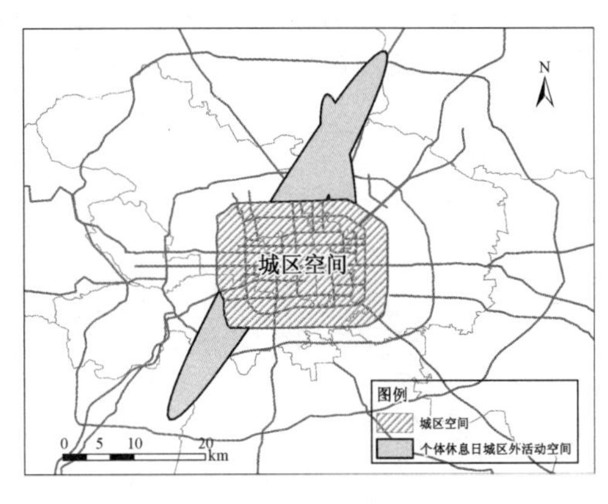

(b) 个体休息日城区外活动空间

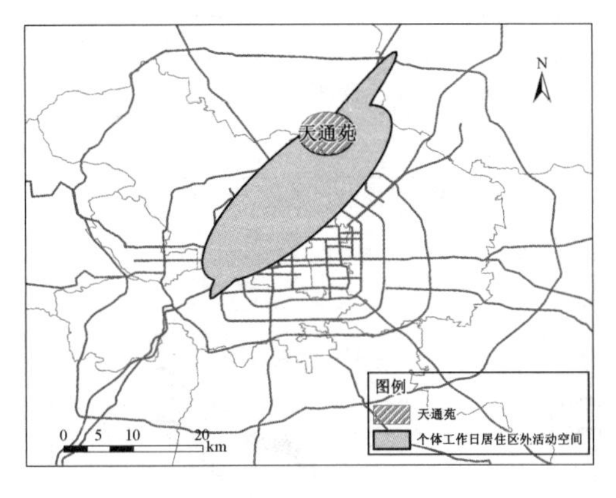

(c) 个体工作日居住区外活动空间

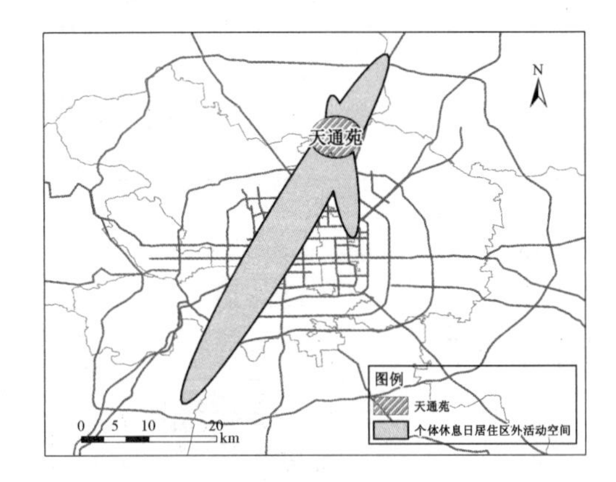

(d) 个体休息日居住区外活动空间

图 11-3　个体活动空间与城区空间及郊区生活空间叠置分析

11.1.3　居民活动空间与城区空间

对所有样本活动空间与城区空间叠置分析的结果进行统计，对样本活动空间在城区内的面积以及城区内活动空间的比例进行表达①(图 11-4②，图 11-5)。

居民活动空间在四环内的面积基本上与其活动空间正向相关。在工作日，样本居民较为依赖城区空间，当居民的活动空间面积超过一定数量时，其必然会涵盖部分城区空间，也有部分居民的活动空间涵盖了全部城区空间。而在休息日，居民对城区空间的依赖性有所下降，有相当数量居民无需利用城区空间。

样本四环内活动空间占活动空间的比例基本分布于 0%至 60%的范围内，休息日部分居住在城区而在亦庄就业的居民四环内活动空间的比例为 100%。工作日，样本的四环内活动空间比例在 0%至 60%的范围内呈正态分布，而在休息日，样本中 60%的天通

① 由于亦庄有部分样本居住于其他地区而在亦庄工作，此类样本对于城区空间的利用与居住于亦庄的居民有一定的差异，因此单独作为一类样本进行统计。

② 有个别活动空间极大的样本，其活动空间基本上涵盖了城区内所有部分，为了图示的表达效果，只表达活动空间面积为 1 500 平方千米及其以下的样本情况。

苑居民和40%的亦庄居民的活动空间与城区空间无交集。亦庄居民的四环内活动空间比例大于天通苑居民。

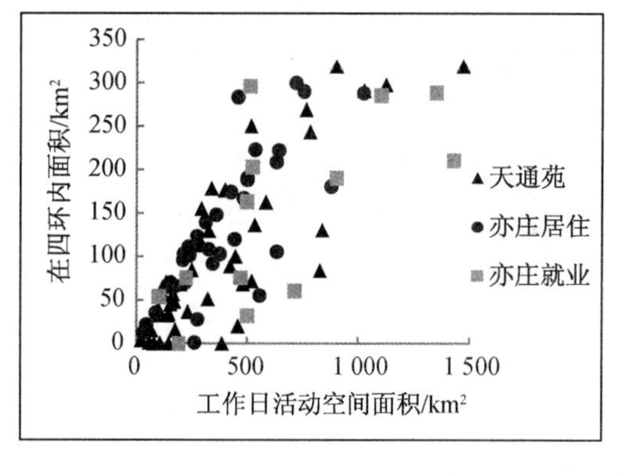

(a) 工作日

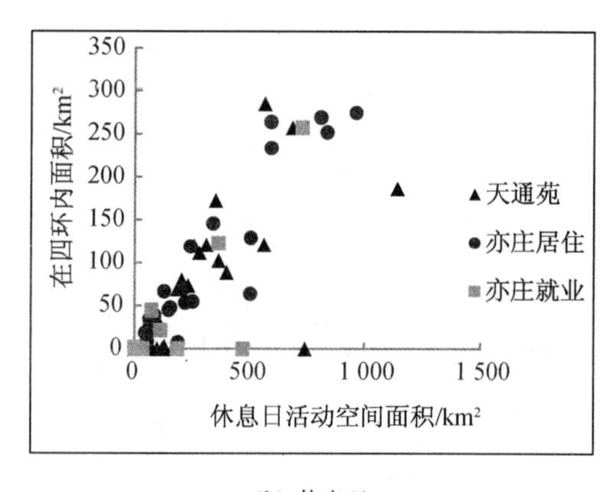

(b) 休息日

图 11-4　样本活动空间及其四环内活动空间示意图

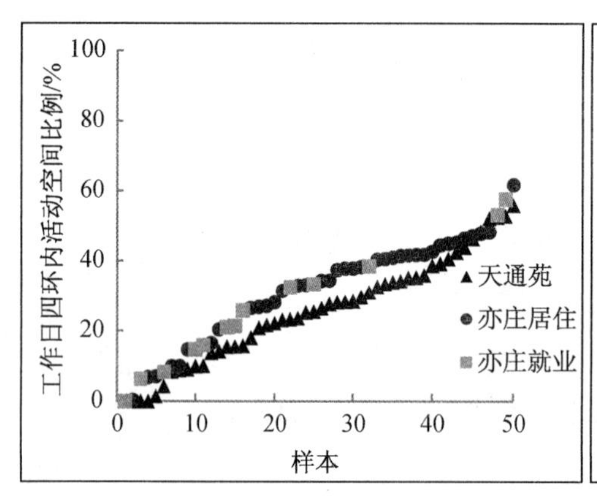

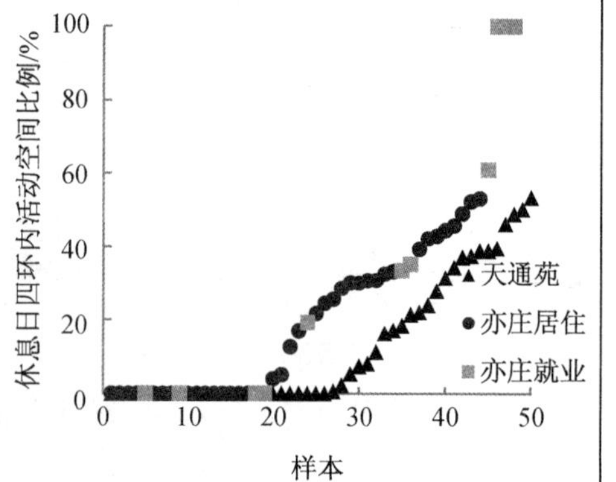

图 11-5　样本四环内活动空间占活动空间比例分布图

11.1.4　居民活动空间与郊区生活空间

对所有样本活动空间与案例社区生活空间叠置分析的结果进行统计，对样本活动空间在案例社区内的面积以及案例社区内活动空间的比例进行表达(图 11-6，图 11-7)。

由于家是居民活动中最重要的结点，居民均会在一定程度上对郊区生活空间进行利用。根据本研究样本情况，当居民的活动空间较小时，案例社区内活动空间的面积基本上与其活动空间正向相关。而当居民的活动空间面积超过一定数量时，其倾向于涵盖全部的社区内空间①。

样本案例社区内活动空间的比例工作日与休息日差异较大。工作日案例社区内活动空间比例基本分布于0%至30%之间，而休息日社区空间的重要性更加凸显，约60%样

---

① 研究样本中部分在亦庄就业的居民较为特殊，他们休息日无需在案例社区及其附近进行活动，体现为休息日活动空间在案例社区内的部分较少，甚至为0。

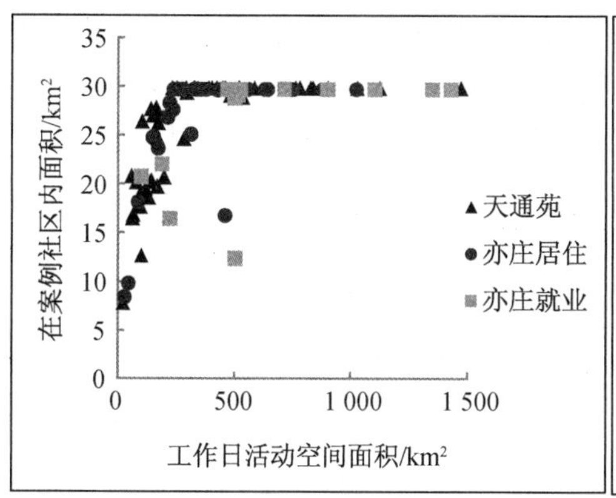

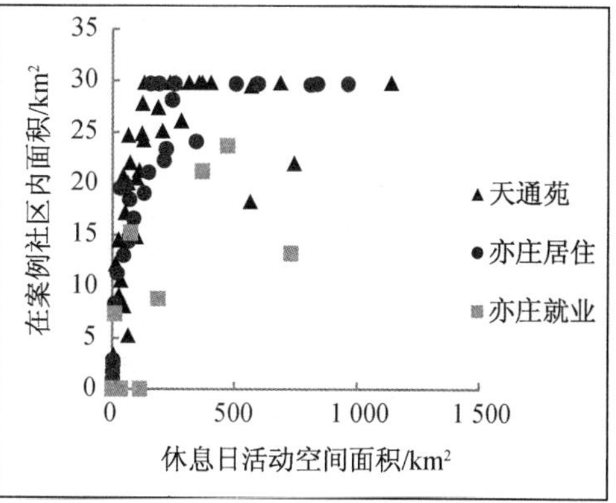

图 11-6　样本活动空间及其郊区生活空间内活动空间示意图

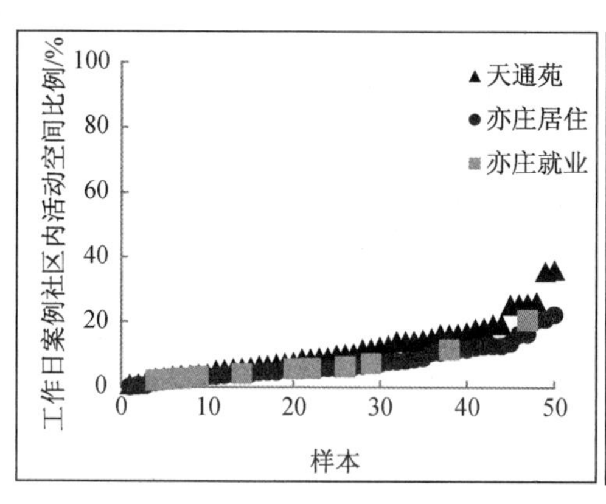

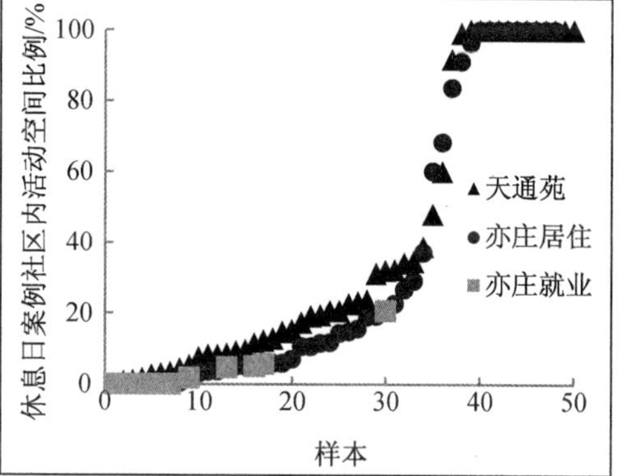

图 11-7　郊区生活空间内活动空间占活动空间比例分布图

本居民的社区内活动空间比例在 0%至 30%之间，且天通苑和亦庄均有 20%的居民休息日的活动空间完全在社区内。天通苑和亦庄的差异不大，但天通苑案例社区内活动空间的比例略大于亦庄。

11.2　居民空间利用的影响因素

本研究以工作日样本的活动空间在城区内的比例为因变量，探讨工作日居民对城区空间利用情况的影响因素。根据前文分析，两个案例社区的居民以向城区通勤为主，在工作日居民较为依赖城区空间，因此本研究的假设为居民在工作日的活动空间较多地受到工作地的制约。研究选取多元回归模型，在控制居民社会经济属性和社区差异的同时，重点考察居住于案例社区样本的就业地空间特征以及就业于案例社区样本的居住地空间特征对其空间利用的影响。

11.2.1　模型与变量

模型结构如下：工作日居民在四环内活动空间的比例＝F（性别、婚姻状况、户口、收入、年龄等个人与家庭社会经济属性，就业空间属性，社区）

对于居民的工作地与部分样本居住地的空间属性，本研究按照北京的环路将其分为二环以内、二环至三环、三环至四环、四环至五环以及五环以外共 5 类，这基本符合北京市的城市空间情况。同时，根据前文分析，天通苑与亦庄两个案例社区在空间区位、社区职能、交通状况等方面存在较大差异，两个社区的样本对城区空间的利用可能存在一定的差异，为控制这种由于社区差异带来的影响，将社区变量引入模型作为控制变量(表 11-1)。

表 11-1　居民空间利用影响因素模型解释变量

变量	变量类别	备注	变量	变量类别	备注
1. 个人社会经济属性			2. 家庭社会经济属性		
性别	虚拟变量	1＝男，0＝女	无孩子	参照变量	
婚姻状况	虚拟变量	1＝已婚，0＝未婚	有 6 岁以下孩子	虚拟变量	
户口	虚拟变量	1＝北京户口，0＝非北京户口	有 6 至 12 岁孩子	虚拟变量	
低收入	虚拟变量	月收入＜2 000	有 13 至 18 岁孩子	虚拟变量	
中等收入	参照变量	月收入 2 000—6 000	有 60 岁以上老人	虚拟变量	
高收入	虚拟变量	月收入＞6000	小汽车	虚拟变量	1=有小汽车，0=无小汽车
30 岁以下	虚拟变量	年龄＜30	3. 职住空间属性①		
30 至 50 岁	参照变量	年龄 30—50	二环以内	虚拟变量	
50 岁以上	虚拟变量	年龄＞50	二环至三环	虚拟变量	
4. 社区变量			三环至四环	虚拟变量	
天通苑社区	虚拟变量		四环至五环	虚拟变量	
亦庄社区	参照变量		五环以外	参照变量	

11.2.2　模型拟合结果

本文采用自变量分步纳入模型的方式对居民活动空间在城区内的比例进行多元线性回归拟合，模型 1 只考虑个人和家庭社会经济属性以及社区的影响，模型 2 加入就业地空间属性，考察其对行为决策影响的稳定性(表 11-2)。

(1) 两组模型拟合的结果显示，在加入就业地空间属性变量后，模型的拟合优度大幅度提升，表明居民就业地的空间位置直接影响了其在工作日对于城区空间的利用。并且根据空间变量的回归系数，在城市空间上由外向内偏回归系数逐渐增大，即就业地越接近市中心，对于城区空间的依赖性越大。

① 对于居住于案例社区的居民考虑其就业地的空间属性，而对于部分居住于其他地区而在亦庄就业的居民考察其居住地的空间属性。

表 11-2　居民空间利用影响因素回归模型结果

自变量	模型 1		模型 2	
	偏回归系数	t 值	偏回归系数	t 值
性别	−0.089***	−2.880	−0.065***	−2.691
婚姻状况	−0.110***	−2.733	−0.078**	−2.468
户口	−0.027	−0.644	0.021	0.613
低收入	0.116**	2.393	0.100***	2.687
高收入	0.080**	2.183	0.079***	2.801
30 岁以下	−0.004	−0.090	0.034	1.077
50 岁以上	0.044	1.001	0.053	1.542
有 6 岁以下孩子	−0.046	−1.143	−0.009	−0.286
有 6 至 12 岁孩子	−0.084	−1.594	−0.054	−1.335
有 13 至 18 岁孩子	0.028	0.471	0.053	1.146
有 60 岁以上老人	0.029	0.886	0.045*	1.728
小汽车	−0.033	−0.920	−0.054*	−1.940
二环以内			0.274***	6.306
二环至三环			0.241***	6.818
三环至四环			0.166***	4.692
四环至五环			0.107***	2.896
天通苑社区	−0.084***	−2.662	−0.088***	−3.565
模型拟合参数(R^2)	0.316		0.615	

注：***对应 0.01 的显著性水平，**对应 0.05 的显著性水平，*对应 0.1 的显著性水平。

(2) 居民的个体社会经济属性也对居民对城区空间的利用情况产生了显著影响。其中，女性比男性更加依赖城区空间，未婚比已婚居民更加依赖城区空间。女性由于在家庭中需要承担更多的家庭责任，其中的一些活动需要在设施较为完善的城区空间进行，且对于女性而言，城区内的购物及娱乐设施更具有吸引力，因此更加依赖城区空间。而未婚的居民则由于受到较少家庭责任的限制，下班后可以在城区空间内作更长时间的停留，因此更加依赖城区空间。收入对于居民工作日城区空间利用的影响呈“U”形，即相对于中等收入居民，低收入和高收入居民均更加依赖城区空间。

(3) 在考虑了城市空间的影响后，部分家庭社会经济属性对于居民对城区空间的利用情况的影响变得显著。家庭中有 60 岁以上老人的居民更加依赖城市空间，可能是由于他们能够摆脱一定的家庭责任，可在城区进行较长时间的停留。有小汽车的居民对城区空间的依赖相对较弱，他们出行的机动性较强，空间利用的自由度较高，活动空间往往较大，很多活动往往无需到城区空间中进行。

(4) 社区变量作为控制变量，其对居民的空间利用也存在一定影响，天通苑居民对于城区空间的依赖性相对较弱，与前文分析结论一致。

11.3 小结

本章结合个案分析、GIS空间分析和定量分析的方法，在基于标准置信椭圆法对个体活动空间进行刻画的基础上，研究居民日常活动空间的基本特征及其对城区空间和案例社区空间的利用情况，并利用多元线性回归模型分析了工作日居民对城区空间利用的影响因素，基于活动空间透视城区空间和郊区空间的关系。

对天通苑和亦庄两个案例社区样本活动空间特征及影响因素的分析发现，北京市郊区居民对中心城区空间的依赖性较强。① 居民的个体活动空间在工作日和休息日有较大的差异，在工作日，由于很多案例社区的居民需要向城区方向进行通勤，活动空间相对较大，并且较为依赖城区空间，存在下班后仍在城区空间进行购物、休闲等活动的情况；而在休息日，居民空间利用的个体差异性较大，但总体上更加依赖社区及其附近空间。② 研究的两个案例社区居民的活动空间在工作日存在明显差异，休息日的差异相对较小；其中亦庄居民的活动空间相对较大，无论在工作日或休息日都更加依赖城区空间。③ 工作日居民对于城区空间的利用受到个体和家庭社会经济属性、就业地空间属性的影响，其中居住于案例社区的居民就业地越接近市中心，其对于城区空间的依赖性越大，女性、未婚居民、低收入和高收入居民、家中有老人的居民、无小汽车的居民更加依赖城区空间。

郊区社区的主要职能在于分散市中心人口、就业、交通等压力，因此需要降低郊区居民对城市空间的依赖性，实现其生活空间的郊区化。郊区社区居民对城区空间的依赖除了受到其自身社会经济属性的影响外，还受到就业地空间位置和社区自身条件的影响，因此要降低居民对城区空间的依赖可以通过增加社区附近就业机会和加强社区自身服务职能实现。天通苑与亦庄作为北京市郊区的巨型社区，居民的就业地多位于四环内，居民对于城区空间仍有较强的依赖性。尤其是亦庄，尽管在政府的规划中将其定义为郊区新城，但居住于亦庄的居民对于城区空间的依赖性甚至强于以居住功能为主的天通苑社区。有关规划部门需要对其规划进行反思和调整，加强郊区新城文化、休闲和商业中心的建设，发展郊区生活性服务业，使居民的日常生活空间逐渐向新城转移；更重要的是加强产业配套建设，实现职住平衡，从而避免郊区新城在扩张的过程中对北京城区造成更大的压力。

12 城市郊区活动空间及其未来发展

在中国城市快速郊区化的背景下，人口、产业、服务设施、交通等各类要素不断在郊区集聚，郊区空间已然成为城市空间的重要组成部分，其复杂性与研究的重要意义也逐渐凸显。这种复杂性不仅显示在建成环境、社会人口构成等方面，还通过人的日常活动与行为表现出来。技术的革新、大数据时代的到来为理解行为和空间的复杂性及二者间的互动关系带来了新的契机。

本研究以城市空间理论和行为-空间理论为指导，面向中国城市郊区化的背景，对城市空间与时空间行为的互动关系进行了探讨，构建了基于行为-空间互动视角的郊区空间研究框架。以北京市郊区空间为研究案例，基于 2010 年和 2012 年两次结合定位技术和调查网站开展的日志调查，利用一周的 GPS 时空轨迹和活动日志数据，分别从郊区生活空间和郊区居民活动空间出发开展实证研究。在理论框架方面，研究对空间对行为的直接影响和行为对空间的间接塑造进行了探讨，将基于空间与基于人两种研究范式相结合，构建的郊区空间研究框架表现出有效性；在数据和研究方法方面，基于一周 GPS 轨迹与活动日志数据，扩展了时空间行为研究的时间尺度，丰富了个体时空间行为刻画方法；在实证研究方面，通过对不同类型的北京郊区的活动空间的案例研究，揭示了北京郊区生活空间与活动空间由相对分离向逐步匹配转化的特征。

本章在对研究进行总结和凝练的基础上，对郊区空间的未来研究方向和发展趋势作出了展望。

12.1 北京郊区空间解读

本研究从行为-空间互动视角出发，探讨了北京郊区生活空间和郊区居民活动空间特征。聚焦郊区生活空间的研究分别从物质环境、社会人口构成、日常行为的角度展开，并基于综合性的视角，考察郊区空间中设施的利用。聚焦郊区居民活动空间的研究分别从居民一周行为的时空特征及其日间差异、居民的通勤行为与通勤模式、居民的整日活动空间以及基于个体活动空间的城郊关系四个方面进行。研究结果反映了北京郊区空间的复杂性、动态性、成熟化以及城区空间依赖性。

(1) 北京郊区空间具有复杂性

北京郊区空间的复杂性反映在不同空间尺度上。在城市空间尺度，天通苑、亦庄和上地-清河地区样本通勤行为的差异性反映了郊区空间的复杂性。天通苑、亦庄和上地-清河地区分别位于五环至六环之间的郊区地带，但三者在相对区位、职能、住房类型、交通条件等各方面存在很大差异：天通苑属于巨型居住区，也是经济适用房的重点建设社区；亦庄属于政府大力扶植的新城，却存在严重的职住空间错位；上地-清河地区具有综合性的职能，职住均衡程度相对较好。因此，来自这三个地区的样本的通勤行为具有很大差异。

在居住区尺度上，本研究以上地-清河地区为例，从多个方面反映出该地区作为郊区空间的复杂性。在物质环境方面，表现为土地利用破碎化、设施分布不均；在住房类型方面，表现为商品房、回迁房、单位住房、经济适用房在空间上相互邻近而又相对隔离；在社会结构方面，表现为社会阶层在空间上的分异；而在行为方面，表现为不同类型群体(居民和通勤者)、不同社区居民(单位住房、商品房、政策性住房等)以及不同社会经济属性群体之间的行为差异。这些行为差异具体包括职住距离的差异、通勤行为的差异、一周行为模式的差异、日常活动时间分配的差异、活动空间的差异等各个方面。

(2) 北京郊区空间具有动态性

行为-空间视角下郊区空间的动态性表现在两个方面。一方面，对于不同的人，城市空间具有不同意义，如以上地-清河地区的居民和通勤者为例，对于居民而言，该地区主要是居住空间、购物空间和休闲娱乐空间；而对于通勤者而言，该地区是工作空间和休闲娱乐空间。另一方面，基于行为-空间视角的城市空间随时间发生变化，而这种变化又表现在不同时间尺度上。在一日之内，白天上地-清河地区主要是工作空间，晚上主要是购物、休闲娱乐和居住空间。在一周之内，工作日该地区主要是工作空间，休息日主要是非工作空间。本研究利用一周的活动与出行数据考察了一周之内的个体日间差异，研究结果显示，个体日常活动与出行的日间差异不仅表现为工作日和休息日的差异，还表现为工作日之间和休息日之间在购物、出行等方面的差异，而一周的时间节奏也表现出周一至周日由紧至松的趋势。在更长的时间尺度上，郊区空间不断发展和完善。

(3) 北京郊区空间正走向成熟化

在经历了二十几年的郊区化进程后，北京的郊区空间正在不断走向成熟化，各类要素不断在郊区中集聚。郊区人口不断增加，并逐渐向远郊地区蔓延；巨型居住区和郊区新城快速兴建和扩张，吸引了大量人口居住，多样化的居住类型在此区域共存而又相对隔离；环境治理幅度的加大以及城区土地“退二进三”的功能置换继续推进产业的郊区化，郊区承接了大量外迁的制造业和新兴的高新技术产业；大型购物中心在郊区不断兴起，商业与娱乐休闲设施不断完善。在日常活动方面，除了居住与就业，居民的购物、休闲等活动在郊区发生的比例也在不断增加，郊区空间已成为郊区居民日常生活空间的重要组成部分。

(4) 北京郊区空间具有较强的城区空间依赖性

尽管郊区空间正在不断成熟化，但研究结果显示，北京的郊区空间对城区空间仍然具有较强的依赖性。研究通过对居民个体活动空间的刻画，探讨城区空间与郊区空间的关系，反映了郊区居民对于城区空间具有较强的依赖性，但同时这种依赖性在不同时间、不同空间与不同个体之间存在着异质性。

郊区居住区的主要职能在于分散市中心人口、就业、交通等压力，因此需要降低郊区空间对城区空间的依赖性。郊区居民对城区空间的依赖受到就业地空间位置和社区自身条件的影响，因此可以通过规划和政策引导：一方面加强郊区空间文化、休闲和商业中心的建设，发展郊区生活性服务业，完善居住区的服务职能，使居民的日常生活空间逐渐向郊区空间转移，弱化其对城区空间的依赖性；另一方面加强产业配套建设，实现职住平衡，从而避免郊区空间在扩张的过程中对北京城区造成更大的压力。

12.2 行为-空间互动视角下的郊区空间

对于郊区概念的界定以及郊区空间内涵的理解，不同学科具有不同的视角，城市地理学者强调空间位置与功能，城市社会学者强调生活方式与社会结构，城市规划学者强调物质形态，政治经济学者强调资本循环与积累。本研究在社会-空间理论、行为主义地理学、时间地理学、活动分析法相关理论与方法论的指导下，出于对微观个体和时空间行为的正面关注，探讨城市空间与时空间行为的互动作用。同时将这种互动作用作为一种视角，去理解和透视郊区空间，构建了基于行为-空间互动视角的郊区空间研究框架。该框架对于理解中国城市郊区空间乃至城市空间具有有效性，引导学者们从以人为本的理念出发，理解郊区、发展郊区、构建郊区，也为进一步构建行为-空间互动理论提供了初步的理论思考。

(1) 城市空间与时空间行为相互作用是本研究的基本观点与视角

本研究在社会-空间理论、行为主义地理学、时间地理学、活动分析法相关理论与方法论的指导下，理解城市空间与时空间行为的互动关系。社会-空间理论及社会空间辩证法提供了解构行为，理解行为与空间互动的认识论；行为主义地理学强调行为主体对于城市空间的主观认知、偏好与决策，时间地理学强调城市空间对时空间行为的客观制约，二者的基本理论以及对于行为空间和活动空间的表达构成了本研究理解行为与空间互动的方法论；面向规划应用，强调城市活动-移动系统的活动分析法则提供了行为与空间互动的实践论。

本研究立足于对行为的正面研究，尝试构建城市空间与时空间行为的互动研究框架，理解行为-空间互动的过程与机制，并探讨在不同的时间尺度和空间尺度下，行为-空间互动关系的差异，在对行为-空间互动进行论证的基础上，将其作为整个研究的观点与视角。

(2) 城市空间对时空间行为具有直接影响，需要考虑地理背景不确定性效应

本研究关注城市空间对时空间行为的影响，在实证研究中探讨不同类型设施的情况对于活动时间分配的影响，并且关注这种影响的地理背景不确定性问题。在城市空间对于居民非工作活动影响的研究中，不同的地理背景下设施情况的作用表现出差异性，这种差异性一方面表现为不同地理背景影响显著程度的不同，另一方面表现为对于不同类型的活动，产生影响的地理背景的不同。具体来说，对于购物活动，相比于整日活动空间，居住地附近的商店更加重要；而对于外出就餐活动，相比于居住地附近，整日活动空间中，尤

其是出行路线附近的饭店更加重要。

(3) 时空间行为对城市空间的影响主要表现为间接塑造

在行为对空间的影响和塑造方面，在强调这种互动关系时，本研究所强调的“空间”主要指城市物质空间，而不是社会空间或行为空间；所关注的行为主要是居民的日常行为，而不是政府决策行为、企业投资行为或居民的定居行为这些可以直接产生影响的方面。因此在本研究的行为-空间互动框架中，行为对空间主要是一种间接的影响，而这种间接影响通过政府的规划、管理、调控，相关部门的投资、决策实现，即表现为空间对于群体的、长期的行为规律的一种适应。

本研究关注日常行为所反映出的空间不合理性，以及相应的规划政策导向依据，并假设政府相关部门及相关企业将对空间的不合理处作出反应，进行空间的优化，实现行为对城市空间影响的过程。如在具体的实证研究中，上地-清河地区居民和通勤者对于设施的利用与设施分布之间存在差异，则政府应通过规划调控手段引导企业投资，抵消这种设施供需之间的差异，实现设施配置的优化。而对于天通苑和亦庄居民较长的职住距离所反映出的职住空间错位，则需要相对长期的规划调控。

(4) 行为-空间的互动研究需要基于空间与基于人两种研究范式相结合

与强调宏观和微观的汇总、非汇总不同，基于空间和基于人反映了两种不同的研究范式，基于空间的研究范式更多是出于对于空间的关注，而基于人的研究范式则是出于对于人以及时空间行为的正面关注。面临中国当前城市发展中的问题，空间与人都是重要的维度，需要加以综合考虑，从而通过人的行为透视城市空间，理解城市空间对人的影响和人对于城市空间的塑造。本研究从行为-空间互动的视角出发，需要基于空间与基于人两种研究范式的结合，基于空间的研究范式下对于时空间行为的研究体现了行为对于空间的塑造，基于人的研究范式下对于城市空间的关注体现了空间对于行为的制约。

(5) 基于行为-空间互动视角研究郊区空间具有较大的探索空间

本研究从行为-空间互动的视角出发，构建了郊区空间研究框架，为从郊区生活与居民活动角度理解郊区空间、郊区化与郊区问题提供了有效途径。将郊区生活空间与郊区居民的活动空间相区分，一方面从“基于空间”的研究范式出发，聚焦郊区空间，透视郊区生活空间中的物质环境、社会人口、行为等各个方面；另一方面从“基于人”的研究范式出发，聚焦郊区中的人，通过郊区中的人的活动空间透视郊区空间及其与城区空间或城市空间其他组成部分的关系。在考虑空间维度的同时，将时间维度引入该研究框架，关注郊区生活空间、郊区居民活动空间在时间上的动态变化，从一种具有动态性的视角出发，理解郊区空间、城市空间以及郊区化。

本研究将郊区生活空间和郊区居民的活动概念相区分，二者之间的差异性及其动态变化，可以成为理解郊区现状及其发展的重要切入点。例如，在以居住郊区化为主要特征的郊区化初期，由于长距离通勤现象的存在，郊区居民的活动空间与郊区生活空间之间存在着巨大的差异，而郊区不断完善和成熟的过程同时也是居民活动空间与郊区生活空间不断接近、融合的过程。

该框架在郊区空间的研究中表现出有效性和较大的探索空间。从行为-空间互动的视角出发，可聚焦改善郊区居住与生活环境、提高郊区居民生活质量、促进郊区空间均衡发展等方面，探讨郊区空间存在的问题及其发展，最终将引导从以人为本出发，实现郊区空间的优化。

12.3 基于多源数据与混合方法的郊区空间研究

“大数据”是目前受到各个学科关注的热点问题，尽管存在大数据改变研究范式的观点，在城市研究中也出现了“城市数据派”，但越来越多的数据究竟能为城市研究者带来什么新的理论、研究主题和结论受到一定的质疑。

本研究所利用的数据并不是通常意义上的基于被动式获取手段得到的海量大数据，而是与定位数据相结合的日志数据，即将传统的数据获取手段与新技术相结合。对于本研究而言，数据采集技术的革新使得多日的时空行为数据获取成为可能，增加了居民活动和出行信息的时空精度，并且使得跟踪样本具体的出行路径成为可能。在此类数据的应用方面，对于个体活动空间的刻画，相比于传统的问卷数据，GPS 数据具有非常显著的优势；而基于 GPS 数据的时空路径三维可视化也能够更加逼真地展示个体在时空间中的移动。但与此同时，数据量的增加也相应地导致了数据处理工作量的增加，调查的设计以及研究的开展也需要对相关的技术手段有所了解。在未来，多源数据与混合研究方法将被更加广泛地应用到郊区活动空间乃至城市空间的研究中。

(1) 与新技术的结合增强了日志数据的时空精度，扩展了研究的时间尺度

定位技术与日志数据的结合，革新了依赖被调查者记忆和估计的回忆式日志调查，将定位技术获取的实际轨迹作为日志信息填写的依据，增加了日志数据的时空精度，使得跟踪样本具体的出行路径成为可能。由于调查者可以利用互联网或手机在线为受访者提供他们的时空轨迹，使受访者在填写活动出行信息时能够适当地结合时空轨迹反馈的信息；或为受访者提供根据时空轨迹识别出的活动与出行情况，让受访者进行判断，进一步减少受访者的负担。而由于调查者可以对信息的填写进行监督和提醒，使得相对长期的数据获取成为可能。

(2) 基于 GPS 数据的三维可视化和地理计算具有优势

GPS 数据在三维可视化和地理计算中表现出有效性。对于时空路径的三维可视化，GPS 数据能够更加逼真地展示个体在时空间中的移动。而对于地理计算，GPS 数据同样具有明显优势。以个体整日活动空间的测度为例，首先，GPS 数据具有较高的时空精度，能够更加精确地测度活动空间；其次，GPS 数据能够反映居民的出行路径，刻画的活动空间更加贴近实际情况，并且 GPS 数据能够通过点的多少体现时间要素；再次，GPS 定位点较多，从技术角度上更利于实现活动空间的生成。

(3) 混合研究方法的有效性及其应用

本研究注重将 GPS 数据与 GIS 分析技术相结合，运用了大量基于 GIS 的空间分析、地统计分析、三维可视化方法，对个体的时空路径进行三维可视化，对个体的活动空间进行刻画和测度，这些方法及其与计量模型、质性分析方法的结合在研究中显示出了有效性。例如，本研究在对于居民一周通勤模式的研究中，将个体时空路径的三维可视化与访谈数据相结合，将访谈资料所反映出的关键特征突出显示，用技术手段讲解城市中的故事。而在对于城区空间与郊区空间关系的研究中，将叠置分析计算出的比例作为模型拟合的因变量，使得模型分析更具实际意义。

12.4 城市郊区空间未来发展展望

郊区化与郊区空间发展已成为全球普遍的城市化形式，其对城市社会、文化、经济和政治的发展都有着深远的影响，郊区化推动了城市空间的重构与城市区域的形成，郊区的重要性正不断凸显。中国正在经历快速的城市郊区增长，特别是 2000 年以来，中国大城市郊区化进入了一个新的发展阶段，城市开发迅速向郊区尤其是远郊地区蔓延。随着人口与各类要素向郊区扩散，郊区已成为中国城市化的最前沿。然而，快速的郊区发展也引发了交通拥堵、环境恶化、社会不平等等一系列日益严峻的挑战。因此，未来郊区空间的规划与发展需要在经济进步的同时提升社会和文化内涵，加强对郊区生活空间和活动空间的关注。

首先，郊区空间的发展需要以人为本，在新型城镇化建设的背景下，推进“以人为本”，需要从人的实际需求出发，从居民的时空间行为特征分析入手，深入剖析和理解郊区空间问题，关注居民个性化的需求，不断提高居民的满意度和生活质量。其次，郊区空间的发展需要面向生活。围绕日常生活，致力于改善郊区的生活环境，整治自然环境、生产环境和生活环境在内的综合居住环境。避免郊区成为片面的居住或就业中心，从而导致生活空间的割裂与碎片化，重构紧凑、完整、便捷的日常生活空间，使郊区空间成为真正的生活中心。最后，郊区空间的发展需要均衡分配。在宏观尺度上，促进区域资源在城区与郊区之间的均衡分配；在中观尺度上，促进郊区空间综合服务与特定职能的均衡分配，产业发展与生活服务设施供给的均衡分配，以及郊区空间不同地域之间资源与职能的均衡分配；在微观尺度上，促进社区各类生活设施供给与居民实际需求的均衡分配，保障居民享有便捷、舒适的日常生活。

在新型城镇化建设的背景下，聚焦郊区、优化郊区空间、改善郊区生活、实现城市的可持续发展将成为未来城市发展的大势所趋。

参考文献

· 中文文献 ·

艾伟,庄大方,刘友兆. 2008. 北京市城市用地百年变迁分析[J]. 地理信息科学,10(4):489-494.

保罗·诺克斯,史蒂文·平奇. 2009. 城市社会地理学导论[M]. 柴彦威,张景秋,等,译. 北京:商务印书馆.

毕秀晶,汪明峰,李健,等. 2011. 上海大都市区软件产业空间集聚与郊区化[J]. 地理学报, 66(12):1682-1694.

蔡禾,张应祥. 2003. 城市社会学[M]. 广州:中山大学出版社.

曹广忠,柴彦威. 1998. 大连市内部地域结构转型与郊区化[J]. 地理科学,18(3):234-241.

曹广忠,刘涛. 2007. 北京市制造业就业分布重心变动研究——基于基本单位普查数据的分析[J]. 城市发展研究,14(6):8-14.

柴彦威,陈零极. 2009. 中国城市单位居民的迁居:生命历程方法的解读[J]. 国际城市规划,24(5):7-14.

柴彦威,等. 2012. 城市地理学思想与方法[M]. 北京:科学出版社.

柴彦威,龚华. 2000. 关注人们生活质量的时间地理学[J]. 中国科学院院刊,15(6):417-420.

柴彦威,龚华. 2001. 城市社会的时间地理学研究[J]. 北京大学学报(哲学社会科学版),38(5):17-24.

柴彦威,胡智勇,仵宗卿. 2000. 天津城市内部人口迁居特征及机制分析[J]. 地理研究,19(4):391-399.

柴彦威,刘志林,李峥嵘,等. 2002. 中国城市的时空间结构[M]. 北京:北京大学出版社.

柴彦威,申悦,肖作鹏,等. 2012. 时空间行为研究动态及其实践应用前景[J]. 地理科学进展,31(6):667-675.

柴彦威,沈洁. 2006. 基于居民移动-活动行为的城市空间研究[J]. 人文地理,21(5),108-112.

柴彦威,沈洁. 2008. 基于活动分析法的人类空间行为研究[J]. 地理科学,28(5):594-600.

柴彦威,塔娜. 2009. 北京市 60 年城市空间发展及展望[J]. 经济地理,29(9):1421-1427.

柴彦威,塔娜. 2013. 中国时空间行为研究进展[J]. 地理科学进展,32(9):1362-1373.
柴彦威,王德,张文忠,等.2010.地理学评论(第3辑):空间行为与规划[M].北京:商务印书馆.
柴彦威,颜亚宁,冈本耕平.2008.西方行为地理学的研究历程及最新进展[J].人文地理,23(6):1-6.
柴彦威,张文佳,张艳,等.2009.微观个体行为时空数据的生产过程与质量管理——以北京居民活动日志调查为例[J].人文地理,24(6):1-9.
柴彦威,张雪,孙道胜.2015.基于时空行为的城市生活圈规划研究[J].城市规划,233(3):75-83.
柴彦威,张艳.2010.应对全球气候变化,重新审视中国城市单位社区[J].国际城市规划,25(1):20-23.
柴彦威,赵莹,马修军,等.2010.基于移动定位的行为数据采集与地理应用研究[J].地域研究与开发,29(6):1-7.
柴彦威,赵莹.2009.时间地理学研究最新进展[J].地理科学,29(4):1-8.
柴彦威,周一星.2000.大连市居住郊区化的现状、机制及趋势[J].地理科学,20(2):127-132.
柴彦威.1995.郊区化及其研究[J].经济地理,15(2):48-53.
柴彦威.1996.以单位为基础的中国城市内部生活空间结构——兰州市的实证研究[J].地理研究,15(1):30-38.
柴彦威.2005.行为主义地理学研究的方法论问题[J].地域研究与开发,24(2):1-5.
陈浮.1997.苏州市人口郊区化初步研究[J].人口研究,21(6):35-41.
陈江平,张瑶,余远剑.2011.空间自相关的可塑性面积单元问题效应[J].地理学报,66(12):1597-1606.
陈如勇.2000.城市郊区化与郊区房地产开发[J].城市开发,(10):20-22.
陈向明.1996.社会科学中的定性研究方法[J].中国社会科学,17(6):93-102.
陈秀欣,冯健.2009.城市居民购物出行等级结构及其演变——以北京市为例[J].城市规划,33(1):22-30.
陈叶龙,张景秋.2010.郊区办公活动的区位影响因素分析——以北京市亦庄为例[J].首都师范大学学报(自然科学版),31(6):69-73.
仇保兴.2012.新型城镇化:从概念到行动[J].行政管理改革,4(11):11-18.
楚静,王兴中,李开宇.2011.大都市郊区化下的社会空间分异、社区碎化与治理[J].城市发展研究,18(3):112-116.
方修琦,章文波,张兰生,等.2002.近百年来北京城市空间扩展与城乡过渡带演变[J].城市规划,26(4):56-60.
冯健,陈秀欣,兰宗敏.2007.北京市居民购物行为空间结构演变[J].地理学报,62(10):1083-1096.
冯健,刘玉.2007.转型期中国城市内部空间重构:特征、模式与机制[J].地理科学进展,26(4):93-106.
冯健,王永海.2008.中关村高校周边居住区社会空间特征及其形成机制[J].地理研究,27(5):1003-1016.
冯健,吴芳芳,周佩林.2012.基于邻里关系的郊区居住区社会空间研究——以北京回龙观为例[C]//中国地理学会.中国地理学会2012年学术年会论文集.郑州:中国地理学会.
冯健,吴芳芳.2011.质性方法在城市社会空间研究中的应用[J].地理研究,30(11):1956-1969.
冯健,叶宝源.2013.西方社会空间视角下的郊区化研究及其启示[J].人文地理,28(3):20-26.
冯健,周一星,王晓光,等.2004.1990年代北京郊区化的最新发展趋势及其对策[J].城市规划,28(3):13-29.
冯健,周一星.2002.杭州市人口的空间变动与郊区化研究[J].城市规划,26(1):58-65.
冯健,周一星.2004.郊区化进程中北京城市内部迁居及相关空间行为——基于千份问卷调查的分析[J].地理研究,23(2):227-242.
冯健.2001.我国城市郊区化研究的进展与展望[J].人文地理,16(6):30-35.
冯健.2002.杭州市人口密度空间分布及其演化的模型研究[J].地理研究,21(5):635-646.

冯健. 2003. 转型期中国城市内部空间重构[M]. 北京:科学出版社.
冯健. 2005. 转型期中国城市内部空间重构[M]. 北京:科学出版社.
高菠阳,刘卫东,Norcliffe G,等. 2010. 土地制度对北京制造业空间分布的影响[J]. 地理科学进展,29(7):878-886.
高向东,吴文钰. 2005. 20世纪90年代上海市人口分布变动及模拟[J]. 地理学报,60(4):637-644.
顾朝林,陈璐. 2004. 人文地理学的发展历程及新趋势[J]. 地理学报,59(S1):11-20.
顾朝林,宋国臣. 2001. 城市意象研究及其在城市规划中的应用[J]. 城市规划,25(3):70-73.
顾朝林,徐海贤. 1999. 改革开放二十年来中国城市地理学研究进展[J]. 地理科学,19(4):320-331.
顾朝林,甄峰,张京祥. 2000. 集聚与扩散——城市空间结构新论[M]. 南京:东南大学出版社.
顾朝林. 1999. 北京土地利用/覆盖变化机制研究[J]. 自然资源学报,14(4):307-312.
关美宝,谷志莲,塔娜,等. 2013. 定性GIS在时空间行为研究中的应用[J]. 地理科学进展,32(9):1316-1331.
关美宝,申悦,赵莹,等. 2010. 时间地理学研究中的GIS方法:人类行为模式的地理计算与地理可视化[J]. 国际城市规划,25(6):18-26.
贺灿飞,梁进社,张华. 2005. 北京市外资制造企业的区位分析[J]. 地理学报,60(1):122-130.
贺灿飞,朱晟君. 2007. 北京市劳动力结构和空间结构对其制造业地理集聚的影响[J]. 中国软科学,22(11):104-113.
胡鞍钢,鄢一龙,王亚华. 2010. 中国"十二五"发展主要目标与指标[J]. 清华大学学报(哲学社会科学版),25(1):105-112.
荒井良雄. 1985. 圈域と生活行動の位相空間[J]. 地域开发,(10):45-56.
黄庆旭,何春阳,史培军,等. 2009. 城市扩展多尺度驱动机制分析——以北京为例[J]. 经济地理,29(5):714-721.
黄潇婷,柴彦威,赵莹,等. 2010. 手机移动数据作为新数据源在旅游者研究中的应用探析[J]. 旅游学刊,25(8):39-45.
黄友琴. 2007. 从单位大院到封闭式社区——制度转型过程中北京的住房与居住变化[M]//吴缚龙,马润朝,张京祥. 转型与重构——中国城市发展多维透视. 南京:东南大学出版社.
季珏,高晓路. 2012. 基于居民日常出行的生活空间单元的划分[J]. 地理科学进展,31(2):248-254.
蒋达强. 2002. 大城市人口郊区化与住宅空间分布的效应研究[J]. 人口与经济,23(3):10-16.
李斐然,冯健,刘杰,等. 2013. 基于活动类型的郊区大型居住区居民生活空间重构——以回龙观为例[J]. 人文地理,28(3):27-33.
李健,宁越敏. 2007. 1990年代以来上海人口空间变动与城市空间结构重构[J]. 城市规划学刊,14(2):20-24.
李强,李晓林. 2007. 北京市近郊大型居住区居民上班出行特征分析[J]. 城市问题,26(7):55-59.
李小建. 1987. 西方社会地理学中的社会空间[J]. 地理译报,(2):63-66.
李祎,吴缚龙,尼克·费尔普斯. 2008. 中国特色的"边缘城市"发展:解析上海与北京城市区域向多中心结构的转型[J]. 国际城市规划,23(4):2-6.
李云,唐子来. 2005. 1982～2000年上海市郊区社会空间结构及其演化[J]. 城市规划学刊,16(6):27-36.
刘长岐,甘国辉,李晓江. 2003. 北京市人口郊区化与居住用地空间扩展研究[J]. 经济地理,23(5):666-670.
刘涛,曹广忠. 2010. 北京市制造业分布的圈层结构演变——基于第一、二次基本单位普查资料的分析[J]. 地理研究,29(4):716-726.
刘旺,张文忠. 2006. 城市居民居住区位选择微观机制的实证研究——以万科青青家园为例[J]. 经济地理,26(5):802-805.

刘望保,闫小培,曹小曙. 2007. 广州城市内部居住迁移空间特征及其影响因素研究[J]. 人文地理,22(4):27-32.
刘晓颖. 2001. 北京大都市住宅郊区化的基本特征与对策[J]. 城市发展研究,8(5):7-12.
刘耀彬,白淑军. 2002. 武汉市人口的空间变动与郊区化研究[J]. 湖北大学学报(自然科学版),(4):364-369.
刘瑜,肖昱,高松. 2011. 基于位置感知设备的人类移动研究综述[J]. 地理与地理信息科学,27(4):8-13.
刘云刚,谭宇文,周雯婷. 2010. 广州日本移民的生活活动与生活空间[J]. 地理学报,65(10):1173-1186.
刘云刚,许学强. 2010. 实用主义 VS 科学主义:中国城市地理学的研究取向[J]. 地理研究,29(11):2059-2069.
刘志林,张艳,柴彦威. 2009. 中国大城市职住分离现象及其特征:以北京市为例[J]. 城市发展研究,16(9):123-130.
龙韬,柴彦威. 2006. 北京市民郊区大型购物中心的利用特征——以北京金源时代购物中心为例[J]. 人文地理,21(5):117-123.
龙瀛,张宇,崔承印. 2012. 利用公交刷卡数据分析北京职住关系和通勤出行[J]. 地理学报,67(10):1339-1352.
鲁艳. 2009. 传承与适应——"内力-外力"交互作用下拉萨郊区居民生活方式研究[D]. 北京:中央民族大学.
陆化普. 2006. 交通规划理论与方法[M]. 2 版. 北京:清华大学出版社.
罗彦,周春山. 2004. 中国城市的商业郊区化及研究迟缓发展探讨[J]. 人文地理,19(6):39-43.
马静,柴彦威,刘志林. 2011. 基于居民出行行为的北京市交通碳排放影响机理[J]. 地理学报,66(8):1023-1032.
马清裕,张文尝. 2006. 北京市居住郊区化分布特征及其影响因素[J]. 地理研究,25(1):121-130.
孟斌. 2009. 北京城市居民职住分离的空间组织特征[J]. 地理学报,64(12):1457-1466.
宁越敏,邓永成. 1996. 上海城市郊区化研究[M]//李思名,等. 中国区域经济发展面面观. 台北/香港:台湾大学人口研究中心与浸会大学林思齐研究所.
宁越敏. 2008. 建设中国特色的城市地理学——中国城市地理学的研究进展评述[J]. 人文地理,23(2):1-5.
潘海啸. 2010. 中国城市交通与土地使用的新模式——5D 模式[C]. 2010 城市发展与规划国际大会论文集.
潘泽泉. 2009. 当代社会学理论的社会空间转向[J]. 江苏社会科学,30(1):27-33.
秦玲,张剑飞,郭鹏,等. 2007. 浮动车交通信息采集与处理关键技术及其应用研究[J]. 交通运输系统工程与信息,8(1):39-42.
申悦,柴彦威,王冬根. 2011. ICT 对居民时空行为影响研究进展[J]. 地理科学进展,30(6):643-651.
申悦,柴彦威. 2013. 基于 GPS 数据的北京市郊区巨型社区居民日常活动空间[J]. 地理学报,68(4):506-516.
沈洁,柴彦威. 2006. 郊区化背景下北京市民城市中心商业区的利用特征[J]. 人文地理,21(5):113-116.
石崧,宁越敏. 2005. 人文地理学"空间"内涵的演进[J]. 地理科学,25(3):3340-3345.
石忆邵,张翔. 1997. 城市郊区化研究述要[J]. 城市规划汇刊,4(3):56-58.
司敏. 2004. "社会空间视角":当代城市社会学研究的新视角[J]. 社会,24(5):17-19.
宋金平,王恩儒,张文新,等. 2007. 北京住宅郊区化与就业空间错位[J]. 地理学报,62(4):387-396.
孙斌栋,潘鑫,宁越敏. 2008. 上海市就业与居住空间均衡对交通出行的影响分析[J]. 城市规划学刊,(1):77-82.
孙群郎. 2005. 20 世纪 70 年代美国的"逆城市化"现象及其实质[J]. 世界历史,28(1):19-27.

塔娜，柴彦威. 2015. 北京市郊区居民汽车拥有和使用状况与活动空间的关系[J]. 地理研究，34(6)：1149-1159.
塔娜，柴彦威. 2010，过滤视角下的中国城市单位社区变化研究[J]. 人文地理，25(5)：6-10.
汤茂林. 2009. 我国人文地理学研究方法多样化问题[J]. 地理研究，28(4)：865-882.
唐晓峰，李平. 2001. 人文地理学理论的多元性[J]. 人文地理，16(2)：42-44.
田文祝，柴彦威，李平. 2005. 当代西方人文地理学研究动态[J]. 人文地理，20(4)：125-128.
王波，甄峰，魏宗财. 2014. 南京市区活动空间总体特征研究——基于大数据的实证分析[J]. 人文地理，30(3)：14-21.
王丹，王士君. 2007. 美国"新城市主义"与"精明增长"发展观解读[J]. 国际城市规划，22(2)：61-66.
王德，干迪，朱查松，等. 2012. 上海市郊区空间规划与轨道交通规划的协调性研究[J]. 城市规划学刊，23(1)：17-22.
王德，马力. 2009. 2010 年上海世博会参观者时空分布模拟分析[J]. 城市规划学刊，20(5)：64-70.
王德，许尊，朱玮. 2011. 上海市郊区居民商业设施使用特征及规划应对——以莘庄地区为例[J]. 城市规划学刊，22(5)：80-86.
王宏伟. 2003. 大城市郊区化、居住空间分异与模式研究——以北京市为例[J]. 建筑学报，50(9)：11-13.
王慧. 2003. 开发区与城市相互关系的内在肌理及空间效应[J]. 城市规划，27(3)：20-25.
王开泳. 2011. 城市生活空间研究述评[J]. 地理科学进展，30(6)：691-698.
王琳，白光润，曹嵘. 2004. 大城市商业郊区化的问题及调控——以上海市徐汇区为例[J]. 城市问题，23(3)：26-30.
王玲慧. 2006. 论上海边缘社区的和合发展[D]. 上海：同济大学.
王晓磊. 2010. "社会空间"的概念界说与本质特征[J]. 理论与现代，17(1)：49-55.
王兴中. 2004. 社会地理学社会-文化转型的内涵与研究前沿方法[J]. 人文地理，19(1)：2-8.
王云才. 2003. 论都市郊区游憩景观规划与景观生态保护——以北京市郊区游憩景观规划为例[J]. 地理研究，22(3)：324-334.
魏立华，闫小培. 2005. 社会经济转型期中国城市社会空间研究述评[J]. 城市规划学刊，12(5)：16-20.
魏立华，闫小培. 2006. 大城市郊区化中社会空间的"非均衡破碎化"——以广州市为例[J]. 城市规划，29(5)：55-60.
魏伟，周婕. 2006. 中国大城市边缘区的概念辨析及其划分[J]. 人文地理，21(4)：29-33.
吴缚龙，马润潮，张京祥. 2007. 转型与重构——中国城市发展多维透视[M]. 南京：东南大学出版社.
吴缚龙. 2002. 市场经济转型中的中国城市管治[J]. 城市规划，26(9)：33-35.
吴缚龙. 2008. 超越渐进主义：中国的城市革命与崛起的城市[J]. 城市规划学刊，19(1)：18-22.
吴晟. 1989. 成就、问题和启示——北京住宅建设四十年的回顾与展望[J]. 城市规划，12(5)：13-18.
仵宗卿，柴彦威，戴学珍，等. 2001. 购物出行空间的等级结构研究——以天津市为例[J]. 地理研究，20(4)：479-488.
许晓霞，柴彦威，颜亚宁. 2009. 北京郊区巨型社区居民活动空间的思考[C]. 中国地理学会百年庆典学术论文摘要集.
许晓霞，柴彦威，颜亚宁. 2010. 郊区巨型社区的活动空间——基于北京市的调查[J]. 城市发展研究，17(11)：41-49.
许学强，胡华颖，叶嘉安. 1989. 广州市社会空间结构的因子生态分析[J]. 地理学报，44(4)：385-399.
许学强，姚华松. 2009. 百年来中国城市地理学研究回顾及展望[J]. 经济地理，29(9)：1412-1420.
闫小培，周素红，毛蒋兴，等. 2006. 高密度开发城市的交通系统与土地利用——以广州为例[M]. 北京：科学出版社.
颜亚宁. 2009. 快速城市化背景下北京郊区居民的日常生活活动空间[D]. 北京：北京大学.

杨卡,张小林. 2008. 大都市郊区新城住区的空间演变与分化——以南京市为例[J]. 城市规划, 32(5): 55-61.
姚华松,薛德升,许学强. 2007. 城市社会空间研究进展[J]. 现代城市研究,13(9):74-81.
姚永玲. 2011. 郊区化过程中职住迁移关系研究——以北京市为例[J]. 城市发展研究,18(4):24-29.
叶超,柴彦威,张小林. 2011. "空间的生产"的理论、研究进展及其对中国城市研究的启示[J]. 经济地理, 31(3):409-413.
叶超. 2012. 社会空间辩证法的由来[J]. 自然辩证法研究,28(2):56-60.
易成栋,黄友琴. 2011. 家外有宅:北京市家庭多套住宅的空间关系研究[J]. 经济地理,31(3):396-403.
俞斯佳,骆悰. 2009. 上海郊区新城的规划与思考[J]. 城市规划学刊,20(3):13-19.
约翰斯顿 R J. 1999. 地理学与地理学家[M]. 唐晓峰,等,译. 北京:商务印书馆.
约翰斯顿 R J. 2005. 人文地理学词典[M]. 柴彦威,等,译. 北京:商务印书馆.
张春花,李雪铭,张馨. 2005. 大连居住空间的扩散及郊区化研究[J]. 地域研究与开发,24(1):66-69.
张景秋,陈叶龙,张宝秀. 2010. 北京市办公业的空间格局演变及其模式研究[J]. 城市发展研究,17(10): 87-91.
张善余. 1999. 近年来上海市人口分布态势的巨大变化[J]. 人口研究, 23(5):16-24.
张善余. 2001. 产业调整与上海城市人口再分布[J]. 华东师范大学学报(哲学社会科学版),33(4):85-90.
张水清,杜德斌. 2001. 上海郊区城市化模式探讨[J]. 地域研究与开发,20(4):22-26.
张文佳,柴彦威. 2009. 居住空间对家庭购物出行决策的影响[J]. 地理科学进展,28(3):362-369.
张文佳,柴彦威. 2010. 基于家庭的购物行为时、空间决策模型及其应用[J]. 地理研究,29(2):338-350.
张文忠,李业锦. 2006. 北京城市居民消费区位偏好与决策行为分析:以西城区和海淀中心地区为例[J]. 地理学报,61(10):1037-1045.
张艳,柴彦威. 2009. 基于居住区比较的北京城市通勤研究[J]. 地理研究, 28(5):1327-1340.
张艳,柴彦威. 2013. 生活活动空间的郊区化研究[J]. 地理科学进展,32(12):1723-1731.
张越. 1998. 苏、锡、常三市人口郊区化研究[J]. 经济地理,18(2):35-40.
张治华. 2010. 基于定位技术的居民出行调查方法[J]. 经济师,22(3):13-14.
赵莹,柴彦威,陈洁,等. 2009. 时空行为数据的 GIS 分析方法[J]. 地理与地理信息科学,25(5):1-5.
甄峰,王波,陈映雪. 2012. 基于网络社会空间的中国城市网络特征——以新浪微博为例[J]. 地理学报, 67(8):1031-1043.
甄峰,魏宗财,杨山,等. 2009. 信息技术对城市居民出行特征的影响——以南京为例[J]. 地理研究,28(5):1307-1317.
郑国,邱士可. 2005. 转型期开发区发展与城市空间重构——以北京市为例[J]. 地域研究与开发,24(6): 39-42.
郑国,周一星. 2005. 北京经济技术开发区对北京郊区化的影响研究[J]. 城市规划学刊,12(6):23-26, 47.
中国国家统计局社会和科技统计司. 2009. 2008 年时间利用调查资料汇编[M]. 北京:中国统计出版社.
周春山,罗彦,陈素素. 2004. 近 20 年来广州市人口增长与分布的时空演化分析[J]. 地理科学,24(6): 641-647.
周敏. 1997. 杭州城市郊区化问题初步分析[J]. 经济地理,17(2):85-88.
周尚意,李新,董蓬勃. 2003. 北京郊区化进程中人口分布与大中型商场布局的互动[J]. 经济地理,23(3):333-337.
周素红,邓丽芳. 2010. 基于 T-GIS 的广州市居民日常活动时空关系[J]. 地理学报,65(12):1454-1463.
周素红,刘玉兰. 2010. 转型期广州城市居民居住与就业地区位选择的空间关系及其变迁[J]. 地理学报,

65(2):191-201.

周素红,闫小培. 2006. 基于居民通勤行为分析的城市空间解读:以广州市典型街区为案例[J]. 地理学报,61(2):179-189.

周一星,John Logan. 2007. 边缘的增长——新的中国大都市[M]// 吴缚龙,马润潮,张京祥. 转型与重构——中国城市发展多维透视. 南京:东南大学出版社.

周一星,孟延春. 1997. 沈阳的郊区化——兼论中西方郊区化的比较[J]. 地理学报,52(4):289-299.

周一星,孟延春. 1998. 中国大城市的郊区化趋势[J]. 城市规划学刊,5(3):22-27.

周一星. 1992. 对北京城市规划指导思想的几点思考[J]. 北京规划建设(4):14-16.

周一星. 1996. 北京的郊区化及引发的思考[J]. 地理科学,16(3):198-206.

周一星. 1999. 对城市郊区化要因势利导[J]. 城市规划,23(4):13-17.

周一星. 2004. 就城市郊区化的几个问题与张骁鸣讨论[J]. 现代城市研究,11(6):8-12.

·英文文献·

Aguilera A, Wenglenski S, Proulhac L. 2009. Employment suburbanisation, reverse commuting and travel behaviour by residents of the central city in the Paris metropolitan area [J]. Transportation Research Part A: Policy & Practice, 43(7):685-691.

Ahas R, Aasa A, Roose A, et al. 2008. Evaluating passive mobile positioning data for tourism surveys: an Estonian case study[J]. Tourism Management, (29):469-486.

Aitken S C, Rushton G. 1993. Perceptual and behavioral theory in practice [J]. Progress in Human Geography, 17(3): 378-388.

Aitken S C. 1991. Person-environment theories in contemporary perceptual and behavioural geography I: personality, attitudinal and spatial choice theories[J]. Progress in Human Geography, 15(2):179-193.

Aitken S C. 1992. The personal contexts of neighborhood change[J]. Journal of Architectural & Planning Research, 9(4):338-360.

Ampt E S, Richardson A J, Brög W. 1983. New Survey Methods in Transport[M]. Utrecht, The Netherlands: VNU Science Press.

Arentze T, Joh C, Timmermans H. 2002. Analysing space-time behaviour: new approaches to old problems[J]. Progress in Human Geography, 26(2):175-190.

Arentze T, Hofman F, Kalfs N, et al. 1998. Data needs, data collection and data quality requirements of activity-based transport models[C]. Proceedings of International Conference on Transport Survey Quality and Innovation. Transport surveys: raising the standard. Grainau, Germany.

As D. 1978. Studies of time-use: problems and prospects[J]. Acta Sociologica, 21(2):125-142.

Atkinson-Palombo C. 2010. Comparing the capitalisation benefits of light-rail transit and overlay zoning for single-family houses and condos by neighbourhood type in Metropolitan Phoenix, Arizona[J]. Urban Studies, 47(11):2409-2426.

Battelle. 1997. Lexington area travel data collection test: final report[Z]. Columbus, OH: Battelle Memorial Institute.

Ben-Akiva M, Bowman J L. 1998. Integration of an activity-based model system and a residential location model[J]. Urban Studies, 35(7):1131-1153.

Berke E M, Koepsell T D, Moudon A V, et al. 2007. Association of the built environment with physical activity and obesity in older persons[J]. American Journal of Public Health, 97(3):486-92.

Berry B J L. 1964. Cities as systems within systems of cities[J]. Papers in Regional Science, 13(1):147-

163.
Brenner N,Theodore N. 2002. Cities and the geographies of "actually existing neoliberalism"[J]. Antipode,34(3):349-379.
Brog W,Meyburg A H,Stopher P R, et al. 1983. Collection of household travel and activity data: development of a survey instrument[M]//Ampt E S, Richardson A J, Brög W. New survey methods in transport. Utrecht, The Netherlands: VNU Science Press.
Buliung R N, Kanaroglou P S. 2006. Urban form and household activity-travel behavior[J]. Growth and Change,37(2):172-199.
Buliung R N, Kanaroglou P S. 2007. Activity-travel behaviour research: conceptual issues, state of the art, and emerging perspectives on behavioural analysis and simulation modelling[J]. Transport Reviews,27(2):151-187.
Buliung R N,Roorda M J,Remmel T K. 2008. Exploring spatial variety in patterns of activity-travel behaviour: initial results from the Toronto Travel-Activity Panel Survey[J]. Transportation,35(6): 697-722.
Bunting T E,Guelke L. 1979. Behavior and perception in geography[J]. Annals of the Association of American Geographers,69:448-462.
Burns L D. 1979. Transportation, temporal, and spatial components of accessibility[M]. Lexington: LexingtonBooks.
Buttimer A. 1969. Social space in interdisciplinary perspective[J]. Geographical Review,59(3):417-426.
Calthorpe P. 1993. The next American metropolis: ecology, community, and the American dream[M]. New York: Princeton Architectural Press.
Cao X, Mokhtarian P L, Handy S L. 2009. The relationship between the built environment and nonwork travel: a case study of Northern California[J]. Transportation Research A, 43 (5): 548-559.
Cao X,Mokhtarian P L. 2005. How do individuals adapt their personal travel? A concept exploration of the consideration of travel-related strategies[J]. Transport Policy,(12): 199-206.
Castells M. 1977. The Urban Question[M]. Translated by Alan Sheridan. Cambridge,Mass:The MIT Press.
Cervero R. 1989. America's suburban centers: the land use-transportation link[J]. Economic Geography, 28(5).
Cervero R. 2002. Built environments and mode choice: toward to normative framework[J]. Transportation Research Part D,265-284.
Chaix B. 2009. Geographic life environments and coronary heart disease: a literature review, theoretical contributions, methodological updates, and a research agenda[J]. Annual Review of Public Health, 30:81-105.
Chapin F S. 1974. Human activity patterns in the city: things people do in time and in space[M]. New York: John Wiley & Sons,Inc.
Clapson M. 2003. Suburban century: social change and urban growth in England and the USA[M]. New York: Berg.
Coffey A,Atkinson P. 1996. Making sense of qualitative data: complementary research strategies[J]. Nursing Times,42(7).
Cox K R. 1981. Bourgeois thought and the behavioral geography debate[M]//Cox K R, Golledge R G. Behavioral problems in geography revisited. London, New York: Routledge.
Davidson W,Donnelly R,Vovsha P, et al. 2007. Synthesis of first practices and operational research ap-

proaches in activity-based travel demand modeling[J]. Transportation Research Part A,41:464-488.

Desbarats J. 1983. Spatial choice and constraints on behaviour[J]. Annals of the Association of American Geographers,73(3):340-357.

Dobriner W M. 1958. The Suburban Community[M]. New York: G. P. Putnam'Sons.

Downs A. 1973. Opening up the suburbs: an urban strategy for America[M]. New Haven: Yale University Press.

Duany A, Plater-Zyberk E, Speck J. 2001. Suburban nation: the rise of sprawl and the decline of the American dream[J]. Journal of the American Planning Association,21(2):211-213.

Dutton J A. 2001. New American urbanism: re-forming the suburban metropolis[M]. London: Halcyon Books.

Entwisle B. 2007. Putting people into place[J]. Demography,44(4):687-703.

Ettema D. 1996. Activity-based travel demand modeling[D]. Amsterdam: Universiteit van Amsterdam.

Fan Y, Khattak A J. 2008. Urban form, individual spatial footprints, and travel: examination of space-use behavior[J]. Transportation Research Record Journal of the Transportation Research Board, 2082:98-106.

Fava S F. 1956. Suburbanism as a way of life[J]. American Sociological Review, 21(1): 34-37.

Feng J,Zhou Y,Wu F. 2008. New trends of suburbanization in Beijing since 1990: from government-led to market-oriented[J]. Regional Studies,42(1):83-99.

Fishman R,Utopias B. 1987. The rise and fall of suburbia[M]. New York:Basie Books.

Fishman R. 1987. Bourgeois utopias: the rise and fall of suburbia[M]. New York: Basic Books.

Fong E,Shibuya K. 2000. The spatial separation of the poor in Canadian cities[J]. Demography, 37(4): 449-459.

Fox M. 1995. Transport planning and the human activity approach[J]. Journal of Transport Geography,3(2):105-116.

Frank L D,Schmid T L. Sallis J F, et al. 2005. Linking objectively measured physical activity with objectively measured urban form: findings from SMARTRAQ[J]. American Journal of Preventive Medicine,28:117-25.

Gans H J. 1968. Urbanism and suburbanism as ways of life[J]. Readings in Urban Sociology,95-118.

Gao S, Wang Y, Gao Y, et al. 2013. Understanding urban traffic flow characteristics: a rethinking of betweenness centrality[J]. Environment and Planning B: Planning and Design, 40(1): 135-153.

Garreau J. 1992. Edge City: Life on the new frontier[M]. New York: Doubleday.

Giddens A. 1984. The constitution of society: outline of the theory of structuration[M]. Cambridge: Polity Press.

Glaeser E L, Gyourko J. 2005. Urban decline and durable housing[J]. Journal of Political Economy,113(2): 345-375.

Gold J R. 1980. An introduction to behavioral geography[M]. England: Oxford University Press.

Golledge R G,Stimson R J. 1997. Spatial behavior: a geographic perspective[M]. New York, London: The Guilford Press.

Golledge R G. 1978. Representing, interpreting, and using cognized environments[J]. Papers in Regional Science,41(1):168-204.

Golledge R G. 1993. Geography and the disabled: a survey with special reference to vision impaired and blind populations[J]. Transactions of the Institute of British Geographers, 18(1):63-85.

Gottdiener M,Hutchison R. 2000. The new urban sociology[M]. New York:McGraw-Hill,Inc.

Handy S L, Boarnet M G, Ewing R, et al. 2002. How the built environment affects physical activity: views from urban planning[J]. American Journal of Preventive Medicine, 23(2): 64-73.

Handy S. 2005. Planning for accessibility: in theory and in practice[M]// Levinson D, Krizek K J. Access to destinations. Oxford: Elsevier.

Hanson S, Huff J. 1988. Repetition and day-to-day variability in individual travel patterns: implications for classification[M]//Golledge R G, Timmermans H. Behavioural modelling in geography and planning. London: Croom Helm.

Hanson S, Pratt G. 1991. Job search and the occupational segregation of women[J]. Annals of the Association of American Geographers, 81: 229-253.

Hartshorn T A, Muller P O. 1989. Suburban downtowns and the transformation of metropolitan Atlanta's business landscape[J]. Urban Geography, 10(4): 375-395.

Harvey D. 1969. The feast of fools: a theological essay on festivity and fantasy[J]. Studies in Sociology of Science, 2(2): 322-333.

Harvey D. 1973. Social justice and the city[M]. London: Edward Arnold Publishers Ltd.

Harvey D. 1982. The limits to capital[M]. Chicago: University of Chicago Press.

Harvey D. 1985. The urbanization of capital[M]. Oxford: Blackwell.

Harvey D. 1991. The condition of postmodernity: an enquiry into the origins of cultural change[M]. UK: John Wiley and Sons Ltd.

Hawthorne T L, Kwan M P. 2012. Using GIS and perceived distance to understand the unequal geographies of healthcare in lower-income urban neighbourhoods[J]. Geographical Journal, 178(1): 18-30.

Horner M. 2002. Extensions to the concept of excess commuting[J]. Environment and Planning A, 34(3): 543-566.

Horner M. 2004. Spatial dimensions of urban commuting: a review of major issues and their implications for futuregeographic research[J]. The Professional Geographer, 56(2): 160-173.

Huff J O, Hanson S. 1986. Repetition and variability in urban travel[J]. Geographical Analysis, 18(2): 97-113.

Hutchison R, Clapson M. 2010. Suburbanization in global society [M]. Braolford, UK: Emerald.

Hägerstrand T. 1970. What about people in regional science[J]. Papers of the regional science association, 24(1): 6-21.

Hägerstrand T. 1982. Diorama, path and project[J]. Tijdschrift voor Economische en Sociale Geografie, 73: 323-329.

Jackson K T, Frontier C. 1985. The suburbanization of the United States[M]. New York: Oxford University Press.

Johnston R J. 2006. Sixty Years of Change in Human Geography [D]. Bristol: University of Bristol.

Jones P M, Dix M C, Clarke M I, et al. 1983. Understanding travel behavior[M]. Aldershot, UK: Gower Publishing Company Limited.

Jones P, Clarke M. 1988. The significance and measurement of variability in travel behavior[J]. Transportation, (15): 65-87.

Jones P, Stopher P R. 2003. Transport survey quality and innovation[M]. London, UK: Emerald Group Publishing Limited.

Kain J F. 1992. The spatial mismatch hypothesis: three decades later[J]. Housing policy debate, 3(2): 371-460.

Kang C, Ma X, Tong D, et al. 2012. Intra-urban human mobility patterns: an urban morphology perspec-

tive[J]. Physica A: Statistical Mechanics and its Applications,391(4):1702-1717.
Kim H M,Kwan M P. 2003. Space-time accessibility measures: a geocomputational algorithm with a focus on the feasible opportunity set and possible activity duration[J]. Journal of Geographical Systems,5(1):71-91.
Kitamura R, Van der Hoorn T. 1987. Regularity and irreversibility of weekly travel behavior[J]. Transportation,(14):227-251.
Kitamura R,Mokhtarian P L,Laidet L. 1997. A micro-analysis of land use and travel in five neighborhoods in the San Francisco Bay Area[J]. Transportation,24(24):125-158.
Kitamura R,Yamamoto T,Susilo Y O, et al. 2006. How routine is a routine? An analysis of the day-to-day variability in prism vertex location[J]. Transportation Research Part A,40(3):259-279.
Kitamura R. 1988. An evaluation of activity-based travel analysis[J]. Transportation,15(1):9-34.
Kitchin R M. 1996. Increasing the integrity of cognitive mapping research: appraising conceptual schemata of environment-behaviour interaction[J]. Progress in Human Geography,20(1): 56-84.
Kobayashi T,Shinagawa N,Watanabe Y. 1999. Vehicle mobility characterization based on measurements and its application to cellular communication systems[J]. IEICE Transactions on Communications,82(12):2055-2060.
Kotkin J. 2005. The New Suburbanism[J]. Orange County Business Journal,94(6):8.
Kwan M P,Ding G. 2008. Geo-narrative: extending geographic information systems for narrative analysis in qualitative and mixed-method research[J]. The Professional Geographer,60(4):443-465.
Kwan M P,Schwanen T. 2009. Critical quantitative geographies[J]. Environment & Planning A,41(2): 261-264.
Kwan M P. 1998. Space-time and integral measures of individual accessibility: a comparative analysis using a point-based framework[J]. Geographical Analysis,30(3):191-216.
Kwan M P. 1999. Gender and individual access to urban opportunities: a study using space-time measures [J]. Professional Geographer,51(2):210-227.
Kwan M P. 2004. GIS methods in time-geography research: geocomputation and geovisualization of human activity patterns. Geografiska Annaler,86 B(4):267-280.
Kwan M P. 2007. Mobile communications, social networks, and urban travel: hypertext as a new metaphor for conceptualizing spatial interaction[J]. Professional Geographer, 59(4):434-446.
Kwan M P. 2014. Uncertain geographic context problem: implications for environmental health research [C]. Apha Meeting and Exposition.
Lauwe C D. 1952. Paris et l'agglomeration parisienne[M]. Paris:Presses Universitaires de France.
Lee B S,McDonald J F. 2003. Determinants of commuting time and distance for Seoul residents: the impact of family status on the commuting of women[J]. Urban Studies,40(7): 1283-1302.
Lefebvre H. 1991. The production of space[M]. Oxford: Blackwell.
Lenntorp B. 1976. Paths in space-time environments: a time-geographic study of movement possibilities of individuals[J]. Lund Studies in Geography,(44): 150.
Lenntorp B. 1978. A time-geographic simulation model of individual activity programs[M]//Carlstein T, et al. Timing Space and Spacing Time, Vol 2: Human Activity and Time Geography. London: Edward Arnold.
Lenntorp B. 1999. Time-geography—at the end of its beginning[J]. Geojournal,48(3):155-158.
Ley D. 1981. Behavioral geography and the philosophies of meaning[M]//Cox K R, Golledge R G. Behavioral problems in geography revisited. London, New York: Routledge.

Li Q, Zhang T, Wang H, et al. 2011. Dynamic accessibility mapping using floating car data: a network-constrained density estimation approach[J]. Journal of Transport Geography, 19(3): 379-393.
Liu Y, Wang F H, Yu Xiao, et al. 2012. Urban land uses and traffic "source-sink areas": evidence from GPS-enabled taxi data in Shanghai[J]. Landscape and Urban Planning, 106(1): 73-87.
Lohr S. 2012. The Age of Big Data[N]. New York Times, 2012-02-11.
Lucy W H, Phillips D L, et al. 1997. The post-suburban era comes to Richmond: city decline, suburban transition, and exurban growth[J]. Landscape & Urban Planning, 36(4): 259-275.
Lynch K. 1960. The Image of the City[M]. Boston: The MIT Press.
MacAllister I, Johnston R J, Pattie C J, et al. 2001. Class dealignment and the neighbourhood effect: miller revisited[J]. British Journal of Political Science, 31(1): 41-59.
Matthews S A. 2008. The salience of neighborhood: some lessons from sociology[J]. American Journal of Preventive Medicine, 34(3): 257-259.
Mesch G S, Levanon Y. 2003. Community networking and locally-based social ties in two suburban localities[J]. City & Community, 2(4): 335-351.
Michelson W M. 2005. Time use: expanding explanation in the social sciences[M]. Boulder: Paradigm Publishers.
Miller E J, Hunt J D, Abraham J E, et al. 2004. Microsimulating urban systems[J]. Computers Environment & Urban Systems, 28(1): 9-44.
Miller H J. 1999. Measuring space-time accessibility benefits within transportation networks: basic theory and computational methods[J]. Geographical Analysis, (31): 187-212.
Miller H J. 2004. Tober's first law and spatial analysis[C]. Annals of the Association of American Geographers.
Miller H. 2007. Place-based versus people-based geographic information science[J]. Geography Compass, 1(3): 503-535.
Mokhtarian P L. 2005. Travel as a desired end, not just a means[J]. Transportation Research Part A: Policy and Practice, 39(2-3): 93-96.
Muller P O. 1981. Contemporary suburban America[M]. Englewood Cliffs, NJ: Prentice-Hall.
Newsome T H, Walcott W A, et al. 1998. Urban activity spaces: illustrations and application of a conceptual model for integrating the time and space dimensions[J]. Transportation, 25(4): 357-377.
Nicolaides B M, Wiese A. 2006. The suburb reader[M]. London, New York: Routledge.
Novak J, Sykora L. 2007. A city in motion: time-space activity and mobility patterns of suburban inhabitants and the structuration of the spatial organization of the prague metropolitan area[J]. Geografiska Annaler: Series B, Human Geography, 89(2): 147-168.
Okamoto K. 1997. Suburbanization of Tokyo and the daily lives of suburban people[M]//Karan P P, Stapleton K. The Japanese city. Lexington, KY: University of Kentucky Press.
Oliver M A. 2001. Geostatistics for environmental scientists [M]. New York: John Wiley & Sons.
Openshaw S, Taylor P. 1979. A million or so correlation coefficients: three experiments on the modifiable area unit problem[C]//Wrigley N. Statistical applications in the spatial sciences. London: Pion.
Openshaw S. 1984. The modifiable areal unit problem, concepts and techniques in modern geography [M]. Norwich: GeoBooks.
Openshaw S. 1996. Developing GIS-relevant zone-based spatial analysis methods[M]//Battym, longley. Spatial Analysis Modelling in A Gis Environment, Cambridge: Geo Information International.
Park R E, Burgess E W, Mackenzie R T. 1925. The City[M]. Chicago: University of Chicago Press.

Pas E I. 1987. Intra-personal variability and model goodness-of-fit[J]. Transportation Research, 21A(6): 431-438.

Pas E I. 1997. Recent advances in activity-based travel demand modeling[C]. Travel Model Improvement Program Activity-Based Travel Forecasting Conference Proceeding.

Peng Z R. 1997. The jobs-housing balance and urban commuting[J]. Urban Studies,34(8): 1215-1235.

Pindyck R S,Rubinfeld D L. 1998. A computer handbook using Eviews by Hiroyuki Kawakatsu to accompany econometric models and economic forecasts[M]. New York: Irwin/McGraw-Hill.

Preston V,McLafferty S. 1999. Spatial mismatch research in the 1990s: progress and potential[J]. Papers in Regional Science,78(4):387-402.

Ratti C, Sobolevsky S, Calabrese F, et al. 2010. Redrawing the map of Great Britain from a network of human interactions[J]. PloS one, 5(12): e14248.

Ratti C,Frenchma D, et al. 2006. Mobile landscapes: using location data from cell phones for urban analysis[J]. Environment and Planning B: Planning and Design,33(5):727-748.

Raubal M, Miller H, Bridwell S. 2004. User-centred time geography for location-based services[J]. Geografiska Annaler, 86B(4):245-265.

Richardson A J,Mckain N,Wallace R J. 2013. Ammonia production by human faecal bacteria, and the enumeration, isolation and characterization of bacteria capable of growth on peptides and amino acids [J]. Bmc Microbiology,13(1):1-8.

Roux A V D,Mair C. 2010. Neighborhoods and health[J]. Annals of the New York Academy of Sciences, 2010,1186(1): 125-145.

Roux D,Ana V. 2001. Investigating area and neighborhood effects on health[J]. American Journal of Public Health, 91(11):1783-1789.

Schnore L F. 1963. The socio-economic status of cities and suburbs[J]. American Sociological Review,28 (1):76-85.

Schwanen T,Mokhtarian P L. 2005. What affects commute mode choice: neighborhood physical structure or preferences toward neighborhoods? [J]. Journal of Transport Geography,13: 83-99.

Schwanen T. 2007. Matter(s) of interest: artefacts, spacing and timing[J]. Geografiska Annaler,89(1): 9-22.

Schäfer R P,Thiessenhusen K U,Brockfeld E,et al. 2002. A traffic information system by means of real-time floating-car data[C]. ITS World Congress 2002. DLR. Chicago, USA.

Schönfelder S,Axhausen K W. 2003. Activity spaces: measures of social exclusion? [J]. Transport Policy,10(4):273-286.

Setton E, Keller C P, Cloutier-Fisher D,et al. 2010. Gender differences in chronic exposure to traffic-related air pollution: a simulation study of working females and males[J]. The Professional Geographer,62(1):66-83.

Shaw S L,Yu H B. 2009. A GIS-based time-geographic approach of studying individual activities and interactions in a hybrid physical-virtual space[J]. Journal of Transport Geography, 17(2):141-149.

Shen J,Wu F. 2012. The development of master planned communities in Chinese suburbs: a case study of Shanghai's Thames town[J]. Urban Geography,33 (2):183-203.

Shen Q. 2000. Spatial and social dimensions of commuting[J]. Journal of the American Planning Association,66(1):68-82.

Sherman J E, Spencer J, Preisser J S, et al. 2005 A suite of methods for representing activity space in a healthcare accessibility study[J]. International Journal of Health Geographics,4(1): 4-24.

Shiftan Y. 2008. The use of activity-based modeling to analyze the effect of land-use policies on travel behavior[J]. Annals of Regional Science,42:79-97.

Stanilov K, Scheer B C. 2004. Suburban form[J]. Urban Morphology,10(2):159.

Soja E W. 1980. The socio-spatial dialectic[J]. Annals of the Association of American Geographers,70:207-225.

Soja E W. 1996. Thirdspace: journeys to Los Angeles and other real-and-imagined places[M]. Oxford: Blackwell.

Sorokin P A. 1927. A survey of the cyclical conceptions of social and historical process[J]. Social Forces, 6(1):28-40.

Sorre M. 1961. Alexandre de humboldt (1769—1859)[M]. Institut des hautes études de l'Amérique latine.

Stanback T M. 1991. The new suburbanization: challenge to the central city[M]. Boulder,CO: Westview Press.

Stopher P R,Greaves S P. 2007. Household travel surveys: where are we going? [J]. Transportation Research Part A,41:367-381.

Stopher P R. 1992. Use of an activity-based diary to collect household travel data[J]. Transportation,19(2):159-176.

Thorns D C. 1972. Suburbia[M]. Suffork: MacGibbon & Kee Limited.

Thrift N,Pred A. 1981. Time-geography: a new beginning[J]. Progress in Human Geography,5(2):277-286.

Thrift N. 1977. An introduction to time-geography[M]. Norwich, UK: Geo Abstracts Ltd.

Timmermans H,Golledge R G. 1990. Applications of behavioural research on spatial problems II: preference and choice[J]. Progress in Human Geography,14(3):311-354.

Timmermans H,Van der Waerden P,Alves M,et al. 2003. Spatial context and the complexity of daily travel patterns: an international comparison[J]. Journal of Transport Geography,11(1):37-46.

Tobler W R. 1970. A Computer Movie Simulating Urban Growth in the Detroit Region[J]. Economic Geography, 46(2): 234-240.

Tuan Y F. 1976. Humanistic geography[J]. Annals of the Association of American Geographers,66(66):266-276.

Van Eck J R,Burghouwt G, Dijst M. 2005. Lifestyles, spatial configurations and quality of life in daily travel: an explorative simulation study[J]. Journal of Transport Geography,13 (2):123-134.

Viegas J M,Martinez L M,Silva E A. 2009. Effects of the modifiable areal unit problem on the delineation of traffic analysis zonesp[J]. Environment and Planning B: Planning & Design,36(4):625-643.

Wang D,Chai Y. 2009. The jobs-housing relationship and commuting in Beijing, China: the legacy of Danwei[J]. Journal of Transport Geography,17(1):30-38.

Wang D,Li F,Chai Y. 2012. Activity spaces and sociospatial segregation in Beijing[J]. Urban Geography, 33: 256-277.

Wang E,Song J,Xu T. 2011. From "spatial bond" to "spatial mismatch": an assessment of changing jobs-housing relationship in Beijing[J]. Habitat International,35:398-409.

Weber J, Kwan M P. 2002. Bringing time back in: a study on the influence of travel time variations and facility opening hours on individual accessibility[J]. The Professional Geographer, 54:226-240.

Whitehand J W R. 1993. Kivell,Philip," Land and the City: Patterns and Processes of Urban Change" (book review)[J]. Town Planning Review,64(4): 461.

Winter I, Bryson L. 1997. Social polarisation in a suburban community[J]. Family Matters, 47: 33-37.
Wirth L. 1938. Urbanism as a Way of Life[J]. American Journal of Sociology, 7:1-24.
Wolch J R, Dear M J. 1989. The power of geography: how territory shapes social life[M]. UK: Unwin Hyman Ltd.
Wolf J. 2002. Liquid hydrogen technology for vehicles[J]. MRS Bulletin, 27(9):684-687.
Wong D, Shaw S L. 2011. Measuring segregation: an activity space approach[J]. Journal of Geographical Systems, 13: 127-145.
Wu F, Phelps N A. 2011. (Post) suburban development and state entrepreneurialism in Beijing's outer suburbs[J]. Environment and Planning A, 43(2):410-430.
Wu F. 2002. Apparatus and method for booting a computer operation system from an intelligent input/output device having no option ROM with a virtual option ROM stored in computer: US, 6401140 [P]. 2004-02-19.
Wu F. 2005. Rediscovering the "gate" under market transition: from work-unit compounds to commodity housing enclaves[J]. Housing Studies, 20(2), 235-254.
Yang J. 2006. Transportation implications of land development in a transitional economy: evidence from housing relocation in Beijing[J]. Transportation Research Record Journal of the Transportation Research Board, (1): 7-14.
Yang Z, Cai J, Ottens H F L, et al. 2012. Beijing[J]. Cities, 31: 491-506.
Zhang M. 2005. Exploring the relationship between urban form and nonwork travel through time use analysis[J]. Landscape and Urban Planning, 73(2-3): 244-261.
Zhou Y, Logan J R. 2008. Growth on the edge: the new Chinese metropolis[M]//Logan J R. Urban China in Transition. Oxford: Blackwell.

图表来源

图 3-1 源自:柴彦威,沈洁. 2006. 基于居民移动-活动行为的城市空间研究[J]. 人文地理,21(5):108-112.

图 3-2 源自:Chapin F S. 1974. Human Activity Patterns in the City: things people do in time and in space[M]. New York: John Wiley & Sons,Inc:21-42.

图 3-3 源自:Golledge R G,Stimson R J. 1997. Spatial behavior: a geographic perspective[M]. New York, London: The Guilford Press.

图 3-4 源自:荒井良雄. 1985. 圏域と生活行動の位相空間[J]. 地域开发(10):45-56.

图 3-5 源自:Kwan M P. 1998. Space-time and integral measures of individual accessibility: a comparative analysis using a point-based framework[J]. Geographical Analysis, 30(3): 191-216.

图 3-6 源自:Kim H M,Kwan M P. 2003. Space-time accessibility measures: a geocomputational algorithm with a focus on the feasible opportunity set and possible activity duration[J]. Journal of Geographical Systems,5(1):71-91.

图 3-7(a)至(d) 源自:Schönfelder S,Axhausen K W. 2003. Activity spaces: measures of social exclusion? [J]. Transport Policy,10(4):273-286. Fan Y, Khattak A J. 2008. Urban form, individual spatial footprints, and travel: examination of space-use behavior[J]. Transportation Research Record Journal of the Transportation Research Board,2082:98-106.

图 5-1 源自:根据《北京统计年鉴(2013 年)》绘制。

图 5-2 源自:根据北京市第六次人口普查绘制。

图 5-3 源自:根据北京市第五次、第六次人口普查绘制。

图 5-4 源自:Yang Z, Cai J, Ottens H F L, et al. 2012. Beijing [J]. Cities, 31: 491-506.

图 5-5 源自:黄友琴. 2007. 从单位大院到封闭式社区——制度转型过程中北京的住房与居住变化[M]//吴缚龙,马润潮,张京祥. 转型与重构——中国城市发展多维透视. 南京:东南大学出版社:199-220.

图 5-6 源自:根据北京市开发区空间分布绘制。

图 5-7 源自:根据 2010 年北京市商业设施 POI 数据绘制。
图 5-8 源自:《北京城市总体规划(2004 年—2020 年)》。
图 6-1 源自:2010 年北京市居民活动与出行调查网站。
图 6-2 源自:2010 年北京市居民活动与出行调查网站。
图 6-3 源自:SIMMOBILITY 调查手机 APP
图 6-4 源自:SENSEable City Lab 网站 CO_2GO 项目介绍。

注:其余未提及图表均为笔者或团队自制。

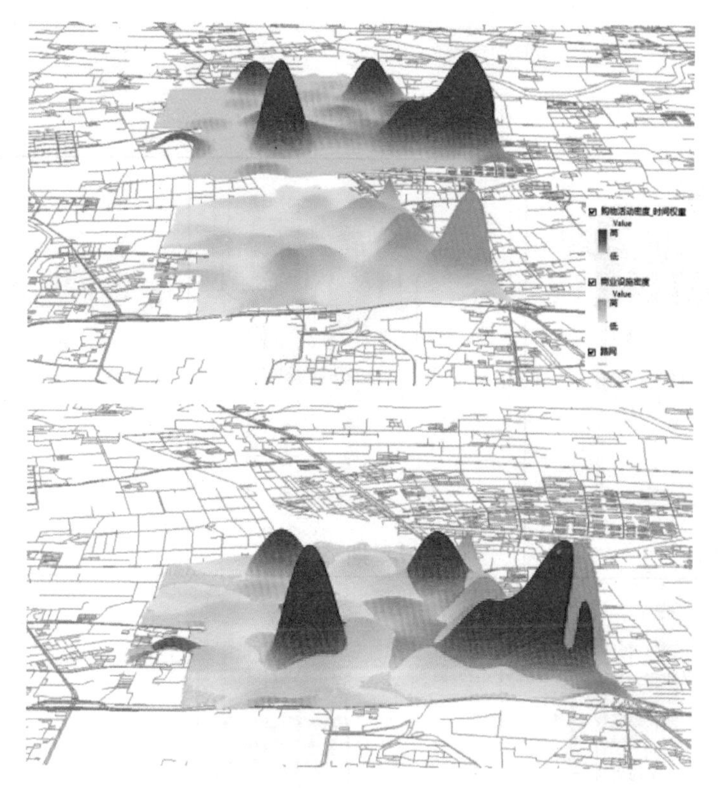

图 7-12　购物活动与零售业设施密度

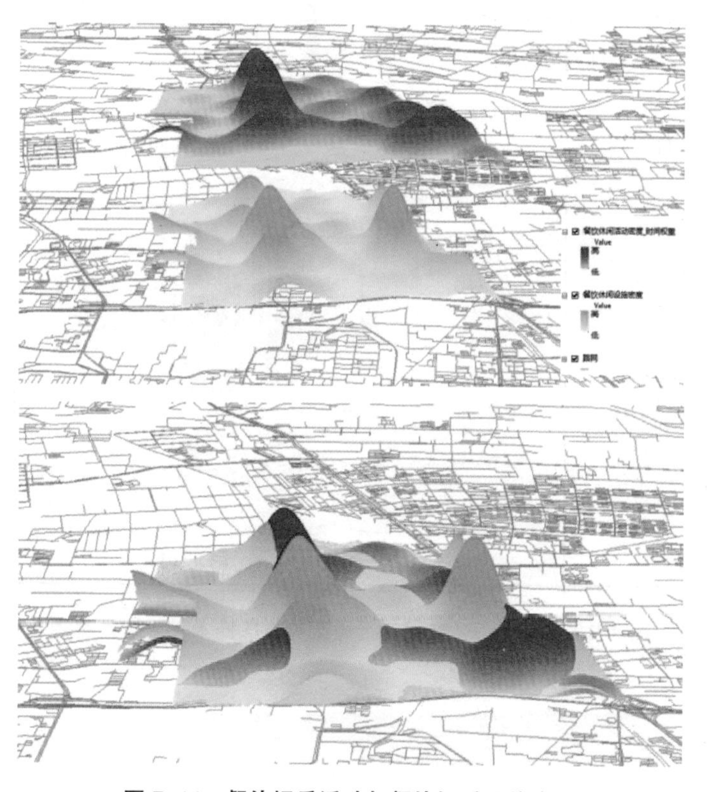

图 7-14　餐饮娱乐活动与餐饮娱乐设施密度

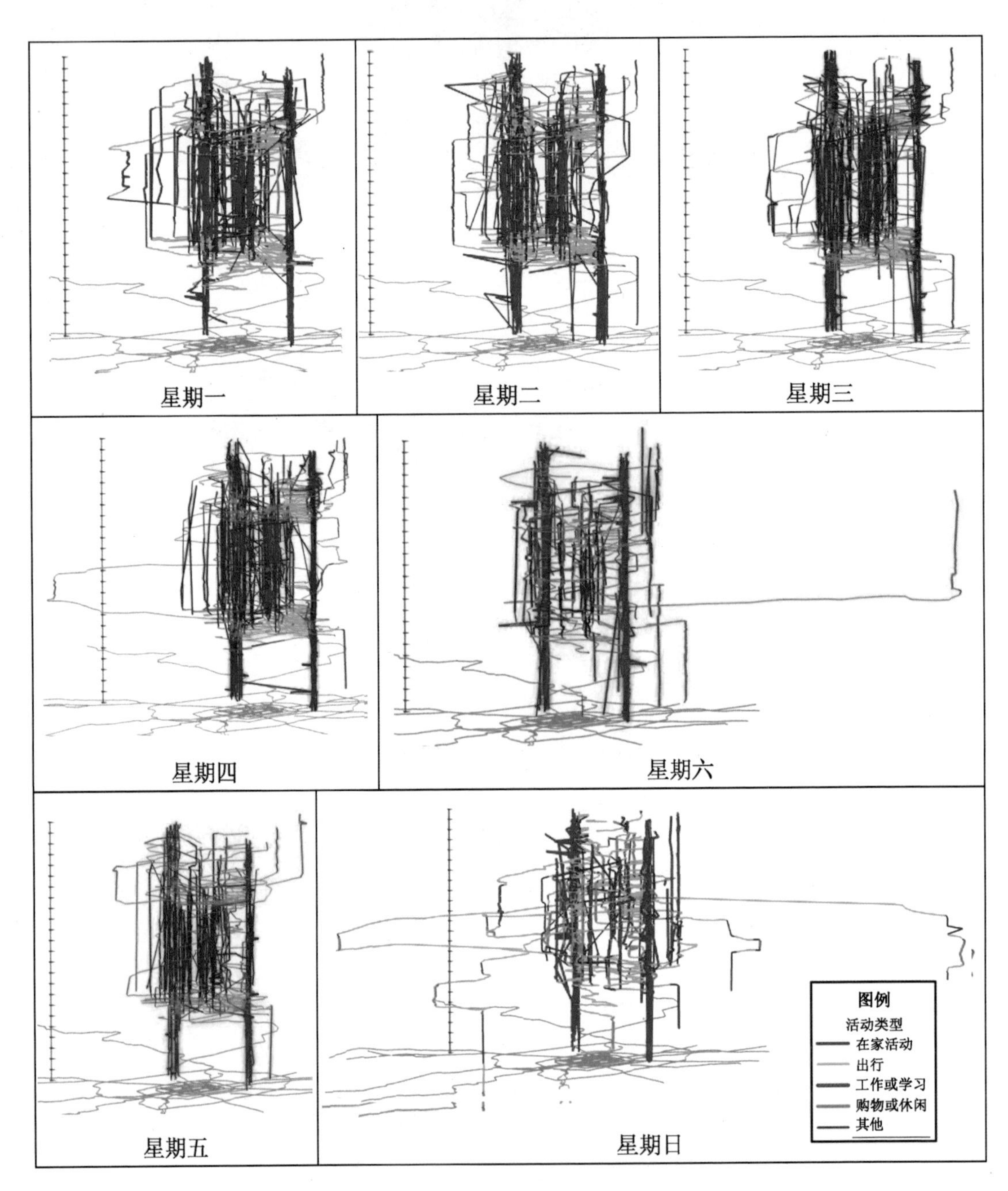

图 8-10　基于 GPS 数据的天通苑与亦庄样本一周时空路径

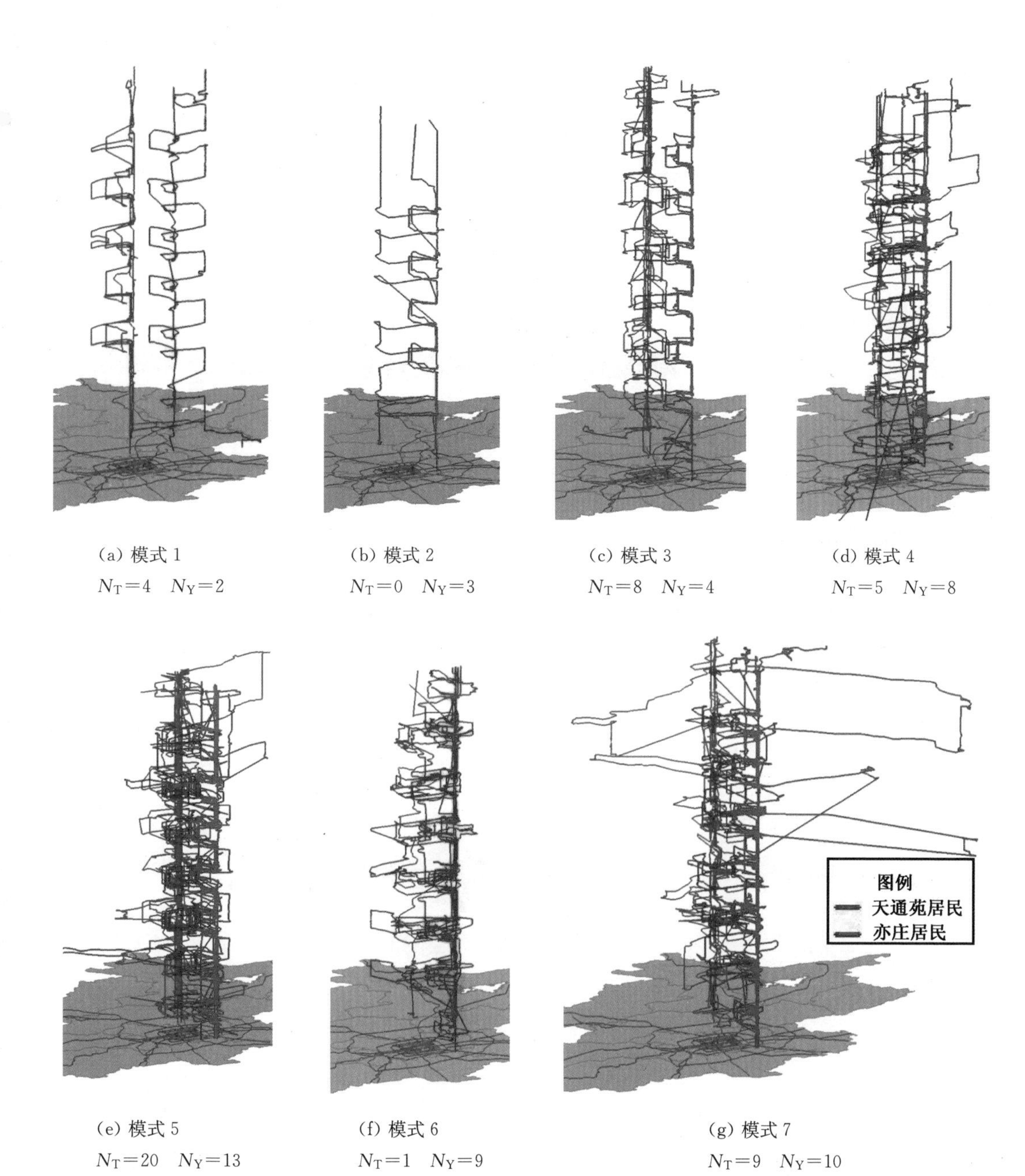

图 9-8　样本居民一周通勤模式的可视化

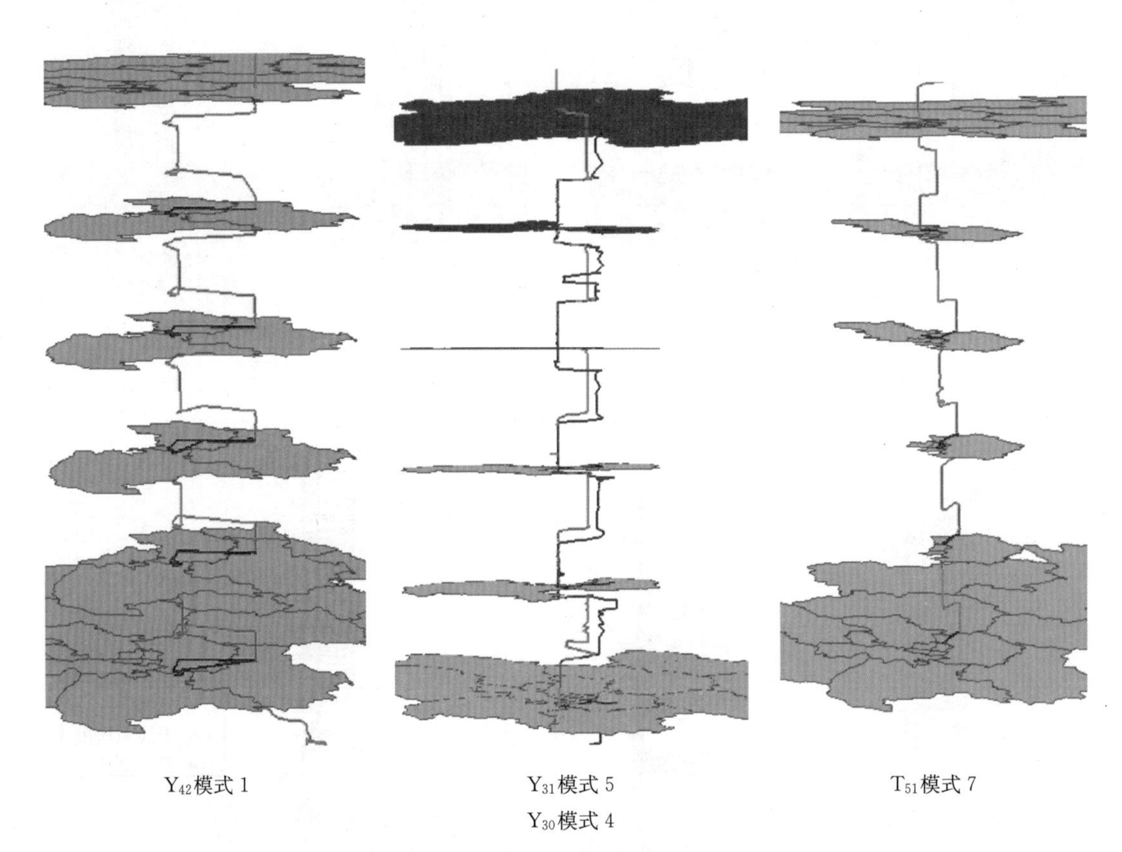

Y_{42}模式 1　　Y_{31}模式 5　　T_{51}模式 7

Y_{30}模式 4

图 9-9　典型样本一周通勤模式的可视化